雷达目标散射机理与分析方法

郭琨毅　吴比翼　盛新庆　著

科学出版社

北　京

内 容 简 介

本书对目标的散射机理、目标特性与电磁理论的联系，以及目标特性领域中关于散射中心模型的热点研究问题进行了详细阐述。本书共 5 章。第 1 章从解析解和典型规则目标的近似解出发，提炼出散射的主要成分，丢掉次要部分，给出简洁、明了的散射机理性阐述；第 2 章依据第 1 章的理论，分析了散射机理的类型，建立了不同结构体散射场随频率、方位、极化的依赖关系，最后给出一般目标散射机理的分析方法；第 3 章阐述了雷达目标的散射特性，包括频率特性、方位特性、极化特性，以及扩展目标的角闪烁现象及 计算方法；第 4 章引出了散射中心的概念，给出了复杂目标多散射中心建模方法， 以及不同类型散射中心的雷达图像特征；第 5 章示范了散射中心模型在雷达中的四个重要应用：目标几何结构重构、脱靶量测量、雷达测角和半实物射频仿真。

本书可作为电磁场与微波技术、物理电子学等专业的高年级本科生、研究生教学用书，也可以作为相关科研人员的参考书。

图书在版编目(CIP)数据

雷达目标散射机理与分析方法/郭琨毅，吴比翼，盛新庆著. —北京：科学出版社, 2023.3

ISBN 978-7-03-073235-4

Ⅰ. ①雷…　Ⅱ. ①郭…　②吴…　③盛…　Ⅲ. ①雷达目标-散射-特性-研究　Ⅳ. ①TN951

中国版本图书馆 CIP 数据核字(2022)第 176925 号

责任编辑：刘凤娟　孔晓慧／责任校对：彭珍珍

责任印制：吴兆东／封面设计：无极书装

科学出版社 出版

北京东黄城根北街 16 号

邮政编码：100717

http://www.sciencep.com

北京九州迅驰传媒文化有限公司印刷

科学出版社发行　各地新华书店经销

*

2023 年 3 月第 一 版　开本: 720 × 1000　1/16

2024 年 8 月第三次印刷　印张: 11

字数：216 000

定价: 89.00 元

(如有印装质量问题, 我社负责调换)

前　言

目标特性是雷达设计的依据，已有专著对其进行了系统的阐述。这些著作大多以实际经验为基础，总结了工程设计的常用概念、算法、模型和数据，具有很高的工程实用性。但是，这些著作对目标的散射机理，或者说目标特性与电磁理论的联系，阐述得不够充分；另外，散射中心模型研究作为雷达目标散射特性研究的重要内容之一，近二十年取得了一系列新的重要进展，以往著作对散射中心模型阐述得也不够全面。近年来，我们针对上述两个问题做了系列、持续的研究，本书就是对这些研究的总结。

本书共 5 章。第 1 章从解析解和典型规则目标的近似解出发，提炼出散射的主要成分，丢掉次要部分，给出简洁、明了的散射机理性阐述；第 2 章依据第 1 章的理论，分析了散射机理的类型，建立了不同结构体散射场随频率、方位、极化的依赖关系，最后给出一般目标散射机理的分析方法；第 3 章阐述了雷达目标的散射特性，包括频率特性、方位特性、极化特性，以及扩展目标的角闪烁现象及计算方法；第 4 章引出了散射中心的概念，给出了复杂目标多散射中心建模方法，以及不同类型散射中心的雷达图像特征；第 5 章示范了散射中心模型在雷达中的四个重要应用：目标几何结构重构、脱靶量测量、雷达测角和半实物射频仿真。

本书中给出的散射场 (雷达散射截面) 计算公式、散射中心数学模型，均经过与全波法结果的校验，图表和数据大多为作者实际计算或测试结果。

本书虽多次修改，但仍存在疏漏和缺陷，恳请读者提出宝贵批评和建议，作者邮箱：guokunyi@bit.edu.cn。

作　者

2022 年 11 月 29 日

目　录

第 1 章　电磁散射机理的理论基础

麦克斯韦方程组是分析电磁散射问题的基本理论。如果电磁散射问题关心的区域及其边界条件确定，而且区域内的本构关系明确，则根据唯一性定理，此问题的解就能唯一确定了。随着计算机和电磁计算的发展，我们不仅知道此问题有唯一解，而且还能具体给出数值解。

但是，这个数值解只是一个庞大的数据集，没有太多物理意义。因此，仅仅给出数值解是不够的，还需要展开电磁散射机理性研究，即提炼出目标散射的主要成分，丢掉次要部分，给出简洁、明了的散射机理性阐释。这种电磁散射机理是存在的，是有现实和理论基础的。一些典型规则目标的解析近似解清晰地展示了主要散射贡献及其散射机理。

本章将展示一些规则目标的解析解，以及典型结构的近似解，分析其中所蕴含的散射中心概念及其机理性阐释，为后续目标的散射特性分析以及多散射中心等效模型分析奠定理论基础。

1.1　规则目标散射的解析解

本节给出四类规则目标的解析解，具体包括：无限长导体圆柱、导体球、半平面导体、介质球，通过这些解析解分析散射的主要贡献以及其散射机理。

1.1.1　无限长导体圆柱

无限长导体圆柱散射问题可以表述为：在一个确定的电磁波入射下，确定沿某一方向无限长 (假设为 z 方向) 导体圆柱的散射。这里考虑入射波为 TM (transverse magnetic) 极化平面波入射情形。任何一个方向的电场都可以分解成平行于 z 方向和垂直于 z 方向的两个分量，这两个方向通常称为 TM 和 TE (transverse electric) 极化方向。根据叠加原理，TM 和 TE 极化分量可以单独求解，然后再叠加而成。这里仅给出 TM 极化的散射分析，TE 极化的分析可以仿照进行。TM 极化分量的解已足以进行散射场的成分分析。

导体圆柱的 TM 极化散射问题，如图 1.1.1 所示。入射场的形式见 (1.1.1) 式。导体柱以及其他规则目标散射的求解思路相同，首先依据目标几何形状选定坐标系，以使目标边界可用一个坐标变量描述，然后将描述电磁规律的矢量亥姆霍兹方程在选定坐标系下转化为标量的亥姆霍兹方程，求解出该标量的亥姆霍兹方程的本征函数。本征函数通常又称为波函数，一般是完备的，即可用波函数的线性组合表述任一种场分布。这样，目标的散射问题就转化成电磁波在目标边界的不连续问题。可采用模匹配方法，通过边界条件唯一地确定出波函数的线性组合形式。导体圆柱散射场的具体求解过程，可参考文献 [1]，这里不再赘述。远场条件下，导体圆柱的 TM 极化散射的解见 (1.1.2) 式。

$$E_z^{\mathrm{i}} = E_0 \mathrm{e}^{\mathrm{j}kx} = E_0 \mathrm{e}^{\mathrm{j}k\rho\cos\phi} \tag{1.1.1}$$

其中，E_0 为振幅；k 为波数；$x = \rho\cos\phi(\rho, \phi$ 的定义如图 1.1.2 所示)。

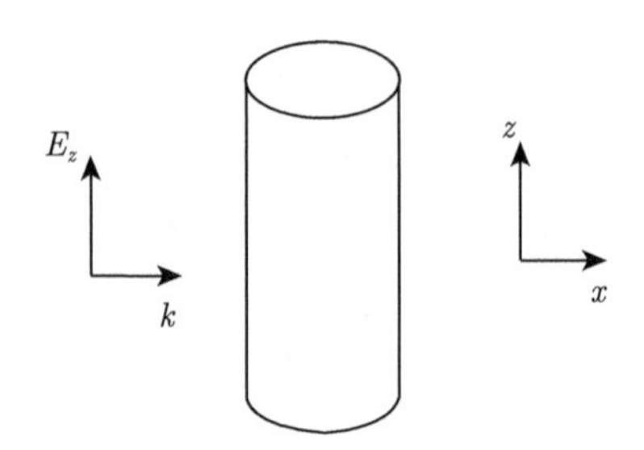

图 1.1.1　导体圆柱的 TM 极化散射

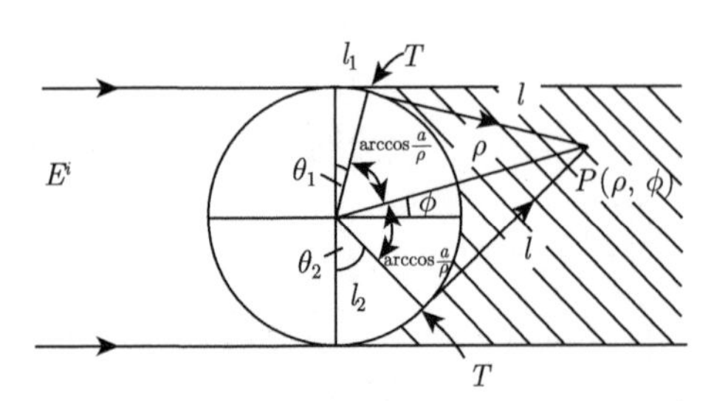

图 1.1.2　导体圆柱阴影区散射示意图

在远场条件下 (即 $k\rho \gg 1$)，导体圆柱的散射场可表示为

$$E_z^{\mathrm{s}} = -E_0\sqrt{\frac{2\mathrm{j}}{\pi k\rho}}\mathrm{e}^{-\mathrm{j}k\rho}\sum_{n=-\infty}^{\infty}\frac{\mathrm{J}_n(ka)}{\mathrm{H}_n^{(2)}(ka)}\mathrm{e}^{\mathrm{j}n\phi} \tag{1.1.2}$$

其中，E_z^{s} 为散射场；J_n 为第一类贝塞尔 (Bessel) 函数；$\mathrm{H}_n^{(2)}$ 为第二类汉克尔 (Hankel) 函数；a 为圆柱半径。

上述解的形式是一种收敛较慢的级数求和形式。通过沃森变换 (Waston transformation)，可转化成收敛极快的级数求和，具体过程见文献 [2]。转化后的导体圆柱的解包含两种形式，即阴影区散射场解形式和照明区散射场解形式。导体圆柱阴影区散射示意图如图 1.1.2 所示。P 为场点位置 (观测点位置)。

在阴影区，即 $-\pi/2<\phi<\pi/2$ 区域内，导体圆柱的散射场解可表示为

$$E_z = \mathrm{j}E_0\sqrt{\frac{2\pi}{k\left(\rho^2-a^2\right)^{1/2}}}\mathrm{e}^{-\mathrm{j}k\sqrt{\rho^2-a^2}}\sum_{n=1}^{\infty}\frac{\mathrm{H}_{\nu_n}^{(1)}(ka)}{\dfrac{\partial}{\partial v}\mathrm{H}_{\nu}^{(2)}(ka)}$$
$$\times\left[\exp\left(-\mathrm{j}\nu_n\left(\frac{\pi}{2}-\phi-\arccos\frac{a}{\rho}\right)\right)+\exp\left(-\mathrm{j}\nu_n\left(\frac{\pi}{2}+\phi-\arccos\frac{a}{\rho}\right)\right)\right] \tag{1.1.3}$$

式中，ν_n 为方程 $\mathrm{H}_{\nu_n}^{(2)}(ka)=0$ 的根。ν_n 在整个复平面内的分布如图 1.1.3 所示。

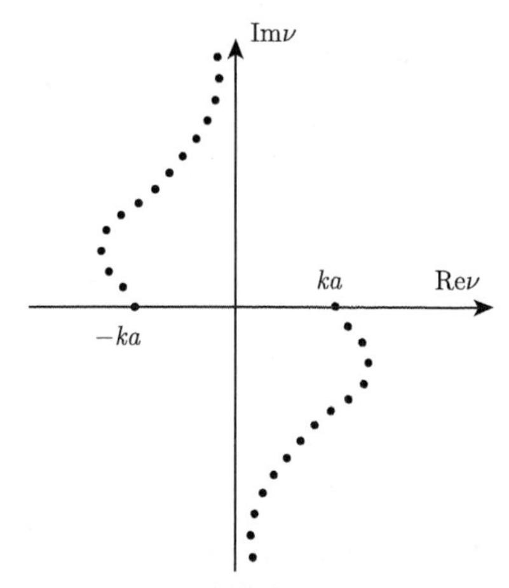

图 1.1.3 ν_n 在整个复平面内的分布

令 $\nu_n=\beta_n+\mathrm{j}\alpha_n$，则 (1.1.3) 式中的指数表示部分可表示为

$$\exp\left(-\mathrm{j}\nu_n\left(\frac{\pi}{2}\mp\phi-\arccos\frac{a}{\rho}\right)\right)$$
$$=\exp\left(-\mathrm{j}\beta_n\left(\frac{\pi}{2}\mp\phi-\arccos\frac{a}{\rho}\right)\right)\exp\left(\alpha_n\left(\frac{\pi}{2}\mp\phi-\arccos\frac{a}{\rho}\right)\right) \tag{1.1.4}$$

在第四象限，ν_n 的根对应的电磁波具有明确的物理意义。在第四象限，ν_n 有大的负虚部，故在 $\dfrac{\pi}{2}\mp\phi-\arccos\dfrac{a}{\rho}>0$，即 $-\pi/2+\arccos\dfrac{a}{\rho}<\phi<\pi/2-\arccos\dfrac{a}{\rho}$ 内，级数求和收敛极快，只需很少几项就可得足够精确的结果。下面取 $\nu_1=ka$，代入 (1.1.3) 式可得

$$E_z = \mathrm{j}E_0\sqrt{\frac{2\pi}{k\left(\rho^2-a^2\right)^{1/2}}}\mathrm{e}^{-\mathrm{j}k\sqrt{\rho^2-a^2}}\frac{\mathrm{H}_{\nu_1}^{(1)}(ka)}{\left.\dfrac{\partial}{\partial \nu}\mathrm{H}_{\nu}^{(2)}(ka)\right|_{\nu_1}}$$

$$\times\left[\exp\left(-\mathrm{j}ka\left(\frac{\pi}{2}-\phi-\arccos\frac{a}{\rho}\right)\right)+\exp\left(-\mathrm{j}ka\left(\frac{\pi}{2}+\phi-\arccos\frac{a}{\rho}\right)\right)\right] \tag{1.1.5-1}$$

上式可进一步简化表示为

$$E_z=\mathrm{j}C_1\exp\left(-\mathrm{j}kl\right)\left[\exp\left(-\mathrm{j}kl_1\right)+\exp\left(-\mathrm{j}kl_2\right)\right] \tag{1.1.5-2}$$

其中，C_1 表示 (1.1.5-1) 式的幅度项；$l=\sqrt{\rho^2-a^2}$，$l_1=a\theta_1=a\left(\frac{\pi}{2}-\phi-\arccos\frac{a}{\rho}\right)$，$l_2=a\theta_2=a\left(\frac{\pi}{2}+\phi-\arccos\frac{a}{\rho}\right)$。$l,l_1,l_2$ 的含义见图 1.1.2。l 为散射线切点 T 到观察点 P 的距离，l_1 和 l_2 分别为上、下入射线切点与散射线切点间的弧长。

由 (1.1.5-2) 式，可以引出一个重要的概念，即阴影区的**爬行波**。爬行波，即入射波到达柱面掠射点后，在阴影区的柱面上继续爬行到达切点，然后再散射出去的电磁波。

同样利用 Waston 变换，但用不同的被积形式和积分路径，可得出照明区的电场表达式为

$$E_z\approx E_0\exp(-\mathrm{j}k\rho\cos\phi)-E_0\sqrt{\frac{a}{2\rho}\sin\frac{\phi}{2}}\exp\left[-\mathrm{j}k\left(\rho-2a\sin\frac{\phi}{2}\right)\right] \tag{1.1.6}$$

其中，第一项为入射波；第二项电磁波相位项对应的射线路程为 $\rho-2a\sin\frac{\phi}{2}$，该路径包括两部分：$\rho$ 为 P 点斜距，反射射线与 P 点斜距的差为 $a\sin\frac{\phi}{2}$。因此第二项电磁波传播路径与曲面反射射线相对应，说明第二项散射成分主要由曲面反射场所贡献，如图 1.1.4 所示。

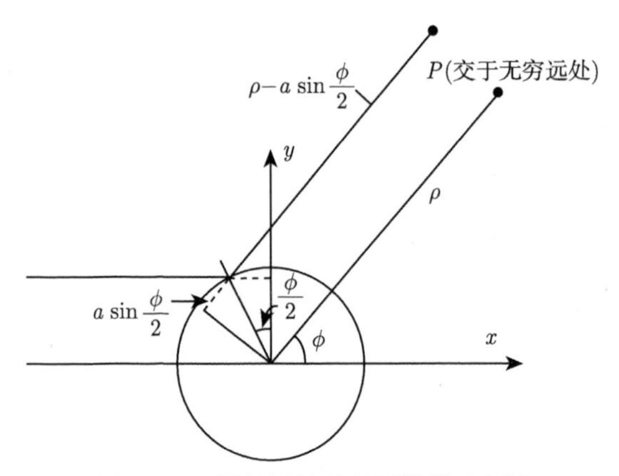

图 1.1.4　导体圆柱照明区散射示意图

由阴影区和照明区的散射场解析表达式可知，导体圆柱的散射主要包含两种机理：曲面反射和爬行波。导体圆柱的散射场由这两个机理的散射贡献所形成，这两个散射成分可以通过解析公式来表示，具有明确的物理意义。

散射场所包含的这些独立成分可由等效的散射源来描述，这些等效散射源称为**散射中心**。目标的散射场可近似由有限个散射中心的散射场叠加来表示。对散射场中独立散射成分的解析分析是目标散射中心数学建模的理论依据。

由导体圆柱的散射机理可知，阴影区的散射场可由两个爬行波等效的散射中心描述；照明区散射场可由一个反射波等效的散射中心描述。爬行波散射中心的幅度形式复杂，然而反射波散射中心幅度表示很明了：幅度大小与 $\sqrt{a}$ 成正比，幅度的方向 (双站) 函数为 $\sqrt{\sin\dfrac{\phi}{2}}$。反射波对应的散射中心位于反射点处，而爬行波的出射射线来源于表面切点处，但由于出射之前爬行波在表面爬行了一段距离，所以从雷达的测距定位的角度而言，该散射源并非位于切点处，而是位于切点延长线上距离为爬行长度的点处，该点不在目标本体上。通常为了便于雷达回波仿真，将该点作为爬行波散射中心的等效位置。反射波和爬行波散射中心的位置，如图 1.1.5 所示。

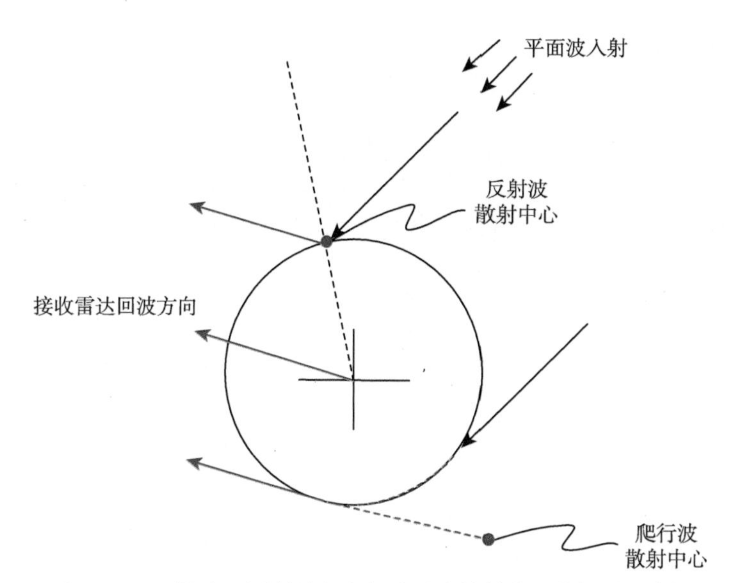

图 1.1.5　圆柱表面反射波与爬行波对应散射中心的位置示意图

1.1.2　导体球

导体球解析求解与二维导体圆柱散射一样，首先建立易于表述球边界的球坐标系，然后构造球坐标系下齐次矢量亥姆霍兹方程的本征函数系。比构造柱坐标系下本征函数系困难的是，球坐标系下电场或磁场的任一分量都不满足标量亥姆霍兹方程。只能通过两个辅助的标量势函数 $\prod_e$ 和 $\prod_m$ (通常称为德拜 (Debye) 势)，将电磁场分量由 Debye 势表达，Debye 势的变形 $\prod_e/r$ 和 $\prod_m/r$ 满足标量亥姆霍兹方程。求解获得势函数的本征函数系后，再使用模匹配法以及边界条件确定唯一的波函数线性组合形式。具体求解过程见文献 [3]，这里不再赘述。

在远场条件下，导体球散射场可表示为

$$E_\theta^{\mathrm{s}} = \frac{\mathrm{j}E_0}{kr}\mathrm{e}^{-\mathrm{j}kr}\cos\phi\sum_{n=1}^{\infty}\mathrm{j}^n\left[b_n\sin\theta\mathrm{P}_n^{1'}(\cos\theta) - c_n\frac{\mathrm{P}^1(\cos\theta)}{\sin\theta}\right] \tag{1.1.7-1}$$

$$E_\phi^{\mathrm{s}} = \frac{\mathrm{j}E_0}{kr}\mathrm{e}^{-\mathrm{j}kr}\sin\phi\sum_{n=1}^{\infty}\mathrm{j}^n\left[b_n\frac{\mathrm{P}^1(\cos\theta)}{\sin\theta} - c_n\sin\theta\mathrm{P}_n^{1'}(\cos\theta)\right] \tag{1.1.7-2}$$

其中，$\mathrm{P}_n^1 = \partial\mathrm{P}_n/\partial\theta$，$\mathrm{P}_n^{1'} = \partial\mathrm{P}_n^1/\partial\theta$，$\mathrm{P}_n$ 为勒让德 (Legendre) 函数。系数 b_n, c_n 表示如下：

$$b_n = -a_n\frac{\hat{\mathrm{J}}_n'(ka)}{\hat{\mathrm{H}}_n^{(2)'}(ka)},\quad c_n = -a_n\frac{\hat{\mathrm{J}}_n(ka)}{\hat{\mathrm{H}}_n^{(2)}(ka)}$$

这里, $a_n = \dfrac{\mathrm{j}^{-n}(2n+1)}{n(n+1)}, \hat{\mathrm{J}}_n'(ka) = \left.\dfrac{\partial\hat{\mathrm{J}}_n(x)}{\partial x}\right|_{x=ka}, \hat{\mathrm{H}}_n^{(2)'}(ka) = \left.\dfrac{\partial\hat{\mathrm{H}}_n^{(2)}(x)}{\partial x}\right|_{x=ka}$。

利用 Waston 变换，以及复杂的积分变换 [4]，可以得到导体球后向散射 ($\theta = 0$) 的简化表示：

$$E_\theta^{\mathrm{s}} = -\frac{\mathrm{j}E_0}{kr}\mathrm{e}^{-\mathrm{j}kr}\left[S^0 + S^{\mathrm{c}}\right] \tag{1.1.8}$$

$$S^0 = -\frac{\mathrm{j}}{2}ka\mathrm{e}^{-2\mathrm{j}ka}\left[1 - \frac{\mathrm{j}}{2ka} + O\left[\left(\frac{1}{ka}\right)^{-3}\right]\right] \tag{1.1.9}$$

$$S^{\mathrm{c}} = \tau^4\mathrm{e}^{\mathrm{j}k\pi a}\mathrm{e}^{-\mathrm{j}\frac{\pi}{6}}\left(S_1^{\mathrm{c}} + S_2^{\mathrm{c}}\right) \tag{1.1.10}$$

$$\begin{aligned} S_1^{\mathrm{c}} = &\sum_{n=1}^{\infty}\frac{1 + \mathrm{e}^{\mathrm{j}\frac{\pi}{3}}\dfrac{8\beta_n}{15\tau^2}\left(1 + \dfrac{9}{32\beta_n^3}\right) + O\left(\tau^{-4}\right)}{\beta_n\left[\mathrm{Ai}\left(-\beta_n\right)\right]^2} \\ &\times\exp\left[-\mathrm{e}^{-\mathrm{j}\frac{\pi}{6}}\beta_n\tau\pi - \mathrm{e}^{\mathrm{j}\frac{\pi}{6}}\frac{\beta_n^2\pi}{60\tau}\left(1 - \frac{9}{\beta_n^3}\right) + O\left(\tau^{-3}\right)\right] \end{aligned} \tag{1.1.11}$$

$$S_2^{\mathrm{c}} = -\sum_{m=1}^{\infty} \frac{1+\mathrm{e}^{\mathrm{j}\frac{\pi}{3}}\dfrac{8\alpha_m}{15\tau^2}+O\left(\tau^{-4}\right)}{\left[\mathrm{Ai}'\left(-\alpha_m\right)\right]^2} \exp\left[-\mathrm{e}^{-\mathrm{j}\frac{\pi}{6}}\alpha_m\tau\pi - \mathrm{e}^{\mathrm{j}\frac{\pi}{6}}\frac{\alpha_m^2\pi}{60\tau}+O\left(\tau^{-3}\right)\right] \tag{1.1.12}$$

式中，$\tau=(ka/2)^{1/3}$；Ai 为艾里 (Airy) 积分；β_n 为 $\mathrm{Ai}'(-\beta)$ 的根；α_m 为 $\mathrm{Ai}(-\alpha)$ 的根。β_n 和 α_m 均为正实数。

由 S^0 的相位项 $\mathrm{e}^{-2\mathrm{j}ka}$ 可知，该散射成分为导体球曲面的后向反射，反射点与坐标原点的双程距离差为 $2a$。S^{c} 表示的导体表面爬行波的后向散射，其相位项 $\mathrm{e}^{\mathrm{j}k\pi a}$ 表示从掠射点到散射点之间的爬行距离为半个周长 πa 的相位延迟。如图 1.1.6 所示。

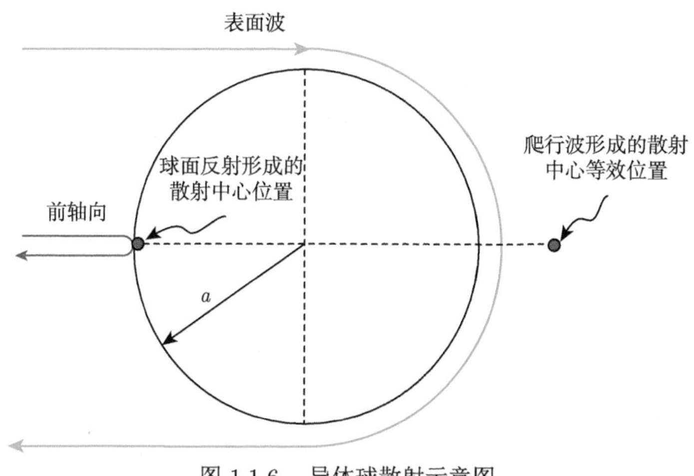

图 1.1.6　导体球散射示意图

由导体球的后向散射场解析表示可知，其散射场由两个主要的散射成分组成：球面反射和爬行波散射。因此，导体球的散射可由两个散射中心描述，反射形成的散射中心位于球面局部后向反射处，爬行波散射形成的散射中心位于沿径向与反射形成的散射中心相距 $a+\pi a/2$ 处。

图 1.1.7 给出了频率为 0.1~1GHz 下导体球 (半径为 1m) 的雷达散射截面 (radar cross section, RCS) 和散射场相位。雷达散射截面定义见本书第 3 章，其数值代表了散射幅度的强弱。图 1.1.8 给出了一维距离像结果 (相当于带宽为 900MHz、sinc 脉冲的响应，在本书 4.6.2 节中详述)，图像中的峰值点的位置代表了散射中心的径向位置。从一维距离像可以看出，反射形成的散射中心与爬行波形成的散射中心距离相差 2.6m，与理论计算结果 $a+\pi a/2\approx 2.6\mathrm{m}$ 一致。

在高频条件下，即 $ka\gg 1$，此时爬行波的幅度很小，可忽略不计，导体球的散射场主要由反射机理贡献，由 (1.1.8) 式和 (1.1.9) 式可得到简化公式 (1.1.13)。

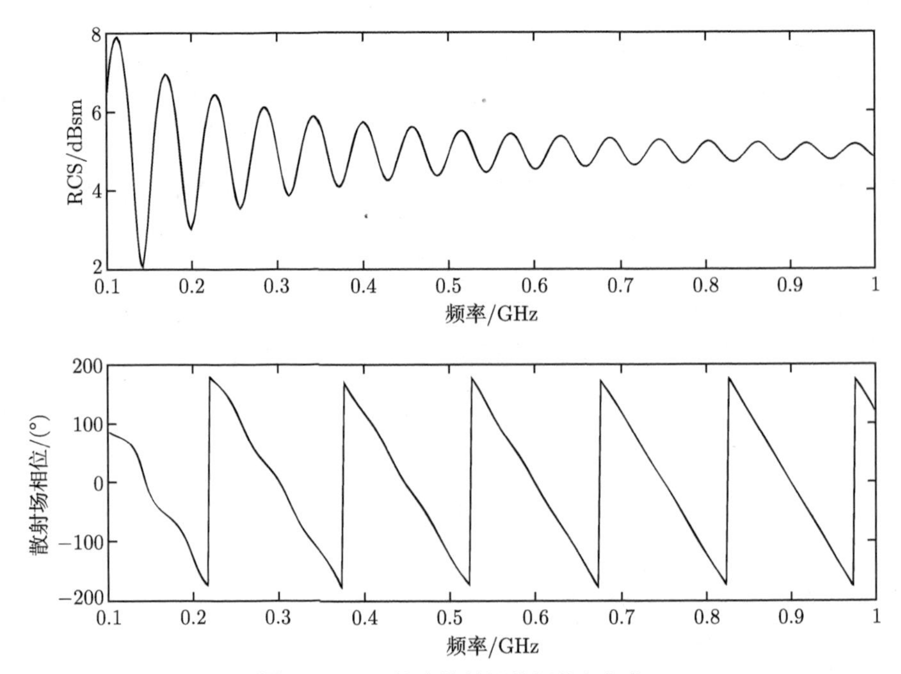

图 1.1.7　导体球散射场的幅值与相位

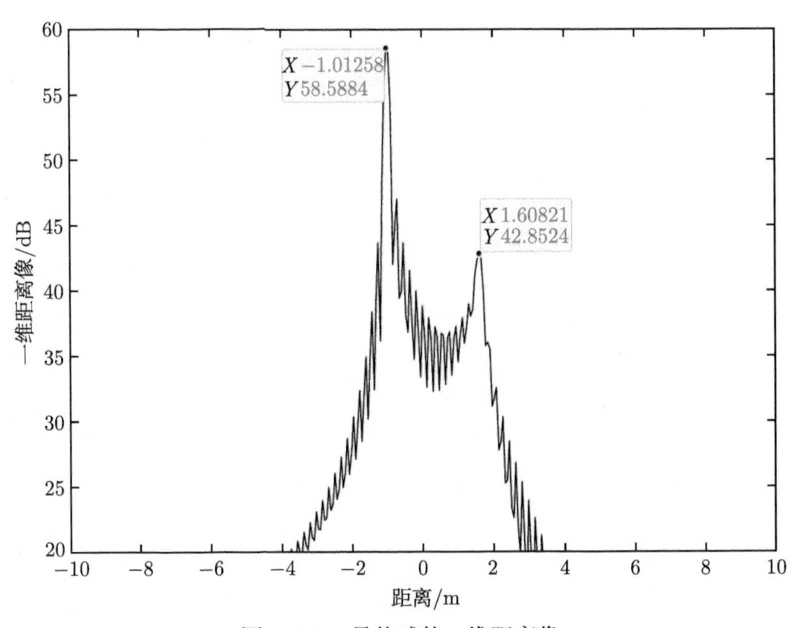

图 1.1.8　导体球的一维距离像

简化公式的计算结果与解析解的对比，如图 1.1.9 所示 (球半径为 1m)。由图可见，随着频率增高，简化公式的结果逐渐逼近解析解。当导体球半径大于 2 倍波长时，简化公式的误差小于 0.5dB。

$$E_{\theta}^{\mathrm{s}}=\frac{aE_0}{2}\frac{\mathrm{e}^{-\mathrm{j}kr}}{r}\mathrm{e}^{-2\mathrm{j}ka}\left\{1-\frac{\mathrm{j}}{2ka}+O\left[\left(\frac{1}{ka}\right)^{-3}\right]\right\} \tag{1.1.13}$$

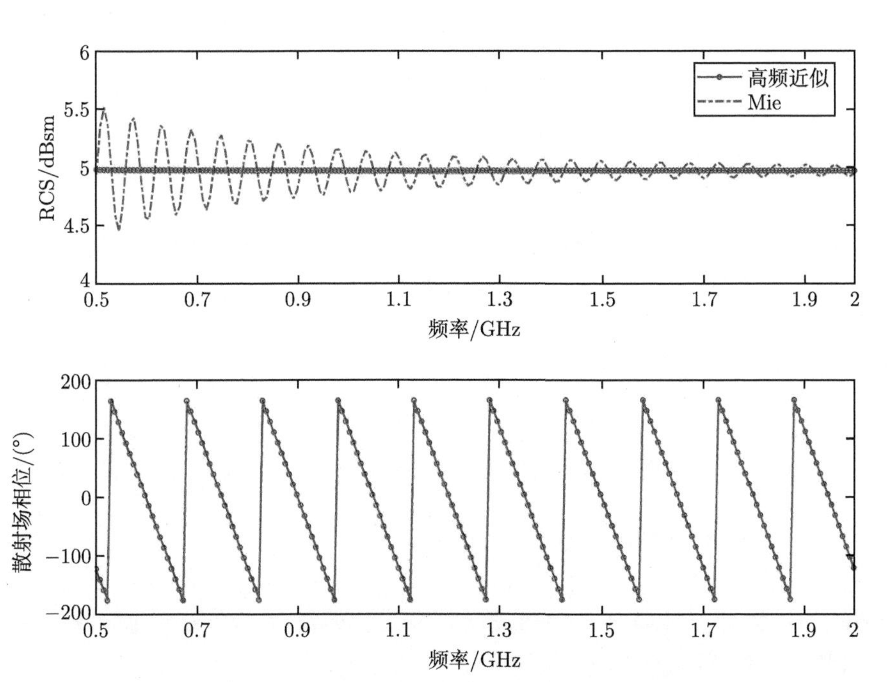

图 1.1.9 高频近似公式计算结果与理论解的比较

1.1.3 半平面导体

在平面波入射下，无限薄半平面导体边缘的散射问题有严格的解析解，而且此解是几何绕射理论 (geometrical theory of diffraction，GTD) 的重要理论基础，对于研究边缘绕射机理具有重要的意义。

无限薄半平面导体如图 1.1.10 所示，导体面处于 $y=0$ 且 $x>0$ 的半平面上，边缘沿 z 轴。任意电磁波极化方式可以由两个线极化的叠加表示：垂直极化 (入射磁场无 z 方向分量) 和平行极化 (入射电场无 z 方向分量)。

假定入射波为垂直极化波，垂直入射于导体半平面的边缘 (z 轴)，入射线与 xOz 平面的夹角为 ϕ_{i}。设 $\boldsymbol{k}=-k(\cos\phi_{\mathrm{i}}\hat{\boldsymbol{x}}+\sin\phi_{\mathrm{i}}\hat{\boldsymbol{y}})$，观察点坐标为 $\boldsymbol{\rho}=\rho\cos\phi_{\mathrm{s}}\hat{\boldsymbol{x}}+\rho\sin\phi_{\mathrm{s}}\hat{\boldsymbol{y}}$。则入射场可表示为

$$E_z^{\mathrm{i}}=E_0\exp(-\mathrm{j}\boldsymbol{k}\cdot\boldsymbol{\rho})=E_0\exp[\mathrm{j}k\rho\cos(\phi_{\mathrm{s}}-\phi_{\mathrm{i}})] \tag{1.1.14}$$

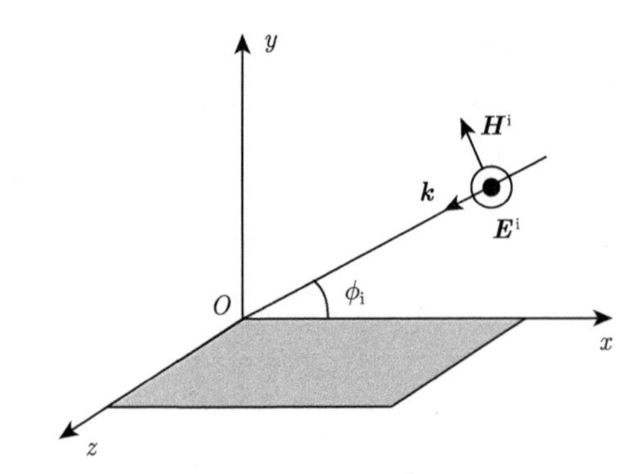

图 1.1.10　垂直极化波入射到无限薄半平面导体边缘

索末菲 (Sommerfeld) 在 1896 年首先给出了半平面导体散射问题的严格解，具体过程参见文献 [5]。半平面导体的总散射场可以表示为

$$\begin{aligned}E_z^{\mathrm{s}}(\rho,\phi_{\mathrm{s}}) =& \frac{\exp(\mathrm{j}\pi/4)}{\sqrt{\pi}}\left\{\pm\exp\left[\mathrm{j}k\rho\cos(\phi_{\mathrm{s}}+\phi_{\mathrm{i}})\right]F\left(\pm\sqrt{2k\rho}\cos\left(\frac{\phi_{\mathrm{s}}+\phi_{\mathrm{i}}}{2}\right)\right)\right.\\&\left.-\exp\left[\mathrm{j}k\rho\cos(\phi_{\mathrm{s}}-\phi_{\mathrm{i}})\right]F\left(\sqrt{2k\rho}\cos\left(\frac{\phi_{\mathrm{s}}-\phi_{\mathrm{i}}}{2}\right)\right)\right\}\\&-\exp\left[\mathrm{j}k\rho\cos(\phi_{\mathrm{s}}+\phi_{\mathrm{i}})\right]\end{aligned} \tag{1.1.15}$$

其中，$F(\cdot)$ 为菲涅耳 (Fresnel) 积分。注意上式的最后一项仅当 $\phi_{\mathrm{s}} < \pi-\phi_{\mathrm{i}}$ 时存在。利用下面恒等式：

$$F(a)+F(-a)=\sqrt{\pi}\exp(-\mathrm{j}\pi/4) \tag{1.1.16}$$

将入射波和反射波并入菲涅耳积分，这样总场可化简为

$$\begin{aligned}E_z(\rho,\phi_{\mathrm{s}}) =& \frac{\exp(\mathrm{j}\pi/4)}{\sqrt{\pi}}\left\{-\exp\left[\mathrm{j}k\rho\cos(\phi_{\mathrm{s}}+\phi_{\mathrm{i}})\right]F\left[-\sqrt{2k\rho}\cos\left(\frac{\phi_{\mathrm{s}}+\phi_{\mathrm{i}}}{2}\right)\right]\right.\\&\left.+\exp\left[\mathrm{j}k\rho\cos(\phi_{\mathrm{s}}-\phi_{\mathrm{i}})\right]F\left[-\sqrt{2k\rho}\cos\left(\frac{\phi_{\mathrm{s}}-\phi_{\mathrm{i}}}{2}\right)\right]\right\}\end{aligned} \tag{1.1.17}$$

令 $u=-\sqrt{2k\rho}\cos\left[(\phi_{\mathrm{s}}+\phi)/2\right]$，$v=-\sqrt{2k\rho}\cos\left[(\phi_{\mathrm{s}}-\phi_{\mathrm{i}})/2\right]$，$G(a)=\exp\left(\mathrm{j}a^2\right)F(a)$，则 (1.1.17) 式可简写为

$$E_z(\rho,\phi)=\frac{\exp(\mathrm{j}\pi/4)}{\sqrt{\pi}}\exp(-\mathrm{j}k\rho)\left[G(u)-G(v)\right] \tag{1.1.18}$$

在远场条件下 (即 $k\rho \gg 1$)，根据菲涅耳积分性质，依据 (1.1.18) 式中菲涅耳积分函数宗量的正负，可将空间分成三个区。

(1) 反射区：$0 < \phi_{\mathrm{s}} < \pi - \phi_{\mathrm{i}}$，此时 $u < 0, v < 0$；

(2) 照明区：$\pi - \phi_{\mathrm{i}} < \phi_{\mathrm{s}} < \pi + \phi_{i}$，此时 $u > 0, v < 0$；

(3) 阴影区：$\pi + \phi_{\mathrm{i}} < \phi_{\mathrm{s}} < 2\pi$，此时 $u > 0, v > 0$。

为了展示三个区的电磁场特点，这里以平面电磁波入射角 $\phi_{\mathrm{i}} = \pi/6$ 为例，计算了导体半平面的总场结果，图 1.1.11 展示了电场强度分布图。其中近区为 $\rho = 0.5\lambda \sim 25.5\lambda$，远区为 $\rho = 1000.5\lambda \sim 1025.5\lambda$，观测角范围为 $\phi_{\mathrm{s}} = 0 \sim 2\pi$。

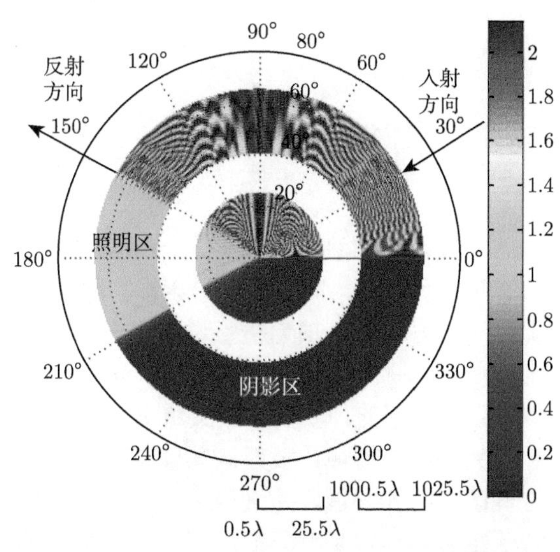

图 1.1.11 导体半平面衍射问题解的电场强度分布图

图 1.1.11 清晰展示了反射区、照明区和阴影区的电场强度分布特点。在反射区，由入射波和反射波叠加而形成了明显的驻波分布或者干涉条纹，同时兼有绕射波的影响；在照明区，虽也有入射波与绕射波叠加而形成的波纹，但没有反射区明显；阴影区没有干涉条纹，且场弱。此外，图中条纹的连续性说明，虽然三个区域场分布不同，但在区域的边界处，场的过渡是连续的。

利用大宗量下菲涅耳积分渐近式 (见 (1.1.19) 式) 以及菲涅耳积分恒等式 (1.1.16)，可进一步简化反射区、照明区和阴影区的总场表示。

$$F(a) = \int_{a}^{\infty} \mathrm{e}^{-\mathrm{j}\tau^2} \mathrm{d}\tau = \frac{1}{2\mathrm{j}a} \mathrm{e}^{-\mathrm{j}a^2} \tag{1.1.19}$$

反射区的总场可近似成

$$E_z(\rho, \phi) = \exp[\mathrm{j}k\rho\cos(\phi_{\mathrm{s}} - \phi_{\mathrm{i}})] - \exp[\mathrm{j}k\rho\cos(\phi_{\mathrm{s}} + \phi_{\mathrm{i}})]$$

$$-\frac{\exp(-\mathrm{j}\pi/4)}{2\sqrt{2\pi k}}\frac{\exp(-\mathrm{j}k\rho)}{\sqrt{\rho}}\left[\sec\left(\frac{\phi_{\mathrm{s}}-\phi_{\mathrm{i}}}{2}\right)-\sec\left(\frac{\phi_{\mathrm{s}}+\phi_{\mathrm{i}}}{2}\right)\right] \tag{1.1.20}$$

照明区的总场可近似成

$$\begin{aligned}E_z(\rho,\phi)=&\exp[\mathrm{j}k\rho\cos(\phi_{\mathrm{s}}-\phi_{\mathrm{i}})]\\&-\frac{\exp(-\mathrm{j}\pi/4)}{2\sqrt{2\pi k}}\frac{\exp(-\mathrm{j}k\rho)}{\sqrt{\rho}}\left[\sec\left(\frac{\phi_{\mathrm{s}}-\phi_{\mathrm{i}}}{2}\right)-\sec\left(\frac{\phi_{\mathrm{s}}+\phi_{\mathrm{i}}}{2}\right)\right]\end{aligned} \tag{1.1.21}$$

阴影区的总场可近似成

$$E_z(\rho,\phi)=-\frac{\exp(-\mathrm{j}\pi/4)}{2\sqrt{2\pi k}}\frac{\exp(-\mathrm{j}k\rho)}{\sqrt{\rho}}\left[\sec\left(\frac{\phi_{\mathrm{s}}-\phi_{\mathrm{i}}}{2}\right)-\sec\left(\frac{\phi_{\mathrm{s}}+\phi_{\mathrm{i}}}{2}\right)\right] \tag{1.1.22}$$

由这些近似表达式可以清楚看到：反射区总场由三部分组成，(1.1.20) 式中第 1 项为入射场，第 2 项为反射场，第 3 项为绕射场；照明区总场由两部分组成，(1.1.21) 式中第 1 项为入射场，第 2 项为绕射场；阴影区总场 (1.1.22) 只有绕射场一项。当 $\phi_{\mathrm{s}}=\pi-\phi_{\mathrm{i}}$ 或 $\phi_{\mathrm{s}}=\pi+\phi_{\mathrm{i}}$ 时，菲涅耳积分渐近式 (1.1.19) 不能使用，也就不再有上述近似表达式。因此，我们一般又将 $\phi_{\mathrm{s}}=\pi-\phi_{\mathrm{i}}$ 或 $\phi_{\mathrm{s}}=\pi+\phi_{\mathrm{i}}$ 附近区域分离出来，看成另外两个区域：反射区与照明区的过渡区，以及照明区与阴影区的过渡区，这些区域的计算最好是采用 (1.1.18) 式单独计算。虽然近似计算形式在反射边界和阴影边界出现了奇异值，但是从半平面导体的近似解形式可以清晰认识边缘绕射的机理。

上述推导均为入射线与边缘垂直情况，若入射波与边缘夹角为 θ 时，波矢量为 $\boldsymbol{k}=-k[(\cos\phi_{\mathrm{i}}\hat{\boldsymbol{x}}+\sin\phi_{\mathrm{i}}\hat{\boldsymbol{y}})\sin\theta_{\mathrm{i}}+\cos\theta_{\mathrm{i}}\hat{\boldsymbol{z}}]$，则可以依据 $\theta_i=\pi/2$ 时的二维形式经简单转化得到三维绕射解：$k\to k\sin\theta_{\mathrm{i}}$；乘以相位项 $\exp(kz\cos\theta_{\mathrm{i}})$；乘以幅度项 $\sin\theta_{\mathrm{i}}$。因此绕射场可表示为

$$E_z=\frac{\exp(\mathrm{j}\pi/4)}{\sqrt{\pi}}\sin\theta_{\mathrm{s}}\exp[-\mathrm{j}k(\sin\theta_{\mathrm{s}}\rho-z\cos\theta_{\mathrm{s}})][G(u')-G(v')] \tag{1.1.23}$$

其中，$u'=-\sqrt{2k\sin\theta_{\mathrm{s}}\rho}\cos[(\phi_{\mathrm{s}}+\phi_{\mathrm{i}})/2]$，$v=-\sqrt{2k\rho\sin\theta_{\mathrm{s}}}\cos[(\phi_{\mathrm{s}}-\phi_{\mathrm{i}})/2]$。$\theta_{\mathrm{s}}=\theta_{\mathrm{i}}$。

半平面导体的散射场主要由导体平面的反射场和边缘绕射场构成。由反射场成分可知，反射场为平面波形式。由绕射场成分可知，绕射场为柱面波形式 (以边缘为轴)。平面反射和边缘绕射的射线，如图 1.1.12 所示。当入射线垂直于边缘时，边缘绕射线波阵面为圆形。当入射线与边缘不垂直时，由式 (1.1.23) 可知绕

射线方向为：$\boldsymbol{k}_{\rm s}=(\cos\phi_{\rm s}\hat{\boldsymbol{x}}+\sin\phi_{\rm s}\hat{\boldsymbol{y}})\sin\theta_{\rm s}-\cos\theta_{\rm s}\hat{\boldsymbol{z}}$。与入射方向对比可知，绕射线波阵面为锥形，即著名的凯勒 (Keller) 圆锥。如图 1.1.13 所示，在绕射点处，每一条绕射射线与边缘的夹角等于入射线与边缘的夹角 ($\theta_{\rm s}=\theta_{\rm i}$)。

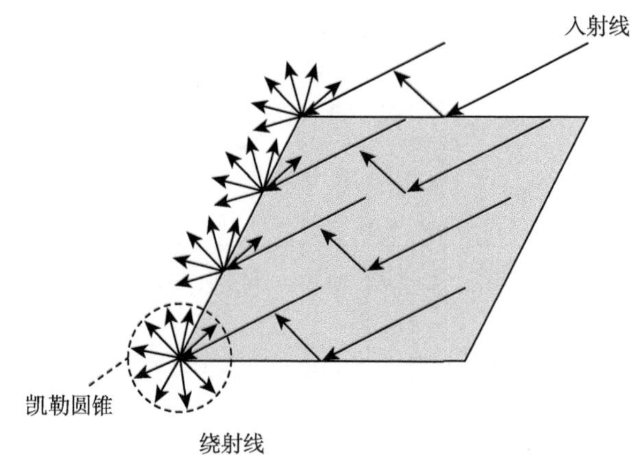

图 1.1.12 平面反射和边缘绕射示意图

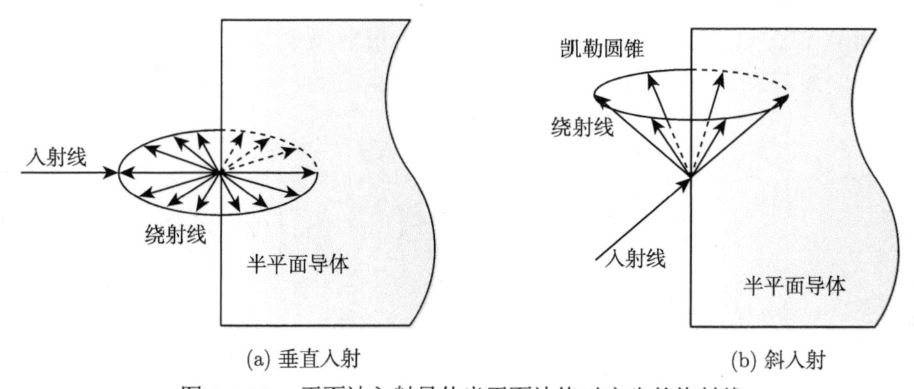

图 1.1.13 平面波入射导体半平面边缘时产生的绕射线

半平面导体的反射和绕射成分可等效为两个分布型散射中心 (distributed scattering center，DSC)，分别位于整个半平面 ($y=0$) 和整个边缘 ($x=0,y=0$)。分布型散射中心的特点是散射源位置分布于整个平面或直边缘，并非集中在某一点。为了数学描述的方便，往往将分布型散射中心的位置等效于平面或直边缘的中心，分布长度信息包含在方位依赖函数中 (见第 2 章详述)。

1.1.4 介质球

平面波入射下，介质球散射场的解析解已经由 Stratton 给出 [6]。远场条件下，假定入射波方向为 z 轴正方向，电场方向沿 x 轴，介质球后向散射场如下式:

$$E_{\theta}=\frac{\exp\left(-\mathrm{j}kr\right)}{\mathrm{j}kr}\cos\varphi S\left(\pi\right) \tag{1.1.24}$$

$$E_{\varphi}=\frac{\exp\left(-\mathrm{j}kr\right)}{\mathrm{j}kr}\sin\varphi S\left(\pi\right) \tag{1.1.25}$$

$$S\left(\pi\right)=\sum_{n=1}^{\infty}\left(-1\right)^{n}\left(p+\frac{1}{2}\right)\left(a_{n}-b_{n}\right) \tag{1.1.26}$$

$$a_{n}=-\frac{\mathrm{j}_{n}\left(x\right)\left[y\mathrm{j}_{n}\left(y\right)\right]'-\mathrm{j}_{n}\left(y\right)\left[x\mathrm{j}_{n}\left(x\right)\right]'}{\mathrm{h}_{n}^{(2)}\left(x\right)\left[y\mathrm{j}_{n}\left(y\right)\right]'-\mathrm{j}_{n}\left(y\right)\left[x\mathrm{h}_{n}^{(2)}\left(x\right)\right]'} \tag{1.1.27}$$

$$b_{n}=-\frac{m^{2}\mathrm{j}_{n}\left(y\right)\left[x\mathrm{j}_{n}\left(x\right)\right]'-\mathrm{j}_{n}\left(x\right)\left[y\mathrm{j}_{n}\left(y\right)\right]'}{m^{2}\mathrm{j}_{n}\left(y\right)\left[x\mathrm{h}_{n}^{(2)}\left(x\right)\right]'-\mathrm{h}_{n}^{(2)}\left(x\right)\left[y\mathrm{j}_{n}\left(y\right)\right]'} \tag{1.1.28}$$

式中，$x=ka=2\pi a/\lambda$，$y=mx$，$m=\sqrt{\varepsilon_r}$；$\mathrm{j}_n(y)$ 为一阶 Bessel 函数；$\mathrm{h}_n^{(2)}(x)$ 为二阶 Hankel 函数。

利用 Waston 变换，可以将介质球的后向散射场分为照明区和阴影区。照明区又可分为三部分，如下式，其具体推导过程见文献 [6]。

$$S_{\mathrm{GO}}\left(\pi\right)=S_{\mathrm{F}}\left(\pi\right)+S_{\mathrm{R}}\left(\pi\right)+S_{\mathrm{G}}\left(\pi\right) \tag{1.1.29}$$

$$S_{\mathrm{F}}\left(\pi\right)=-\frac{m-1}{2\left(m+1\right)}\left[1-\mathrm{j}x\left(1-\frac{\mathrm{j}}{3x}\right)\right]\exp\left(2\mathrm{j}x\right) \tag{1.1.30}$$

$$\begin{aligned}S_{\mathrm{R}}\left(\pi\right)=&\frac{2m\left(m-1\right)}{\left(m+1\right)^{3}}\exp\left[-\mathrm{j}2x\left(2m-1\right)\right]\\&\times\left\{\frac{1}{1-\left(\frac{m-1}{m+1}\right)^{2}\exp\left(-\mathrm{j}4mx\right)}+\frac{\mathrm{j}x\left(1-\frac{\mathrm{j}}{3x}\right)}{1+\left(\frac{m-1}{m+1}\right)^{2}\exp\left(-\mathrm{j}4mx\right)}\right\}\end{aligned} \tag{1.1.31}$$

$$\begin{aligned}&S_{\mathrm{G}}\left(\pi\right)\\=&-\sqrt{\frac{\pi}{b}}\sin\alpha_{\mathrm{G}}\cos\alpha_{\mathrm{G}}x^{2}\exp\left(\mathrm{j}\frac{\pi}{4}\right)\sum_{N=1}^{\infty}\left(-1\right)^{N-1}Q\left(\alpha_{\mathrm{G}}\right)\exp\left[\mathrm{j}\left(xf\left(\alpha_{\mathrm{G}}\right)+\frac{\pi}{2}p\right)\right]\end{aligned} \tag{1.1.32}$$

式中，$b=\dfrac{x}{2}f''(\alpha_{\mathrm{G}})$，函数 $Q(\cdot)$ 和 $f(\cdot)$ 见下式：

$$Q(\alpha)=2m\cos\alpha\cos\beta\sum_{p=1}^{\infty}\left\{\frac{(m\cos\beta-\cos\alpha)^{p-1}}{(m\cos\beta+\cos\alpha)^{p+1}}-\frac{(\cos\beta-m\cos\alpha)^{p-1}}{(\cos\beta+m\cos\alpha)^{p+1}}\right\}\tag{1.1.33}$$

$$f(\alpha)=2\cos\alpha-2mp\cos\beta+\sin\alpha\{2\alpha+p(\pi-2\beta)-2N\pi\}\tag{1.1.34}$$

α_{G} 为鞍点，满足 $f'(\alpha_{\mathrm{G}})=0$。需要说明的是，$f'(\alpha)=0$，代入 (1.1.34) 式得：$2\alpha+p(\pi-2\beta)=2N\pi$。并不是所有的 p 和 N 都能满足该条件。结合该式，再依据菲涅耳定律 $\sin\alpha=m\sin\beta$，可以得知，$p\geqslant 2N$ 时，可以求得满足条件的鞍点 α_{G}。

由 $S_{\mathrm{F}}(\pi)$ 的相位项 $\exp(\mathrm{j}2x)$ 可知，该散射成分为介质球表面的后向反射 (front axial back reflection)，反射点与原点的双程距离为 $2a$，如图 1.1.14 所示。

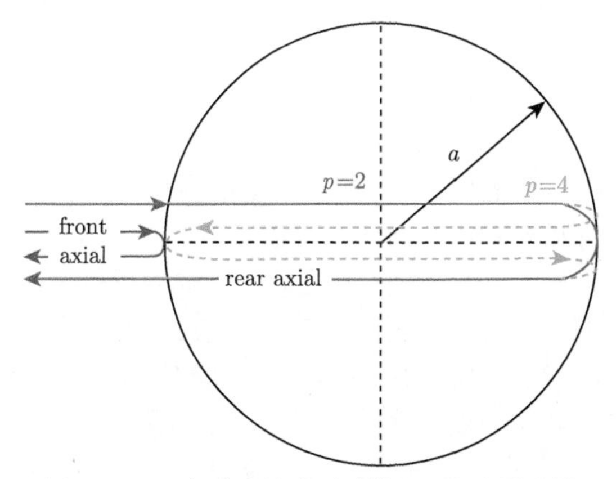

图 1.1.14 介质球前球面反射和后内球面反射

高频条件下，球内的轴向反射 (rear axial reflection)$S_{\mathrm{R}}(\pi)$ 可化简为

$$S_{\mathrm{R}}(\pi)\approx\frac{2m(m-1)}{(m+1)^3}\frac{\exp[-\mathrm{j}2x(2m-1)]}{1-\left(\dfrac{m-1}{m+1}\right)^2\exp(-\mathrm{j}4mx)}\tag{1.1.35}$$

由于 $\left|\left(\dfrac{m-1}{m+1}\right)^2\exp(-\mathrm{j}4mx)\right|<1$，则括号内部可以利用几何级数展开：

$$\frac{1}{1+\left(\dfrac{m-1}{m+1}\right)^2\exp(-\mathrm{j}4mx)}\approx\sum_{p=1}^{\infty}\left[-\left(\frac{m-1}{m+1}\right)^2\exp(-\mathrm{j}4mx)\right]^{p-1}\tag{1.1.36}$$

$$S_{\mathrm{R}}(\pi) \approx \frac{a}{2}\frac{2m}{m+1}\frac{2}{m+1}\exp(\mathrm{j}2x)\sum_{p=1}^{\infty}\left(\frac{m-1}{m+1}\right)^{2p-1}\exp\left[-\mathrm{j}2p\left(2mx+\frac{\pi}{2}\right)\right] \tag{1.1.37}$$

上式的幅度项可进一步简化为

$$A_q = \frac{a}{2}\frac{2}{m+1}\frac{2m}{m+1}\left(\frac{m-1}{m+1}\right)^{q-1} = \frac{a}{2}\cdot T_{12}\cdot R_{21}^{2p-1}\cdot T_{21}, \quad q=2,4,6,\cdots \tag{1.1.38}$$

其中，$q=2p$；$T_{12}=\dfrac{2}{m+1}$，$R_{21}=\dfrac{m-1}{m+1}$，$T_{21}=\dfrac{2m}{m+1}$，分别为电磁波从真空垂直入射到球面上的折射系数，以及从球内垂直入射到真空的反射系数和折射系数。则 (1.1.37) 式可进一步表示为

$$S_{\mathrm{R}}(\pi) \approx \frac{a}{2}\sum_{q=2,4,6,\cdots}^{\infty}\mathrm{j}^q A_q \exp\left[-\mathrm{j}2x(qm-1)\right] \tag{1.1.39}$$

其中，相位项 $\exp[-\mathrm{j}2x(qm-1)]$ 对应的射线路程为 $2apm-2a$。该路程包括三部分：入射射线的入射点与原点相差 $-a$，射线在介质球内的路程 $2apm$，以及出射点与原点相差 $-a$。因此电磁波传播路径与后内球面的轴向反射相对应，该散射成分应为轴线上后内球面的反射场。可以发现，当 $p-1$ 为奇数时，$S_{\mathrm{R1}}\neq 0$；当 $p-1$ 为偶数时，$S_{\mathrm{R1}}=0$。$p-1$ 即电磁波在球内反射的次数，当反射奇数次时，电磁波沿 z 轴负方向返回，被雷达接收；当反射偶数次时，电磁波沿 z 轴正方向继续传播，对后向散射场没有贡献，与上面的结论相符。$S_{\mathrm{R}}(\pi)$ 第二部分同理，不再赘述。后内球面的轴向反射如图 1.1.14 所示。

在光照区的第三项 $S_{\mathrm{G}}(\pi)$ 中，鞍点 α_{G} 满足 $2\alpha_{\mathrm{G}}+p(\pi-2\beta_{\mathrm{G}})=2N\pi$，代入 (1.1.34) 式可知 $f(\alpha_{\mathrm{G}})=2\cos\alpha_{\mathrm{G}}-2mp\cos\beta_{\mathrm{G}}$。由 $S_{\mathrm{G}}(\pi)$ 相位项 $\exp[\mathrm{j}xf(\alpha_{\mathrm{G}})]$，可知对应传播路程为 $2amp\cos\beta_{\mathrm{G}}-2a\cos\alpha_{\mathrm{G}}$。该路程也可分为三部分：射线入射点与原点的径向距离 $-a\cos\alpha_{\mathrm{G}}$，射线在介质球内的路程 $2amp\cos\beta_{\mathrm{G}}$，以及射线出射点与原点的径向距离 $-a\cos\alpha_{\mathrm{G}}$。

因此 $S_{\mathrm{G}}(\pi)$ 的电磁波传播路径与非轴线上入射的内球面反射相对应, 该射线路径称为格劳瑞射线 (Glory ray)。α_{G} 为入射角，β_{G} 为折射角。与后内球面的轴向反射类似，$p-1$ 表示电磁波在球内反射的次数。当 $N=1,p=2$ 时，射线在球内只反射一次，当 $N=1,p=3$ 时，射线在球内只反射两次，其路径如图 1.1.15 所示。需要注意的是，入射角和折射角还需满足菲涅耳定律，$\sin\alpha_{\mathrm{G}}=m\sin\beta_{\mathrm{G}}$。$p,N$ 取值不同，则 m 的取值范围也不同。

除照明区外，阴影区对后向散射场的贡献也不能忽略。阴影区的后向散射场的表示形式非常复杂，见下式，具体推导过程见文献 [7]。

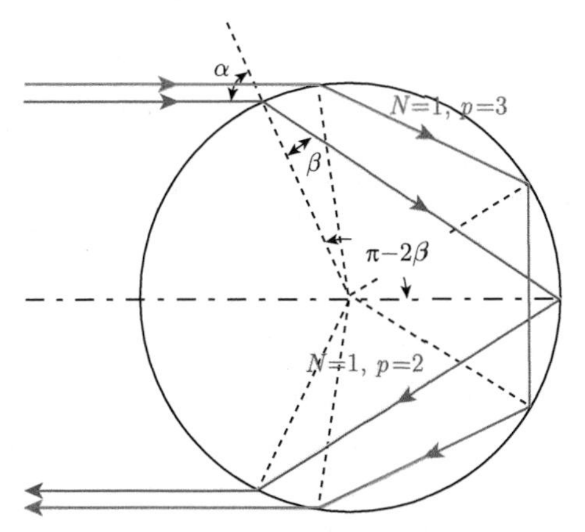

图 1.1.15 介质球内球面反射路径示意图

$$
\begin{aligned}
S_{\mathrm{SW}}(\pi) \approx & \sum_{N-1}^{\infty} \frac{(-1)^{N-1} \mathrm{j} \exp\left(-\mathrm{j}\frac{2\pi}{3}\right)}{x} \\
& \times \sum_{l=1}^{M} \left\{ \left. \frac{sP_2A_2 \exp\left[-\mathrm{j}s\pi(2N-1)\right]}{P_4A_4 \mathrm{Del}(A)} \right|_{s=s_l^A} \right. \\
& \left. + \left. \frac{smP_2A_2 \exp\left[-\mathrm{j}s\pi(2N-1)\right]}{P_4A_4 \mathrm{Del}(B)} \right|_{s=s_l^B} \right\}
\end{aligned}
\tag{1.1.40}
$$

其中，$s_l=\alpha_l-\mathrm{j}\beta_l$，为一组复平面上的极点，$\alpha_l,\beta_l>0$。$P_n$ 和 $Q_n(n=1,2,3,4)$ 函数见文献 [7]。$\mathrm{Del}(A)=\exp\left(-\mathrm{j}\frac{\pi}{3}\right)\frac{\dot{D}_{\mathrm{R}}^{A}(s)}{2\sqrt{x}}$，$\mathrm{Del}(B)=\exp\left(-\mathrm{j}\frac{\pi}{3}\right)\frac{\dot{D}_{\mathrm{R}}^{B}(s)}{2m\sqrt{x}}$，$\dot{D}_{\mathrm{R}}^{A}(s)$ 和 $\dot{D}_{\mathrm{R}}^{B}(s)$ 见式 (1.1.41)，其中带点符号的含义为：$\dot{X}(s)=\mathrm{d}X(s)/\mathrm{d}s$。

$$
\begin{aligned}
\dot{D}_{\mathrm{R}}^{A}(s) = & 2\exp\left(\mathrm{j}\frac{\pi}{3}\right)\sqrt{x}\left[P_2A_2\left(\frac{\dot{P}_2}{P_2}+\frac{\dot{A}_2}{A_2}+\frac{\dot{P}_3}{P_3}+\frac{\dot{A}_3}{A_3}\right)\right. \\
& \left. -mP_1A_1P_4A_4\cdot\left(\frac{\dot{P}_1}{P_1}+\frac{\dot{A}_1}{A_1}+\frac{\dot{P}_4}{P_4}+\frac{\dot{A}_4}{A_4}\right)\right]
\end{aligned}
\tag{1.1.41}
$$

$$
\begin{aligned}
\dot{D}_{\mathrm{R}}^{B}(s) = & 2\exp\left(\mathrm{j}\frac{\pi}{3}\right)m\sqrt{x}P_2A_2P_4A_4\cdot\left[1+\frac{s+1/2}{y}\left(\frac{\dot{P}_2}{P_2}+\frac{\dot{A}_2}{A_2}+\frac{\dot{P}_4}{P_4}+\frac{\dot{A}_4}{A_4}\right)\right. \\
& +P_1A_1P_4A_4\cdot\left(\frac{\dot{P}_1}{P_1}+\frac{\dot{A}_1}{A_1}+\frac{\dot{P}_4}{P_4}+\frac{\dot{A}_4}{A_4}\right)
\end{aligned}
$$

$$-mP_2A_2P_3A_3 \cdot \left(\frac{\dot{P}_2}{P_2}+\frac{\dot{A}_2}{A_2}+\frac{\dot{P}_3}{P_3}+\frac{\dot{A}_3}{A_3}\right)\Bigg] \tag{1.1.42}$$

从 (1.1.40) 式相位项 $\exp[\mathrm{j}s_l\pi(2N-1)]=\exp[(2N-1)(-\mathrm{j}\alpha_l-\beta_l)\pi]$ 可以看出，(1.1.40) 式描述了在阴影区的边界电磁波开始绕着球体表面传播，并在 $(2N-1)\pi$ 后沿切线射出。因 $0\leqslant\alpha_l<y$，$\beta_l>0$，所以电磁波并不是严格地在球面爬行，并且传播过程中按 β_l 衰减。这部分是介质球特有的散射成分，其电磁波传播路程与 α_l 的取值有关。van de Hulst 指出，介质球阴影区的表面波会在球内沿弦长传播，因此称为内表面波 (internal surface wave)[8], 如图 1.1.16 所示。

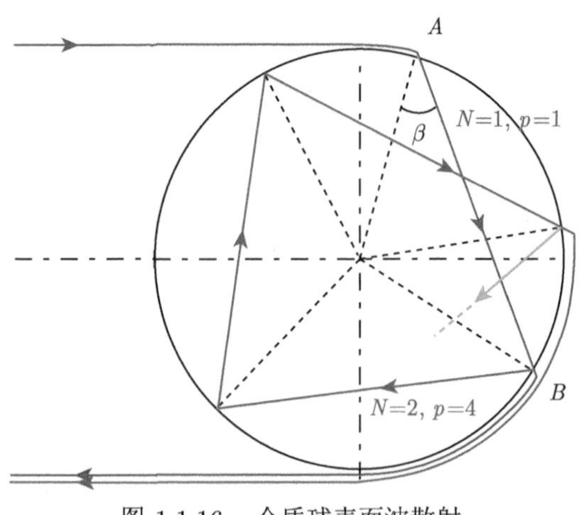

图 1.1.16　介质球表面波散射

表面波受掠入射光线的激发并沿球表面传播。表面波可能以临界角 (点 A) 进入球体，穿过球体内部走一条或多条切线，再次穿出球体表面成为表面波 (点 B)，如图 1.1.16 所示。在 B 点部分表面波会再次进入球体内。表面波在表面爬行时会沿切向散射光线，但只有沿后向散射方向散射的射线才对后向散射波有贡献。当光线在球体表面爬行时，它可能会进行多次短切。图 1.1.16 中展示了 $p=1$，$N=1$ 和 $p=4$，$N=2$ 的内部表面波路径。

根据折射定律，掠入射对应的折射角为 $\beta_l=\arcsin(1/n)$。内表面波的爬行长度可表示为 $L_{\text{creep}}=a\left[(2N-1)\pi-p\left(\pi-2\beta_l\right)\right]$。内表面波的总传播路径还要加上介质内部的短切路径，$L_{\text{cut}}=ap2\cos\beta$。总的传播路径造成的相位延迟为 $\exp\left[-\mathrm{j}k\left(L_{\text{creep}}+nL_{\text{cut}}\right)\right]$，因此等效的总传播路程为 $L=a\{(2N-1)\pi-p[(\pi-2\beta_l)-2n\cos\beta]\}$。

综上，介质球的散射场主要由四类散射成分所贡献：前外球面的轴向反射、后内球面的轴向反射、内球面反射和内表面波散射。介质球的散射可由如下散射中

心描述 (坐标原点为球心)：

(1) 前外球面的轴向反射可用一个等效散射中心描述，记为 FASC，其位置为 $a\hat{r}$，其中 $\hat{r}$ 为雷达视线方向 (从目标指向雷达)；

(2) 后内球面的轴向反射可由一组散射中心描述，记为 RASC，其位置为 $a(1-pm)\hat{r},\ p=2,4,6,\cdots$；

(3) 内球面反射可由一组散射中心描述，记为 GSC，其位置为 $-(\cos\alpha_{\mathrm{G}}-mp\cos\beta_{\mathrm{G}})a\hat{r}$；

(4) 内表面波散射可由一组散射中心描述，记为 ISSC，位置与 α_l 的取值有关，可表示为 $-a\left\{(2N-1)\pi-p\left[(\pi-2\beta_l)-2n\cos\beta\right]\right\}\hat{r}$。

各散射中心的位置分布如图 1.1.17 所示。

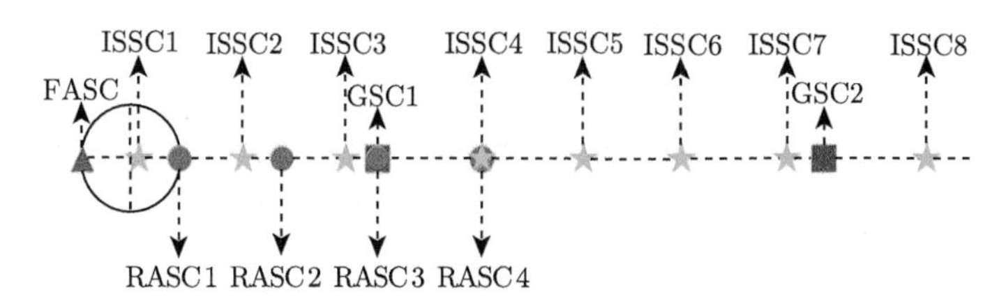

图 1.1.17 介质球等效的散射中心位置

图 1.1.18 给出了介质球的一维距离像结果，球体直径为 0.2m，折射率为 $n=5-\mathrm{i}0.005$，入射波中心频率为 2GHz，带宽为 2GHz，极化方式为 VV 极化。图中显示的各散射中心位置与上述各散射机理分析结果完全相符。

介质球的散射包含了丰富的散射机理，其散射解是非常好的实例，可以说明介质体相比于导体目标具有更复杂的散射现象，虽然现象复杂但散射仍然遵循一定的机理，这对于介质体目标的散射中心研究有重要的指导意义。介质球的研究结论可以推广到其他结构介质体目标的研究，例如，散射中心等效位置可按照已知机理的射线传播路径进行分析。

为了更直观地理解介质球的散射中心与导体球的差异，图 1.1.19 给出了相同尺寸导体球和介质球的一维雷达成像结果 (与图 1.1.18 计算参数相同)。由图可见，介质球的散射中心数目远多于相同尺寸的导体目标，而且幅度最大的散射中心并非外球面的反射 (第一个出现的散射中心)，而是表面波散射所形成的散射组 (ISSC) 中的第一个。虽然介质球的散射中心数目多、位置分布复杂，但是散射中心在一维距离像中仍然呈现为尖脉冲形式。依据散射机理仍可以对散射中心的位置和幅度实现参数化模型描述。

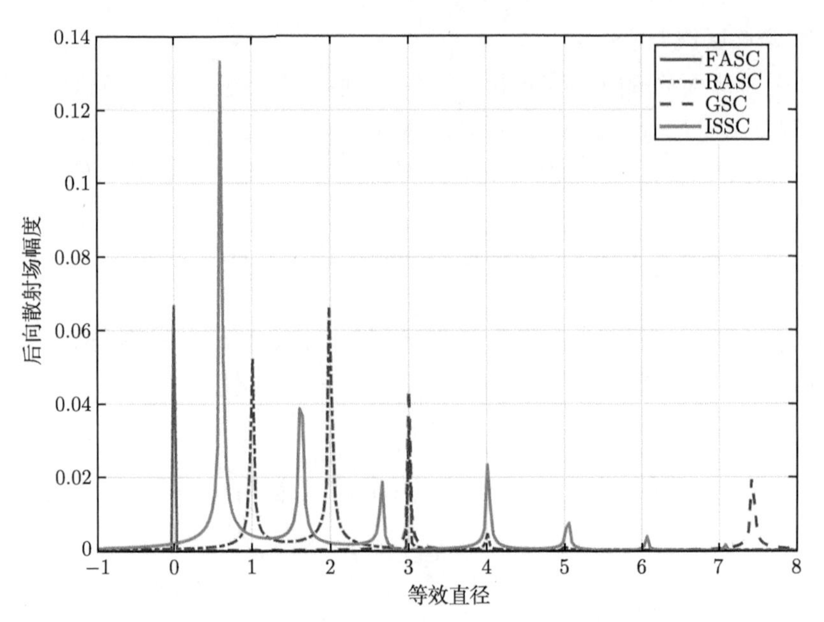

图 1.1.18　介质球等效的散射中心位置 (直径归一化)

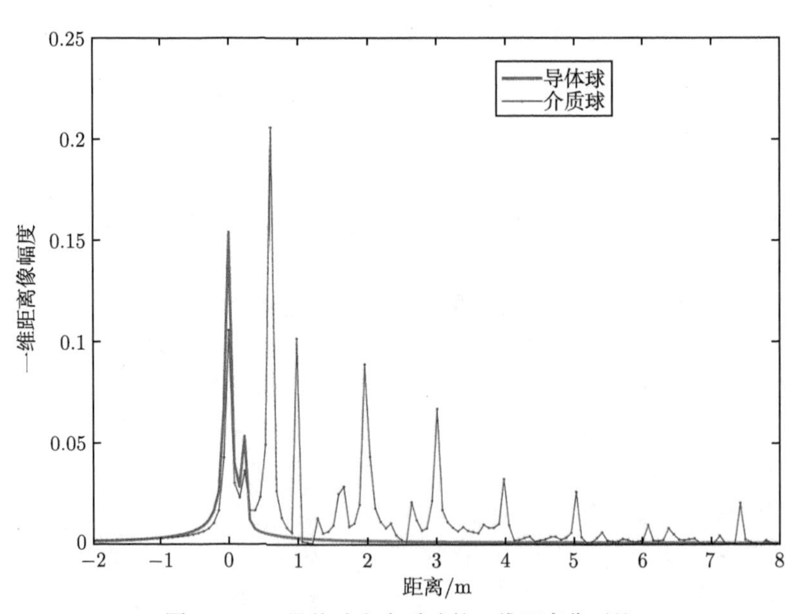

图 1.1.19　导体球和介质球的一维距离像对比

1.2 典型几何体的高频近似解

本节给出有限尺寸的导体矩形平面、导体圆柱侧面、导体圆锥侧面、导体圆盘面的物理光学 (physical optics, PO) 场。这些典型几何体的 PO 场对研究和理解散射中心的方位特性具有重要的意义。

1.2.1 导体矩形平面的反射场

导体矩形平面的反射问题如图 1.2.1 所示，平面的长和宽分别为 a 和 b。假设入射波为平面波，入射的磁场为

$$\boldsymbol{H}^{\mathrm{i}} = \hat{\boldsymbol{\phi}} H_0 \exp(\mathrm{j}k\hat{\boldsymbol{r}} \cdot \boldsymbol{r}') \tag{1.2.1}$$

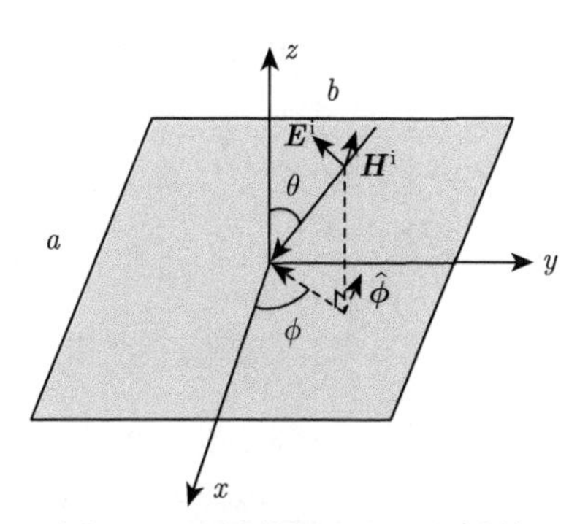

图 1.2.1 导体矩形平面的反射

当散射体的电尺寸远大于波长时，可以采用 PO 法计算反射场。依据 PO 法，导体单曲面上的感应电流为

$$\boldsymbol{J}_{\mathrm{s}} = 2\hat{\boldsymbol{n}} \times \boldsymbol{H}^{\mathrm{i}}\Big|_{s}' = -2\hat{\boldsymbol{\rho}} H_0 \exp(\mathrm{j}k\hat{\boldsymbol{r}} \cdot \boldsymbol{r}') \tag{1.2.2}$$

其中，$\hat{\boldsymbol{\rho}}$ 为柱坐标系的单位矢量，电流源辐射场的后向远场近似表达式为

$$\boldsymbol{E}^{\mathrm{s}} = \frac{\mathrm{j}k\eta_0}{4\pi} \frac{\mathrm{e}^{-\mathrm{j}kr}}{r} \hat{\boldsymbol{r}} \times \int_{s'} \hat{\boldsymbol{r}} \times \boldsymbol{J}_{\mathrm{s}} \mathrm{e}^{\mathrm{j}k\hat{\boldsymbol{r}} \cdot \boldsymbol{r}'} \mathrm{d}\boldsymbol{s}' \tag{1.2.3}$$

将 (1.2.2) 式，以及 $\boldsymbol{r}' = x'\hat{\boldsymbol{x}} + y'\hat{\boldsymbol{y}}$，$\hat{\boldsymbol{r}} = \cos\theta\hat{\boldsymbol{z}} + \sin\theta\hat{\boldsymbol{\rho}}$ 代入 (1.2.3) 式，化简得到

$$\begin{aligned}\boldsymbol{E}^{\mathrm{s}} &= \frac{\mathrm{j}k\eta_0 H_0}{2\pi} \frac{\mathrm{e}^{-\mathrm{j}kr}}{r} \cos\theta\hat{\boldsymbol{\theta}} \int_{-a/2}^{a/2} \int_{-b/2}^{b/2} \exp\left[2\mathrm{j}k\left(x'\sin\theta\cos\phi + y'\sin\theta\sin\phi\right)\right] \mathrm{d}x'\mathrm{d}y' \\ &= \hat{\boldsymbol{\theta}} \frac{\mathrm{j}k\eta_0 H_0}{2\pi} \frac{\mathrm{e}^{-\mathrm{j}kr}}{r} \cos\theta ab \,\mathrm{sinc}\left(ak\sin\theta\cos\phi\right) \mathrm{sinc}\left(bk\sin\theta\sin\phi\right)\end{aligned} \tag{1.2.4}$$

由导体平面的后向反射场表示可知，反射场随雷达观测方位角变化的依赖函数为 $\cos\theta\,\mathrm{sinc}\,(ak\sin\theta\cos\phi)\,\mathrm{sinc}\,(bk\sin\theta\sin\phi)$，相位项 $\mathrm{e}^{-\mathrm{j}kr}$ 表明反射场等效散射中心的位置为坐标原点，即为平面的几何中心。由于散射中心分布范围 (长、宽) 包含在方位依赖函数中，所以，导体平面的反射场可以等效成一个位于几何中心的分布型散射中心，这种等效仅仅是为了表述的方便，分布型散射中心实际的分布范围还是整个平面。

由于矩形平面的后向反射强度主要集中在 θ 较小的角度范围内，此时 $\cos\theta\approx 1$，所以矩形平面后向反射的方位依赖函数常简化为 $\mathrm{sinc}\,(ak\sin\theta\cos\phi)\,\mathrm{sinc}\,(bk\sin\theta\sin\phi)$。

导体矩形平面的 PO 解与全波法数值解的比较如图 1.2.2 所示。全波法具体算法为平行多层快速多极子方法 (parallel multi level fast multipole algorithm, PMLFMA)[9]。矩形平面边长为 1m，入射波频率为 3GHz。由图 1.2.2 可见，该参数设置下矩形平面的 PO 解有效范围为 $\theta=0^\circ\sim 20^\circ$，此范围之外，散射场的主要成分不再是反射而是矩形平面的边缘绕射。因此当研究矩形平面全方位的散射特性时，需将绕射散射机理也考虑在内。

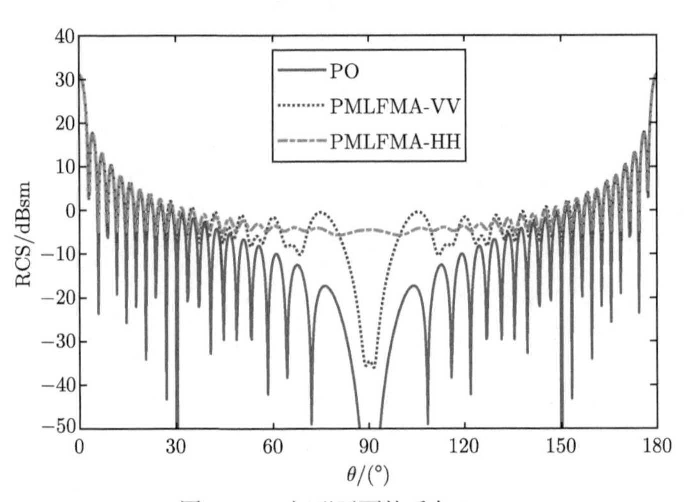

图 1.2.2　矩形平面的后向 RCS

为了直观地展示矩形平面后向反射强度的方向性，图 1.2.3 给出了后向电场的归一化三维方向图，(a) 和 (b) 分别是尺寸为 1m 和 2m 矩形平面的后向电场方向图。

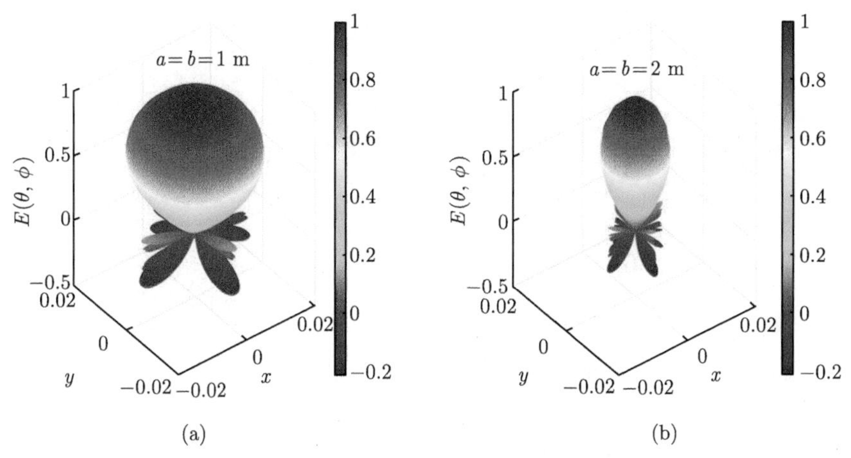

(a) (b)

图 1.2.3 矩形平面的后向电场方向图

1.2.2 导体圆盘面的反射场

导体圆盘面的反射问题见图 1.2.4，圆盘半径为 a。假设入射波为平面波，入射的磁场见 (1.2.1) 式。设入射方向在 yOz 面内，由于圆盘为回转对称体，所以不影响反射场计算结果的一般性。入射磁场为 $\boldsymbol{H}^{\mathrm{i}} = -\hat{\boldsymbol{x}}H_0\exp(\mathrm{j}k\hat{\boldsymbol{r}}\cdot\boldsymbol{r}')$，$\hat{\boldsymbol{r}} = \cos\theta\hat{\boldsymbol{z}} + \sin\theta\hat{\boldsymbol{y}}$。

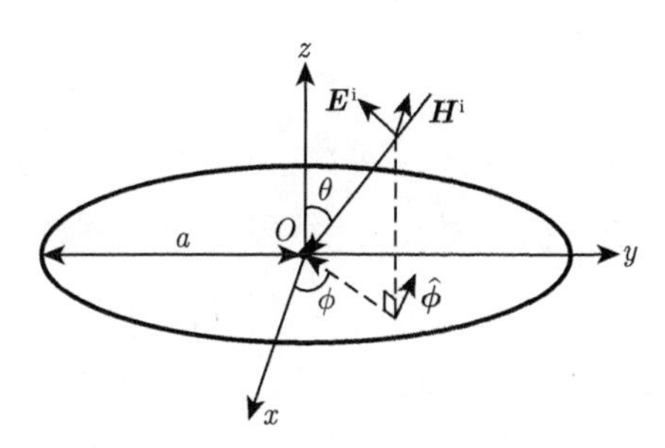

图 1.2.4 导体圆盘的反射场计算问题

依据 PO 法，导体圆盘面上的感应电流为

$$\boldsymbol{J}_{\mathrm{s}} = 2\hat{\boldsymbol{n}}\times\boldsymbol{H}^{\mathrm{i}}\big|_s' = -2\hat{\boldsymbol{y}}H_0\exp(\mathrm{j}k\hat{\boldsymbol{r}}\cdot\boldsymbol{r}') \tag{1.2.5}$$

其中，$\boldsymbol{r}' = \rho'(\cos\phi'\hat{x} + \sin\phi'\hat{y})$，$\hat{\boldsymbol{r}}\cdot\boldsymbol{r}' = \rho'\sin\theta\sin\phi'$，将电流源代入 (1.2.3) 式得

$$\boldsymbol{E}^{\mathrm{s}} = \frac{\mathrm{j}k\eta_0H_0}{2\pi}\frac{\mathrm{e}^{-\mathrm{j}kr}}{r}\cos\theta\hat{\boldsymbol{\theta}}\int\exp(2\mathrm{j}k\rho'\sin\theta\sin\phi')\mathrm{d}s' \tag{1.2.6}$$

上述面积分可以通过斯托克斯定理 (Stokes' theorem) 转化为沿圆盘边缘的线积分，见下式：

$$\int_{s'} \mathrm{e}^{\mathrm{j}2k\hat{\boldsymbol{r}}\cdot\boldsymbol{r}'}\mathrm{d}s' = \frac{1}{-\mathrm{j}2k\sin\theta}\int_{s'}\nabla'\times\left(\hat{\boldsymbol{x}}\mathrm{e}^{\mathrm{j}2k\hat{\boldsymbol{r}}\cdot\boldsymbol{r}'}\right)\cdot\hat{\boldsymbol{z}}\mathrm{d}s' = \frac{1}{\mathrm{j}2k\sin\theta}\int_{s'}\sin\phi'\mathrm{e}^{\mathrm{j}2k\hat{\boldsymbol{r}}\cdot\boldsymbol{r}'}a\mathrm{d}\phi' \tag{1.2.7}$$

将 (1.2.7) 式代入 (1.2.6) 式可得

$$\boldsymbol{E}^{\mathrm{s}} = \frac{\eta_0 H_0}{2\pi}\frac{\mathrm{e}^{-\mathrm{j}kr}}{r}\frac{a\cos\theta}{\sin\theta}\hat{\boldsymbol{\theta}}\int_{-\pi/2}^{\pi/2}\sin\phi'\exp(2\mathrm{j}ka\sin\theta\sin\phi')\mathrm{d}\phi' \tag{1.2.8}$$

令 $\varphi = \dfrac{\pi}{2} - \phi'$，则 (1.2.8) 式变为

$$\boldsymbol{E}^{\mathrm{s}} = \frac{\eta_0 H_0}{2\pi}\frac{\mathrm{e}^{-\mathrm{j}kr}}{r}\frac{a\cos\theta}{\sin\theta}\hat{\boldsymbol{\theta}}\int_{0}^{\pi}\cos\varphi\exp(2\mathrm{j}ka\sin\theta\cos\varphi)\mathrm{d}\varphi \tag{1.2.9}$$

利用贝塞尔函数的积分表示：

$$\mathrm{J}_1(\xi) = \frac{\mathrm{j}^{-1}}{\pi}\int_{0}^{\pi}\cos\varphi\exp(j\xi\cos\varphi)\mathrm{d}\varphi \tag{1.2.10}$$

则 (1.2.9) 式可表示为

$$\boldsymbol{E}^{\mathrm{s}} = \frac{\mathrm{j}\eta_0 H_0}{2\pi}\frac{\mathrm{e}^{-\mathrm{j}kr}}{r}\pi a\hat{\boldsymbol{\theta}}\frac{\mathrm{J}_1(2ka\sin\theta)}{\tan\theta} \tag{1.2.11}$$

由导体圆盘的反射场表示可知，反射场随雷达观测方位角变化的依赖函数为 $\dfrac{\mathrm{J}_1(2ka\sin\theta)}{\tan\theta}$，相位项 $\mathrm{e}^{-\mathrm{j}kr}$ 表明反射场等效散射中心的位置为坐标原点，即为平面的几何中心。由于散射中心分布范围 (圆盘直径 $2a$) 包含在方位依赖函数中，所以，导体圆盘的反射场可以等效成一个位于几何中心的分布型散射中心。由于平面的反射主要集中在 θ 较小的范围内，此时 $\cos\theta\approx 1$，所以圆盘面反射的方位依赖函数常简化为 $\dfrac{\mathrm{J}_1(2ka\sin\theta)}{\sin\theta}$ 表示。

导体圆盘的 PO 解与全波法数值解的比较如图 1.2.5 所示。圆盘直径为 2 m，厚度均为 0.002m，入射波频率为 3GHz。由图 1.2.5 可见，导体圆盘的 PO 解有效范围为 $\theta = 0^\circ \sim \pm 13^\circ$，此范围之外，散射场的主要成分不再是反射，而是导体圆盘曲边的边缘绕射。

为了直观地展示圆盘平板后向反射强度的方向性，图 1.2.6 给出了后向电场的归一化三维方向图，(a) 和 (b) 分别是半径为 1m 和 2m 的后向电场方向图。

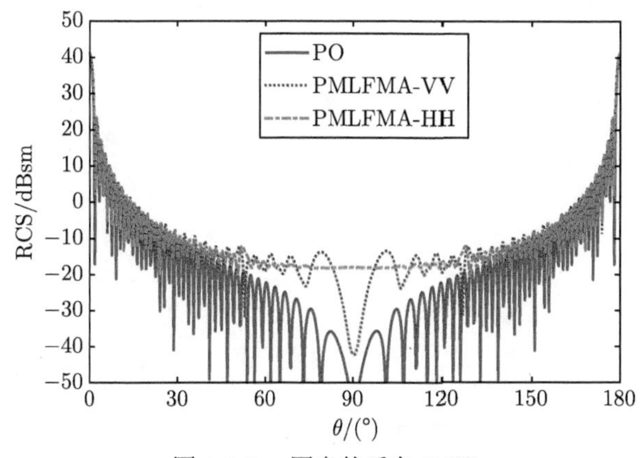

图 1.2.5 圆盘的后向 RCS

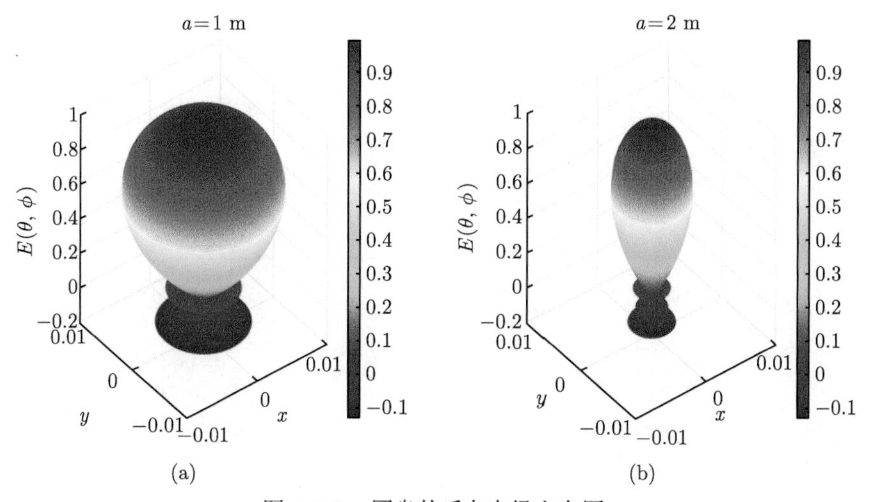

(a) (b)

图 1.2.6 圆盘的后向电场方向图

1.2.3 任意多边形导体平面的反射场

任意多边形的几何形状如图 1.2.7 所示，其顶点分别为 $\boldsymbol{a}_1, \cdots, \boldsymbol{a}_n$，并且令 $\boldsymbol{a}_{N+1} = \boldsymbol{a}_1$。其每条边的向量可表示为 $\Delta \boldsymbol{a}_n = \boldsymbol{a}_{n+1} - \boldsymbol{a}_n$。

Gordon[10] 将由多边形金属板散射的远场 PO 解，化简为几个顶点的贡献加和的形式。对于法向为 z 轴的任意形状的多边形平面，其后向散射场可以表示为

$$E^{\mathrm{s}} = \frac{\cos\theta}{2\pi\omega^2} \sum_{n=1}^{N} (\boldsymbol{\omega}^* \cdot \Delta \boldsymbol{a}_n) \operatorname{sinc}\left(\frac{k}{2} \hat{\boldsymbol{s}} \cdot \Delta \boldsymbol{a}_n\right) \exp\left(\mathrm{j}k \hat{\boldsymbol{s}} \cdot \boldsymbol{r}_{cn}\right) \tag{1.2.12}$$

其中，$\hat{\boldsymbol{s}}$ 为雷达视线方向；$\boldsymbol{\omega}$ 为 $-2\hat{s}$ 在 xy 平面上的投影，即 $\boldsymbol{\omega} = [-2s_x, -2s_y, 0]$，

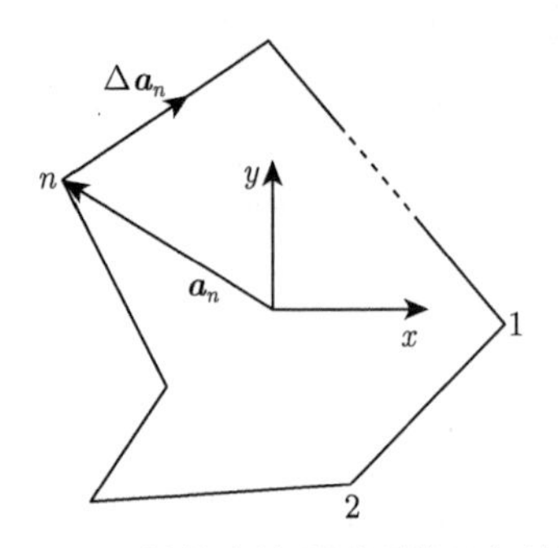

图 1.2.7　导体多边形平面的几何结构

$\boldsymbol{\omega}^* = [-2s_y, 2s_x, 0]$；$\boldsymbol{r}_{cn}$ 为第 n 条边的中点向量；s_x 和 s_y 为 $\hat{\boldsymbol{s}}$ 在 $\hat{\boldsymbol{x}}$ 和 $\hat{\boldsymbol{y}}$ 方向上的投影。

为了验证散射中心模型 (1.2.12) 式的精度，以一个任意多边形平面为算例。平面的几何坐标如图 1.2.7 所示。5 个顶点的坐标为：$\boldsymbol{a}_1 = (1,1,0), \boldsymbol{a}_2 = (-0.5,1,0), \boldsymbol{a}_3 = (0.2,0.2,0), \boldsymbol{a}_4 = (-1,-1,0), \boldsymbol{a}_5 = (1,-1,0)$。雷达的观测角度为 $\theta = -90^\circ \sim 90^\circ$，$\phi = 0^\circ$，计算频率为 3GHz。PO 计算的该平面的后向 RCS 与全波法的结果对比如图 1.2.8 所示，导体圆盘的 PO 解有效范围为 $\theta = 0^\circ \sim \pm 14^\circ$，此范围之外，散射场的主要成分不再是反射，而是导体平面的边缘绕射。

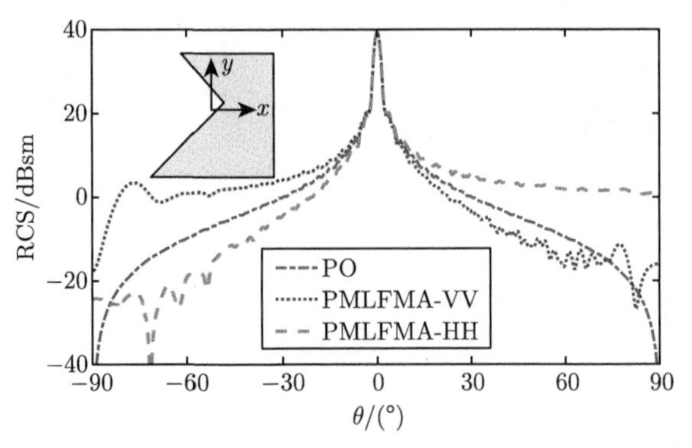

图 1.2.8　多边形平面的后向 RCS

1.2.4　有限长导体圆柱侧面的反射场

导体圆柱的长度为 l，半径为 a。假设入射波为平面波，入射的磁场如 (1.2.1) 式所示。入射波和圆柱的位置关系见图 1.2.9。设入射方向在 yOz 面内，由于圆柱为回转对称体，所以不影响反射场计算结果的一般性。圆柱面的法线为 $\hat{\boldsymbol{n}} = \hat{\boldsymbol{\rho}}' = \cos\phi'\hat{\boldsymbol{x}} + \sin\phi'\hat{\boldsymbol{y}}$。雷达视线方向为 $\hat{\boldsymbol{r}} = \cos\theta\hat{\boldsymbol{z}} + \sin\theta\hat{\boldsymbol{y}}$。圆柱面上电流的位置矢量为 $\boldsymbol{r}' = a\cos\phi'\hat{\boldsymbol{x}} + a\sin\phi'\hat{\boldsymbol{y}} + z'\hat{\boldsymbol{z}}$。入射波的磁场为 $\boldsymbol{H}^{\mathrm{i}} = -\hat{\boldsymbol{x}}H_0\exp(\mathrm{j}k\hat{\boldsymbol{r}}\cdot\boldsymbol{r}')$。依据 PO 法，导体单曲面上的感应电流为

$$\boldsymbol{J}_{\rm s} = 2\hat{\boldsymbol{n}} \times \boldsymbol{H}^{\rm i}\big|_{s'} = 2\hat{\boldsymbol{\rho}}' \times (-\hat{\boldsymbol{x}} H_0 \exp({\rm j}k\hat{\boldsymbol{r}} \cdot \boldsymbol{r}')) = 2\hat{\boldsymbol{z}} H_0 \sin\phi' \exp({\rm j}k\hat{\boldsymbol{r}} \cdot \boldsymbol{r}') \tag{1.2.13}$$

将 (1.2.13) 式代入 (1.2.3) 式，可以化简为

$$\begin{aligned}\boldsymbol{E}^{\rm s} &= \frac{{\rm j}k\eta_0 H_0 {\rm e}^{-{\rm j}kr}\sin\theta}{2\pi r}\hat{\boldsymbol{\theta}} \int_{-l/2}^{l/2}\int_0^{\pi} \exp(2{\rm j}kz'\cos\theta)\sin\phi' \exp(2{\rm j}ka\sin\theta\sin\phi') a{\rm d}\phi'{\rm d}z' \\ &= \frac{{\rm j}k\eta_0 H_0 {\rm e}^{-{\rm j}kr}\sin\theta a}{2\pi r}\hat{\boldsymbol{\theta}} \int_{-l/2}^{l/2} \exp(2{\rm j}kz'\cos\theta){\rm d}z' \int_0^{\pi} \sin\phi' \exp(2{\rm j}ka\sin\theta\sin\phi'){\rm d}\phi'\end{aligned} \tag{1.2.14}$$

其中，线积分项为

$$\int_{-l/2}^{l/2} \exp(2{\rm j}kz'\cos\theta){\rm d}z' = \left.\frac{\exp(2{\rm j}kz'\cos\theta)}{2{\rm j}k\cos\theta}\right|_{-l/2}^{l/2} = l\,{\rm sinc}\,(kl\cos\theta) \tag{1.2.15}$$

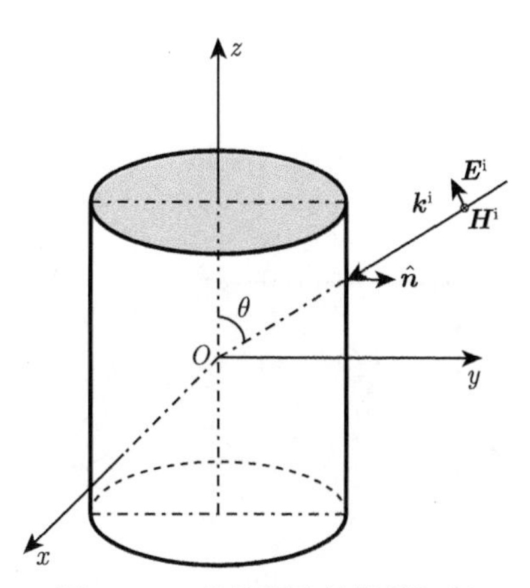

图 1.2.9 导体圆柱的散射问题

利用驻定相位原理计算 (1.2.14) 式中的圆周积分。驻相法 [11] 的积分计算原理如下，当 $\varOmega \gg 0$，$g''(x) \neq 0$ 时，积分结果可近似表示为

$$\int f(x)\exp({\rm j}\varOmega g(x)){\rm d}x \approx \sqrt{\frac{2\pi{\rm j}}{\varOmega g''(x_0)}} f(x_0)\exp[{\rm j}\varOmega g(x_0)] \tag{1.2.16}$$

式中，x_0 为 $g'(x)=0$ 的根。由 (1.2.14) 式可知

$$\begin{cases} f(\phi') = \sin\phi' \\ g(\phi') = \sin\phi' \\ \varOmega = 2ka\sin\theta \end{cases} \tag{1.2.17}$$

则驻定相位点为：$\phi' = \dfrac{\pi}{2}$，(1.2.14) 式中圆周积分结果为

$$I = \int_0^{\pi} \sin\phi' \exp(2\mathrm{j}ka\sin\theta\sin\phi')\mathrm{d}\phi' \approx \sqrt{\frac{\pi}{\mathrm{j}ka\sin\theta}}\exp(2\mathrm{j}ka\sin\theta) \tag{1.2.18}$$

这样 (1.2.14) 式可化简为

$$\boldsymbol{E}^{\mathrm{s}} = -\frac{\eta_0 H_0 l\sqrt{\mathrm{j}ka\sin\theta}}{2\sqrt{\pi}}\frac{\mathrm{e}^{-\mathrm{j}kr}}{r}\operatorname{sinc}(kl\cos\theta)\exp(2\mathrm{j}ka\sin\theta)\,\hat{\theta} \tag{1.2.19}$$

从导体圆柱的单曲面反射结果可见，其散射幅度随角度变化的依赖函数为 $\sqrt{\sin\theta}\operatorname{sinc}(kl\cos\theta)$。柱面反射的散射中心是一个分布型散射中心，分布范围为入射线与对称轴相交成的平面与圆柱 (照明区) 侧面的交线，分布长度为 l。相位项 $\exp(2\mathrm{j}ka\sin\theta)$ 表明，散射中心的位置可以等效为线分布的中心，即 $\boldsymbol{r}' = a\hat{\rho}$，对应相位项 $2k\boldsymbol{r}'\cdot\hat{\boldsymbol{r}} = 2ka\hat{\rho}\cdot(\hat{z}\cos\theta + \hat{\rho}\sin\theta) = 2ka\sin\theta$ 与 (1.2.19) 式的相位项一致，如图 1.2.10 所示。

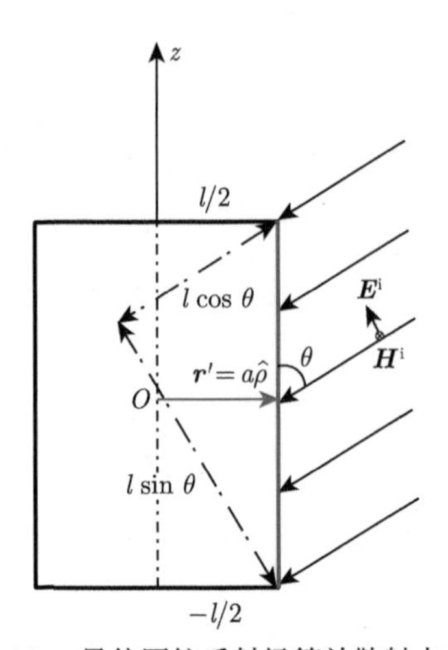

图 1.2.10　导体圆柱反射场等效散射中心分布

导体圆柱面的反射场，还可以将 sinc 函数拆分，表示为

$$\boldsymbol{E}^{\mathrm{s}} = \frac{\eta_0 H_0}{4\pi\cos\theta}\frac{\mathrm{e}^{-\mathrm{j}kr}}{r}\sqrt{\frac{\pi a\sin\theta}{\mathrm{j}k}}\left[\exp(\mathrm{j}kl\cos\theta) - \exp(-\mathrm{j}kl\cos\theta)\right]\exp(2\mathrm{j}ka\sin\theta)\,\hat{\theta} \tag{1.2.20}$$

从上式的两个相位项可知，导体反射场还可以等效为幅度特性相同，位置分别位于 $\boldsymbol{r}_1' = l/2\hat{\boldsymbol{z}} + a\hat{\boldsymbol{\rho}}$ 和 $\boldsymbol{r}_2' = -l/2\hat{\boldsymbol{z}} + a\hat{\boldsymbol{\rho}}$ 的两个点散射中心，即入射线与圆柱轴线

相交形成的与上下底边缘的交点。然而，这样等效的问题是，散射中心容易与边缘绕射所形成的散射中心混淆，并且在镜面反射角度下出现奇异点。散射中心等效时应尽量与实际的散射机理一致，因此对于导体圆柱面的反射而言，采用第一种分布型散射中心等效更为直接、有效。

导体圆柱的 PO 解 (包括导体圆柱侧面和两底面圆盘的两部分叠加) 与全波法结果的比较如图 1.2.11 所示。导体圆柱高为 2m，底面直径为 1m，入射波频率为 3GHz，观测范围为 $\theta=0^\circ\sim180^\circ$。图中可见，在 $\theta=0$，$\theta=\pi/2$ 和 $\theta=\pi$ 附近，PO 解与全波法结果符合较好，其他角度差别较大，这是因为在这些观测范围内，后向散射场的主要成分不再是平面反射，而是边缘绕射。

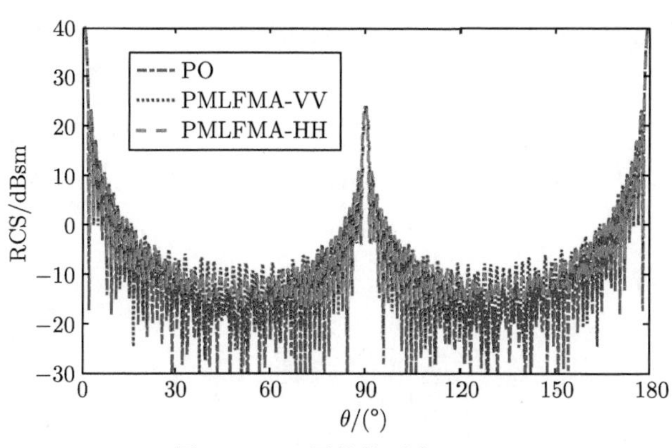

图 1.2.11 圆柱的后向 RCS

1.2.5 导体圆锥侧面的反射场

导体圆锥散射问题如图 1.2.12 所示，圆锥的高度为 h，底面半径为 a，侧面母线长度为 $R=\sqrt{h^2+a^2}$。设入射方向在 yOz 面内，由于圆锥为回转对称体，所以不影响反射场计算结果的一般性。圆锥侧面的法线为 $\hat{\boldsymbol{n}}=-\sin\gamma\hat{\boldsymbol{z}}+\cos\gamma\sin\phi'\hat{\boldsymbol{y}}+\cos\gamma\cos\phi'\hat{\boldsymbol{x}}$。雷达观测方向为 $\hat{\boldsymbol{r}}=\cos\theta\hat{\boldsymbol{z}}+\sin\theta\hat{\boldsymbol{y}}$。圆锥面上电流源的位置矢量为 $\boldsymbol{r}'=r'(\cos\gamma\hat{\boldsymbol{z}}+\sin\gamma\sin\phi'\hat{\boldsymbol{y}}+\cos\gamma\cos\phi'\hat{\boldsymbol{x}})$。假设入射波为平面波，入射波的磁场为 $\boldsymbol{H}^{\mathrm{i}}=-\hat{\boldsymbol{x}}H_0\exp(\mathrm{j}k\hat{\boldsymbol{r}}\cdot\boldsymbol{r}')$。依据 PO 法，导体单曲面上的感应电流为

$$\boldsymbol{J}_{\mathrm{s}}=2\hat{\boldsymbol{n}}\times\boldsymbol{H}^{\mathrm{i}}\Big|_s'=2H_0(\sin\gamma\hat{\boldsymbol{y}}+\cos\gamma\sin\phi'\hat{\boldsymbol{z}})\exp(\mathrm{j}k\hat{\boldsymbol{r}}\cdot\boldsymbol{r}') \tag{1.2.21}$$

将 (1.2.21) 式代入 (1.2.3) 式，可以化简为

$$\begin{aligned}\boldsymbol{E}^{\mathrm{s}}=&\frac{\mathrm{j}k\eta_0H_0}{2\pi}\frac{\mathrm{e}^{-\mathrm{j}kr}}{r}\hat{\boldsymbol{\theta}}\int_{s'}(-\sin\gamma\cos\theta+\cos\gamma\sin\phi'\sin\theta)\\&\times\exp[2\mathrm{j}kr'(\cos\gamma\cos\theta+\sin\gamma\sin\theta\sin\phi')]\,\mathrm{d}s'\end{aligned} \tag{1.2.22}$$

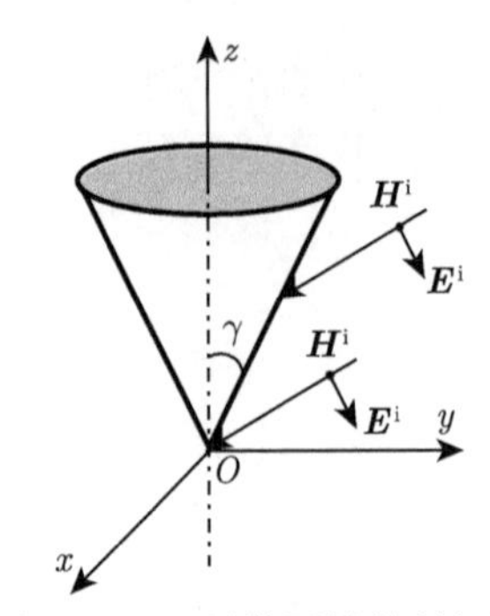

图 1.2.12　导体圆锥散射问题

为了简化计算，令 $A(\phi') = -\sin\gamma\cos\theta + \cos\gamma\sin\phi'\sin\theta, C_1 = \cos\gamma\cos\theta$, $C_2 = \sin\gamma\sin\theta$，$\psi(\phi') = C_1 + C_2\sin\phi'$，则 (1.2.22) 式可表示为

$$\boldsymbol{E}_{\mathrm{PO}} = \frac{\mathrm{j}k\eta_0 H_0}{2\pi}\hat{\boldsymbol{\theta}}\int_0^{\pi} A(\phi')\int_0^{R}\exp[2\mathrm{j}kr'\psi(\phi')]\,r'\sin\gamma\mathrm{d}\phi'\mathrm{d}r' \tag{1.2.23}$$

(1.2.23) 式中的线积分部分可以采用分部积分计算得到：

$$\int_0^{R}\exp[2\mathrm{j}kr'\psi(\phi')]\,r'\mathrm{d}r' = \frac{R\exp[\mathrm{j}kR\psi(\phi')]}{2\mathrm{j}k\psi(\phi')}\{\exp[\mathrm{j}kR\psi(\phi')] - \mathrm{sinc}[kR\psi(\phi')]\} \tag{1.2.24}$$

则 (1.2.23) 式可表示为

$$\boldsymbol{E}_{\mathrm{PO}} = \frac{\eta_0 H_0 R\sin\gamma}{4\pi}\left\{\int_0^{\pi}\frac{A(\phi')\exp[2\mathrm{j}kR\psi(\phi')]}{\psi(\phi')}\mathrm{d}\phi' - \int_0^{\pi}\frac{A(\phi')\exp[\mathrm{j}kR\psi(\phi')]}{\psi(\phi')}\mathrm{sinc}[kR\psi(\phi')]\,\mathrm{d}\phi'\right\} \tag{1.2.25}$$

采用驻相法计算 (1.2.25) 式中的圆周积分。$\psi'(\phi') = 0$，求得驻定相位点 $\phi'_{\mathrm{s}} = \pi/2$。已知 $\psi(\phi'_{\mathrm{s}}) = \cos(\theta-\gamma)$，$A(\phi'_{\mathrm{s}}) = \sin(\theta-\gamma)$，$\psi''(\phi'_{\mathrm{s}}) = -C_2$，则第一项和第二项的积分结果为

$$I_{11} \approx \sqrt{\frac{\pi}{\mathrm{j}kRC_2}}\exp[2\mathrm{j}kR\cos(\theta-\gamma)]\tan(\theta-\gamma) \tag{1.2.26}$$

$$I_{12} \approx \sqrt{\frac{2\pi}{\mathrm{j}kRC_2}}\exp[\mathrm{j}kR\cos(\theta-\gamma)]\tan(\theta-\gamma)\,\mathrm{sinc}[kR\cos(\theta-\gamma)] \tag{1.2.27}$$

则圆锥面反射场可表示为

$$\boldsymbol{E}^{\mathrm{s}}=\frac{\eta_0 H_0}{4}\frac{\mathrm{e}^{-\mathrm{j}kr}}{r}\sqrt{\frac{R\sin\gamma}{\pi\mathrm{j}k\sin\theta}}\hat{\boldsymbol{\theta}}\tan\left(\theta-\gamma\right)$$
$$\times\left\{\exp\left[2\mathrm{j}kR\cos\left(\theta-\gamma\right)\right]-\sqrt{2}\exp\left[\mathrm{j}kR\cos\left(\theta-\gamma\right)\right]\mathrm{sinc}\left[kR\cos\left(\theta-\gamma\right)\right]\right\}\tag{1.2.28}$$

可见，圆锥面的反射场可分为两项，两项的方位依赖函数不同，分别为 $\tan\left(\theta-\gamma\right)$ 和 $\tan\left(\theta-\gamma\right)\mathrm{sinc}\left[kR\cos\left(\theta-\gamma\right)\right]$。值得注意的是，当 $\theta=\pi/2-\gamma$ 时，上述结果出现无穷大值，这是由引入驻相法近似所造成的。为了避免此问题，$\theta=\pi/2-\gamma$ 角度下的数值结果需修正。当 $\theta=\dfrac{\pi}{2}-\gamma$ 时，即雷达视线垂直于圆锥的侧面，此时反射场幅度可近似为

$$\boldsymbol{E}^{\mathrm{s}}=R\sqrt{\frac{\mathrm{j}kR\tan\gamma}{9\pi}}\tag{1.2.28-1}$$

此时, 可等效为长度为 R, 半径为 $\dfrac{4R\tan\gamma}{9\sin\gamma}$ 的圆柱的反射。

虽然上述解存在奇异值,但仍可以对散射成分进行分析。第一项可等效为局部型散射中心 (localized scattering center，LSC) 的贡献,方位依赖函数为 $\tan(\theta-\gamma)$,散射中心位于入射线与圆柱轴线相交形成的平面与圆锥底面边缘的交点，$\boldsymbol{r}'=R(\sin\gamma\cos\phi\hat{\boldsymbol{x}}+\sin\gamma\sin\phi\hat{\boldsymbol{y}}+\cos\gamma\hat{\boldsymbol{z}})$，双程距离 $2\boldsymbol{r}'\cdot\hat{r}=2R\cos\left(\gamma-\theta\right)$ 与相位项一致。第二项可等效为分布型散射中心，方位依赖函数为 $\tan(\theta-\gamma)\mathrm{sinc}[kR\cos(\theta-\gamma)]$，位置位于入射线与圆柱轴线相交形成的平面与圆锥侧面交线的中点，$\boldsymbol{r}'=\dfrac{R}{2}(\sin\gamma\cos\phi\hat{\boldsymbol{x}}+\sin\gamma\sin\phi\hat{\boldsymbol{y}}+\cos\gamma\hat{\boldsymbol{z}})$，散射中心的分布长度为 R。导体圆锥反射场等效散射中心分布如图 1.2.13 所示。

虽然圆锥面和圆柱面都为单曲面结构，然而，圆锥曲率半径的变化造成其反射场与圆柱面的反射场在方位依赖性、组成成分上的不同。与圆柱面相比，圆锥面的反射场除了包含一个分布型散射中心的贡献外，还包含一个局部型散射中心的贡献。因此在散射中心建模精度要求较高时，圆柱面和圆锥面应分别处理，不能一概而论。

导体圆锥的 PO 解 (包括导体圆锥侧面和底面圆盘两部分的叠加) 与全波法结果的比较如图 1.2.14 所示。锥体高为 1m，底面直径为 1m，半锥角为 $\gamma=45°$，入射波频率为 3GHz，观测范围为 $\phi=0°,\theta=0°\sim180°$。图中可见，在 $\theta=0°$ 和 $\theta=90°+\gamma$ 附近 PO 解与全波法结果符合较好，其他角度差别较大，这是因为在这些观测范围内，后向散射场的主要成分不在平面反射，而是边缘绕射。

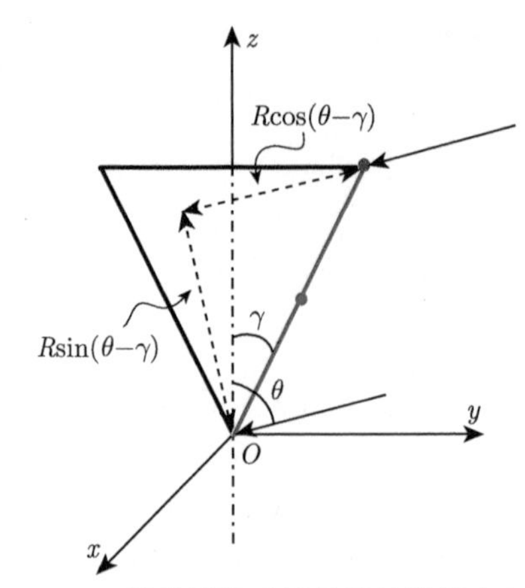

图 1.2.13 导体圆锥反射场等效散射中心分布

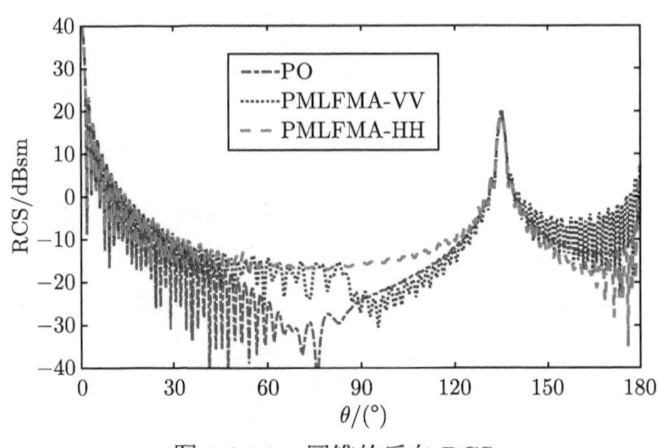

图 1.2.14 圆锥的后向 RCS

1.2.6 截头锥侧面的反射场

截头锥是圆锥被垂直于旋转对称轴的平面所截而形成的几何体，如图 1.2.15 所示。参考圆锥侧面反射的 PO 解，截头锥的侧面反射场积分可表示为

$$\boldsymbol{E}_{\mathrm{PO}}=\frac{\mathrm{j}k\eta_0 H_0}{2\pi}\hat{\boldsymbol{\theta}}\int_0^{\pi}A\left(\phi'\right)\int_{R_2}^{R_1}\exp\left[2\mathrm{j}kr'\psi\left(\phi'\right)\right]r'\sin\gamma\mathrm{d}\phi'\mathrm{d}r' \tag{1.2.29}$$

其中，R_1 为整个圆锥的斜边长；R_2 为被截取的圆锥的斜边长。因此，截头锥侧面的 PO 解由完整圆锥的 PO 解减去被截圆锥的 PO 解得到：

$$\boldsymbol{E}_{\mathrm{PO}}=\boldsymbol{E}_{\mathrm{PO\text{-}cone}}\big|_{R=R_1}-\boldsymbol{E}_{\mathrm{PO\text{-}cone}}\big|_{R=R_2} \tag{1.2.30}$$

导体截头锥的 PO 解与全波法结果的比较见图 1.2.16。截头锥高为 1m，顶部和底部圆盘半径分别为 0.5m 和 1m，半锥角为 26.6°。入射波频率为 3GHz，观测

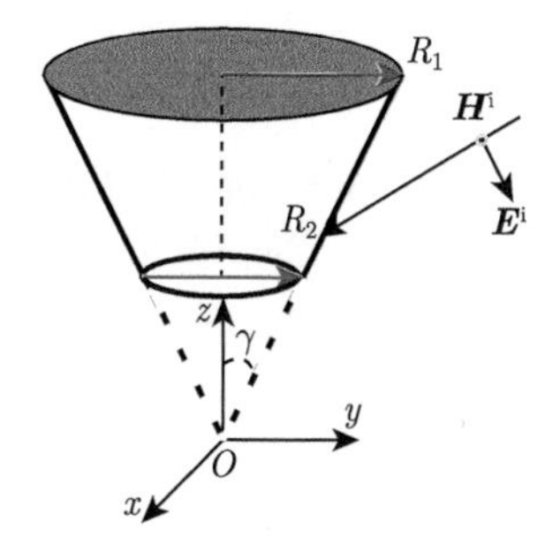

图 1.2.15 导体截头锥的散射问题

范围为 $\phi = 0°, \theta = 100° \sim 130°$。由图中可见，PO 解与全波法结果基本吻合，但在 $\theta = 116.6°$ 存在奇异值，这是由于引入驻相法近似所造成的，需要进一步修正。

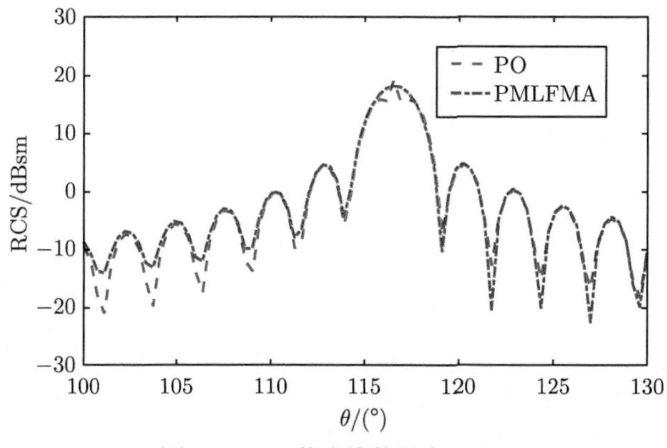

图 1.2.16 截头锥的后向 RCS

参 考 文 献

[1] 盛新庆. 电磁理论、计算、应用 [M]. 北京：高等教育出版社，2015: 229-233.

[2] 龚中麟. 近代电磁理论 [M]. 北京：北京大学出版社，2010: 295-303.

[3] 盛新庆. 电磁理论、计算、应用 [M]. 北京：高等教育出版社，2015: 233-239.

[4] Senior T B A, Goodrich R F. Scattering by a sphere [J]. Proceedings of the Institution of Electrical Engineers, 1964，111(5): 907-916.

[5] 盛新庆. 电磁理论、计算、应用 [M]. 北京：高等教育出版社，2015: 243-249.

[6] Inada H, Plonus M. The geometric optics contribution to the scattering from a large dense dielectric sphere [J]. IEEE Transactions on Antennas and Propagation, 1970, 18(1): 89-99.

[7] Inada H, Plonus M. The diffracted field contribution to the scattering from a large dense dielectric sphere [J]. IEEE Transactions on Antennas and Propagation, 1970, 18(5): 649-660.

[8] van de Hulst H C. Light Scattering by Small Particles [M]. North Chelmsford: Courier Corporation, 1957:375.
[9] 盛新庆. 计算电磁学要论 [M]. 北京：科学出版社，2018: 35-53.
[10] Gordon W. Far-field approximations to the Kirchhoff-Helmholtz representations of scattered fields [J]. IEEE Transactions on Antennas and Propagation, 1975, 23(4)：590-592.
[11] Giorgio F, Riccardo L. Synthetic Aperture Radar Processing[M]. Boca Raton: CRC Press, 1999: 102-103.

附 录

(1.2.7) 式推导过程：

$$\begin{aligned}\int\limits_{s'}\nabla'\times\left(\hat{\boldsymbol{x}}\mathrm{e}^{\mathrm{j}2k\hat{\boldsymbol{r}}\cdot\boldsymbol{r}'}\right)\cdot\hat{z}\mathrm{d}s' &= \int\limits_{s'}\left[\nabla'\left(\mathrm{e}^{\mathrm{j}2k\hat{\boldsymbol{r}}\cdot\boldsymbol{r}'}\right)\times\hat{\boldsymbol{x}}\right]\cdot\hat{\boldsymbol{z}}\mathrm{d}s' \\ &= \int\limits_{s'}\left[\mathrm{j}2k\hat{\boldsymbol{r}}\mathrm{e}^{\mathrm{j}2k\hat{\boldsymbol{r}}\cdot\boldsymbol{r}'}\times\hat{\boldsymbol{x}}\right]\cdot\hat{\boldsymbol{z}}\mathrm{d}s' \\ &= \mathrm{j}2k\int\limits_{s'}\left[\hat{\boldsymbol{r}}\times\hat{\boldsymbol{x}}\mathrm{e}^{\mathrm{j}2k\hat{\boldsymbol{r}}\cdot\boldsymbol{r}'}\right]\cdot\hat{\boldsymbol{z}}\mathrm{d}s'\end{aligned} \tag{B1-1}$$

其中,

$$\begin{aligned}&\hat{\boldsymbol{r}}\times\hat{\boldsymbol{x}} = (\cos\theta\hat{\boldsymbol{z}}+\sin\theta\hat{\boldsymbol{y}})\times\hat{\boldsymbol{x}} = \cos\theta\hat{\boldsymbol{y}}-\sin\theta\hat{\boldsymbol{z}} \\ &(\hat{\boldsymbol{r}}\times\hat{\boldsymbol{x}})\cdot\hat{\boldsymbol{z}} = -\sin\theta\end{aligned} \tag{B1-2}$$

代入 (B1-1) 式可得

$$\int\limits_{s'}\nabla'\times\left(\hat{\boldsymbol{x}}\mathrm{e}^{\mathrm{j}2k\hat{\boldsymbol{r}}\cdot\boldsymbol{r}'}\right)\cdot\hat{\boldsymbol{z}}\mathrm{d}s' = -\mathrm{j}2k\sin\theta\int\limits_{s'}\mathrm{e}^{\mathrm{j}2k\hat{\boldsymbol{r}}\cdot\boldsymbol{r}'}\mathrm{d}s' \tag{B1-3}$$

利用斯托克斯定理：

$$\int\limits_{s'}\nabla'\times\left(\hat{\boldsymbol{x}}\mathrm{e}^{\mathrm{j}2k\hat{\boldsymbol{r}}\cdot\boldsymbol{r}'}\right)\cdot\hat{\boldsymbol{z}}\mathrm{d}s' = \int\limits_{C'}\hat{\boldsymbol{x}}\mathrm{e}^{\mathrm{j}2k\hat{\boldsymbol{r}}\cdot\boldsymbol{r}'}\cdot\hat{\boldsymbol{\phi}}'a\mathrm{d}\phi' = -\int\limits_{C'}\sin\phi'\mathrm{e}^{\mathrm{j}2k\hat{\boldsymbol{r}}\cdot\boldsymbol{r}'}a\mathrm{d}\phi' \tag{B1-4}$$

其中 C' 表示 s' 的围线。所以由 (B1-3) 式和 (B1-4) 式可将面积分转化为线积分的关系：

$$\int\limits_{s'}\mathrm{e}^{\mathrm{j}2k\hat{\boldsymbol{r}}\cdot\boldsymbol{r}'}\mathrm{d}s' = \frac{1}{\mathrm{j}2k\sin\theta}\int\limits_{C'}\sin\phi'\mathrm{e}^{\mathrm{j}2k\hat{\boldsymbol{r}}\cdot\boldsymbol{r}'}a\mathrm{d}\phi' \tag{B1-5}$$

第 2 章　电磁散射机理及其分析方法

目标电磁散射机理是散射特性研究、目标散射中心建模，以及雷达回波起伏特征、雷达图像特征解译的基础。基于第 1 章给出的规则目标的解析解和典型结构的近似解，本章先从典型、单一几何结构入手，分析散射机理类型，建立散射场与频率、方位、极化的依赖关系，然后给出两种针对复杂结构目标的散射机理分析方法，即射线分析法和等效电磁流分析法。

2.1　典型几何结构的散射机理

一般来说，依据目标电尺寸可将目标的宏观散射分为三种类型：瑞利散射、米氏 (Mie) 散射和几何光学 (GO) 散射。

- 瑞利散射

当 $ka < 0.5$ 时 (a 为目标尺寸)，即目标的电尺寸小于波长时，目标的散射场主要由目标波长归一化体积所决定，目标的具体形状对散射场幅度影响不大。在瑞利散射区，散射场幅度随频率的增大而呈幂指数增大。

- 米氏散射

当 $0.5 \leqslant ka < 20$ 时，导体球的散射场幅度随频率呈现振荡性起伏，这是由导体的镜面反射和表面爬行波散射之间的干涉所造成的，详见 1.2 节。米氏散射结论在一定程度上也适用于类球状体和类椭球体。该尺寸范围内的散射，又称为谐振区。但值得指出的是，目标电尺寸超过此范围时，只要有两个及以上散射成分存在，散射场的幅度也依然会呈现振荡性起伏。

- 几何光学散射

当 $ka > 20$ 时，目标的散射场幅度与目标的形状、材料、表面粗糙度等因素密切相关。该尺寸范围内的散射，又称为高频区或光学区散射。在高频区，目标的散射成分包括：凸光滑表面的镜面反射、凹腔体的多次反射、棱边绕射、尖顶绕射、表面波散射等。值得注意的是，几何光学散射与几何光学法并不是直接对应关系，几何光学散射包含了反射、绕射、表面波散射等多种散射成分，而几何光学法是一种反射成分的计算方法。为了完整地计算高频区目标的所有散射成分，除了计算反射外，还需要采用其他的方法 (如几何绕射理论) 计算边缘绕射、表面波等散射成分。

理论计算和实验测量均表明，在高频区，目标的散射场可以认为是由局部散射成分的线性叠加所形成。在谐振区，目标的散射场也可以看成是独立散射成分的线性叠加，如导体球的米氏散射解，可以表示成球面反射和表面爬行波散射的叠加。常见的雷达目标一般处于谐振区或光学区，因此目标的散射场均可通过独立散射成分的叠加来近似描述，这对于研究目标散射机理和理解目标特性具有重要的意义。

雷达目标主要包括的散射成分有：平面、单曲面、双曲面反射；直棱边绕射、曲棱边绕射、尖顶绕射；爬行波散射、行波散射；凹腔体多次反射、介质体散射等。下文对这些散射成分的机理给出具体分析。

2.1.1　平面反射

对于电大尺寸平面，由矩形平面和圆形平面的 PO 解可以知道，平面反射场幅度与平面面积和频率成正比。反射场随方位的依赖函数与平面边缘的形状有关，如对于矩形平面、圆盘平面，方位依赖函数分别为 sinc 函数、一阶贝塞尔函数，详见 1.2.2 节。平面的反射可由位于平面几何中心的分布型散射中心来等效，分布长度在散射中心的方位依赖函数中表征。平面的镜面反射机理，见表 2.1.1 描述。

表 2.1.1　平面的镜面反射机理

频率依赖性	方位依赖性	散射中心类型	位置
f^1	矩形平面：$\cos\theta\,\mathrm{sinc}\,(ak\sin\theta\cos\phi)\,\mathrm{sinc}\,(bk\sin\theta\sin\phi)$ 圆形平面：$\dfrac{\mathrm{J}_1\,(2ka\sin\theta)}{\tan\theta}$	分布型	平面几何中心

注：θ 为入射线与平面法线的夹角。矩形平面的坐标系见图 1.2.1。

值得注意的是，仅在反射射线附近很小的角度范围内，这些方位依赖函数是有效的，当偏离反射射线方向较大角度时，由 PO 解得到的方位依赖函数与平面散射场的结果不再相符，因为此时平面散射的主要成分不再是平面的镜面反射，而是平面边缘的绕射，此时需加入边缘绕射的贡献。

2.1.2　单曲面反射

对于电大尺寸导体圆柱，由 PO 解可以知道，圆柱侧面反射场的幅度与$\sqrt{k}\cdot l\sqrt{a}$ (l 为圆柱长度，a 为底面半径) 成正比。圆柱侧面的反射场随方位的依赖函数为 sinc 函数，详见 1.2.4 节。由圆锥侧面反射的 PO 解可知，反射场的幅度与 $\sqrt{k}\cdot R\sqrt{a'}$(R 为圆锥母线长度，a' 为等效圆柱的半径) 成正比，散射场方位依赖函数可用 sinc 函数描述，详见 1.2.5 节。

若记入射射线与回转轴构成的平面为入射面，则柱面或锥面镜面反射所形成的散射中心分布在入射面与柱面或锥面相交的母线上。该散射中心属于分布型散射中心。在考虑单曲面目标的散射中心时，可以采用 sinc 函数，并依据单曲面类型辅以不同窗函数来描述其散射场幅度的方位依赖性，见表 2.1.2 描述。

表 2.1.2 单曲面反射机理

频率依赖性	方位依赖性		散射中心类型	位置
$f^{0.5}$	$\sqrt{\sin\theta}\mathrm{sinc}(kl\cos\theta)$	圆柱	分布型	入射面 (反射线与回转轴相交的平面) 与单曲面的交线的中心
	$\dfrac{\tan(\theta-\gamma)}{\sqrt{\sin\theta}}$,	圆锥		

注：θ 为入射线与散射中心所分布的母线的夹角。对于椎体，$f^{0.5}$ 是指入射线与锥面垂直时的情况。

同样值得注意的是，仅在反射射线附近很小的角度范围内，这些方位依赖函数是有效的，当偏离反射射线方向较大角度时，PO 解与锥柱体的严格散射场结果不再相符，这是由于此时散射的主要成分不再是侧面的反射，而是底面边缘的绕射，圆锥还包括尖顶绕射。

2.1.3 双曲面反射

从导体球散射场解可以知道，散射场包括曲面的反射成分和曲面上的爬行波散射成分，详见 1.1.2 节。在高频区，导体球的爬行波成分很弱，可以忽略，此时散射场成分主要为曲面的反射。将导体球的解推广到任意双曲面可知，其反射场幅度与 $\sqrt{c_1c_2}$(c_1, c_2 为两个正交方向的曲率半径) 成正比，散射场幅度不随频率变化。

双曲面的后向反射场的方位依赖性与具体的表面形状有关，不同的入射角下局部反射面位置和曲率不同，会造成反射场幅度的改变以及等效散射中心位置的改变，如图 2.1.1 所示。因此双曲面反射成分所对应的局部型散射中心又称为滑

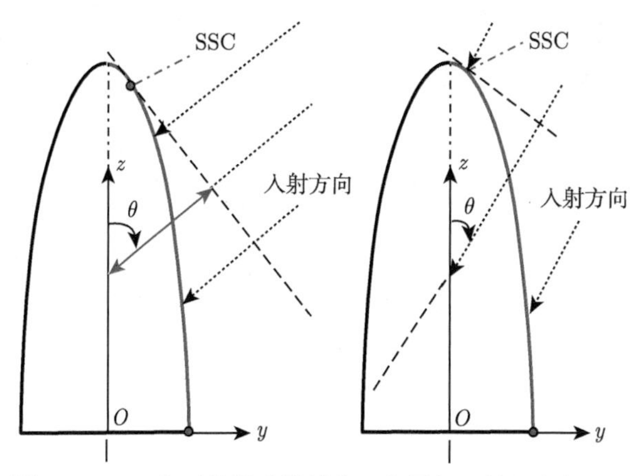

图 2.1.1 双曲面的滑动散射中心位置与入射方向的关系

动型散射中心 (sliding scattering center, SSC)[1−3]。双曲面的镜面反射机理，见表 2.1.3 描述。

表 2.1.3 双曲面的镜面反射机理

频率依赖性	方位依赖性	散射中心类型	位置
f^0	$\sqrt{c_1(\xi)\,c_2(\xi)}$	滑动型	法线方向与雷达视线方向平行的局域表面

注：$\xi=(\theta,\phi)$ 表示雷达视线方向的空间角。

若已知目标的轮廓信息，滑动散射中心的位置矢量可通过以下方程组获得：

$$\left\{\begin{array}{l} F\left(x_i, y_i, z_i\right)=0 \\ \hat{\boldsymbol{n}}\left(x_i, y_i, z_i\right)\times\hat{\boldsymbol{r}}_{\mathrm{los}}=0 \end{array}\right. \tag{2.1.1}$$

其中，$F(\cdot)$ 为目标表面方程；$\hat{\boldsymbol{n}}\left(x_i, y_i, z_i\right)$ 为表面某点的法向量，仅当雷达视向与表面法向重合时，该点为反射点位置也即滑动散射中心位置。

2.1.4 直棱边绕射

电磁波照射到由两平面相交而成的棱边上时会产生绕射现象，绕射射线将沿着凯勒圆锥母线方向散射出去，散射的幅度大小可由绕射系数表示，这种散射现象称为直棱边的绕射。由大宗量下半平面导体边缘绕射场的近似表示可知，边缘绕射场随着雷达观测角 θ 和 ϕ 呈现变化特性。为了分析**有限长**直棱边的绕射场性质，下文依据等效边缘电磁流法 (equivalent edge currents, EEC) 推导了有限长直劈 (长度为 $2L$) 的绕射场的计算公式 [4,5]。

依据等效电磁流法，边缘绕射场的表示为

$$\boldsymbol{E}^{\mathrm{d}}=\mathrm{j}k\frac{\mathrm{e}^{-\mathrm{j}kr}}{4\pi r}\int_c\left[ZI^{\mathrm{f}}(\boldsymbol{r}')\hat{\boldsymbol{s}}\times\left(\hat{\boldsymbol{s}}\times\hat{\boldsymbol{t}}\right)+M^{\mathrm{f}}(\boldsymbol{r}')\hat{\boldsymbol{s}}\times\hat{\boldsymbol{t}}\right]\mathrm{e}^{\mathrm{j}k\hat{\boldsymbol{s}}\cdot\boldsymbol{r}'}\mathrm{d}l \tag{2.1.2}$$

其中，$\hat{\boldsymbol{s}}$ 为观测方向单位矢量；$\hat{\boldsymbol{t}}$ 为棱边矢量方向，在图 2.1.2 坐标系中，$\hat{\boldsymbol{t}}$ 为 $\hat{\boldsymbol{z}}$；r 是雷达与局部坐标系原点之间的距离；Z 为自由空间波阻抗；$I^{\mathrm{f}}\left(\boldsymbol{r}'\right), M^{\mathrm{f}}\left(\boldsymbol{r}'\right)$ 为边缘上的电流和磁流。

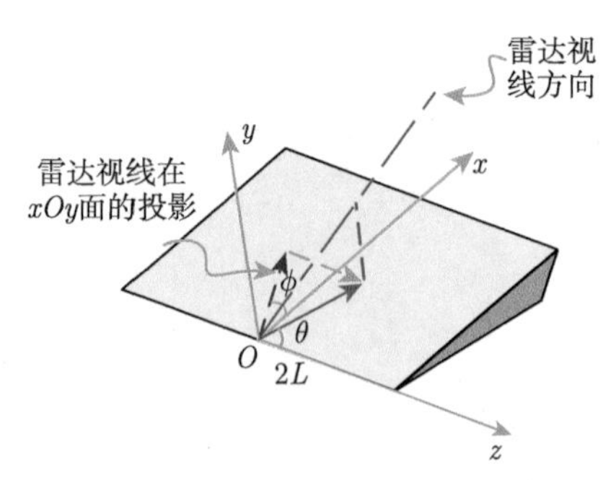

图 2.1.2 有限长直劈

在单站观测条件下，由文献 [6] 推导得到电流和磁流的表达式：

$$\begin{aligned} I^{\mathrm{f}} &= E_{\mathrm{t}}^{\mathrm{i}} \frac{\sqrt{2}\mathrm{j}Y\sin(\phi/2)}{\left(k\sin^2\theta\right)\left(\cos\phi-\cot^2\theta\right)}[\sqrt{1-\mu}-\sqrt{2}\cos(\phi/2)] \\ &\quad + H_{\mathrm{t}}^{\mathrm{i}} \frac{\mathrm{j}}{k\sin\theta}[2\sqrt{2}\cos(\phi/2)(-\cot\theta)(1-\mu)^{-1/2}] \end{aligned} \tag{2.1.3}$$

$$M^{\mathrm{f}} = H_{\mathrm{t}}^{\mathrm{i}} \frac{\mathrm{j}Z\sin\phi}{k\sin^2\theta(\cos\phi-\cot^2\theta)}\left[1-\frac{\sqrt{2}\cos(\phi/2)}{\sqrt{1-\mu}}\right] \tag{2.1.4}$$

其中，$E_{\mathrm{t}}^{\mathrm{i}} = \boldsymbol{E}^{\mathrm{i}}\cdot\hat{\boldsymbol{t}}$，$H_{\mathrm{t}}^{\mathrm{i}} = \boldsymbol{H}^{\mathrm{i}}\cdot\hat{\boldsymbol{t}}$，$\mu=\cos\phi-2\cot^2\theta$；$Y=1/Z$ 为自由空间中的导纳。

对于 VV 极化，此时 $E_{\mathrm{t}}^{\mathrm{i}}=\sin\theta E^{\mathrm{i}}$，$H_{\mathrm{t}}^{\mathrm{i}}=0$，电流、磁流可简化为

$$\begin{aligned} I^{\mathrm{f}} &= E^{\mathrm{i}}\sin\theta\frac{\sqrt{2}\mathrm{j}Y\sin(\varphi/2)}{\left(k\sin^2\theta\right)\left(\cos\varphi-\cot^2\theta\right)}[\sqrt{1-\mu}-\sqrt{2}\cos(\varphi/2)] \\ M^{\mathrm{f}} &= 0 \end{aligned} \tag{2.1.5}$$

则绕射场可表示为

$$E_{\mathrm{VV}}^{\mathrm{d}} = -E^{\mathrm{i}}\frac{L}{\sqrt{2}\pi}\frac{\sin\dfrac{\phi}{2}}{(\cos\phi-\cot^2\theta)}\left[\sqrt{1-\mu}-\sqrt{2}\cos\frac{\phi}{2}\right]\mathrm{sinc}(2kLs_z) \tag{2.1.6}$$

对于 HH 极化，此时 $H_{\mathrm{t}}^{\mathrm{i}}=\sin\theta H^{\mathrm{i}}$，$E_{\mathrm{t}}^{\mathrm{i}}=0$，电流、磁流可简化为

$$\begin{aligned} I^{\mathrm{f}} &= H^{\mathrm{i}}\sin\theta\frac{\mathrm{j}}{k\sin\theta}[2\sqrt{2}\cos(\phi/2)(-\cot\theta)(1-\mu)^{-1/2}] \\ M^{\mathrm{f}} &= H^{\mathrm{i}}\sin\theta\frac{\mathrm{j}Z\sin\phi}{k\sin^2\theta(\cos\phi-\cot^2\theta)}\left[1-\frac{\sqrt{2}\cos(\phi/2)}{\sqrt{1-\mu}}\right] \end{aligned} \tag{2.1.7}$$

则绕射场可表示为

$$E_{\mathrm{HH}}^{\mathrm{d}} = -H^{\mathrm{i}}Z\frac{L}{2\pi}\frac{\sin\phi}{(\cos\phi-\cot^2\theta)}\left[1-\frac{\sqrt{2}\cos(\phi/2)}{\sqrt{1-\mu}}\right]\mathrm{sinc}(2kLs_z) \tag{2.1.8}$$

基于上述结果，不同极化下边缘绕射场的积分结果可以统一表示，见 (2.1.9) 式。在图 2.1.2 的坐标系设置下，垂直极化 (VV)，电场方向平行于边缘；水平极化 (HH)，电场方向垂直于边缘。

$$E_{\mathrm{V,H}}^{\mathrm{d}} = \frac{L}{2\pi}F_{\mathrm{V,H}}(\theta,\phi)\,\mathrm{sinc}(2kL\cos\theta)\mathrm{e}^{2\mathrm{j}k\hat{\boldsymbol{s}}\cdot\boldsymbol{r}'} \tag{2.1.9}$$

其中，r' 是边缘在坐标系中几何中心的位置。不同极化的 $F_{\mathrm{V,H}}(\theta,\phi)$的表达式为

$$F_{\mathrm{V}}(\theta,\phi)=\frac{\sqrt{2}\sin\dfrac{\phi}{2}}{\cos\phi-\cot^2\theta}\left(\sqrt{1-\mu}-\sqrt{2}\cos\frac{\phi}{2}\right) \tag{2.1.10}$$

$$F_{\mathrm{H}}(\theta,\phi)=\frac{\sin\phi}{\cos\phi-\cot^2\theta}\left[1-\frac{\sqrt{2}\cos\dfrac{\phi}{2}}{\sqrt{1-\mu}}\right] \tag{2.1.11}$$

为了检验上述公式的计算精度和适用范围，下面给出了棱长为 2m 的立方体的后向散射场的结果。计算参数为 $f=3\mathrm{GHz}$，$\theta=90^\circ,\phi=0^\circ\sim180^\circ$，极化方式为 VV 极化。平面的反射场由第 1 章中的 PO 法计算，边缘绕射场由 (2.1.6) 式计算，两种成分叠加，得到总场与全波法的计算结果，如图 2.1.3 所示。由图可见，EEC 和 PO 叠加计算的散射场与全波法吻合很好。

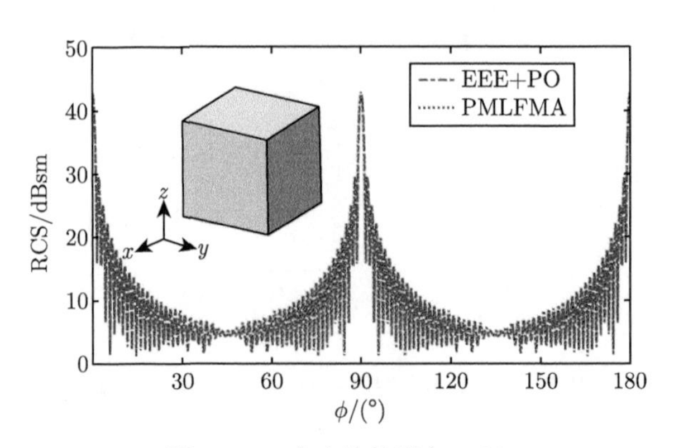

图 2.1.3　立方体的后向 RCS

由上述绕射电场计算公式可知，直劈绕射场的幅度与棱边长度成正比，且不随频率变化；散射场幅度随雷达观测角 θ 和 ϕ 的变化特性不同。边缘绕射成分对应的散射中心分布于整个棱边，由于分布长度参数已经在幅度依赖函数中表征了，所以其位置可以等效为棱边的中点。直棱边的绕射机理见表 2.1.4 描述。

表 2.1.4　直棱边绕射机理

频率依赖性	方位依赖性	散射中心类型	位置
f^0	$F_{\mathrm{V,H}}(\theta,\phi)\,\mathrm{sinc}(2kL\cos\theta)$	分布型	棱边的中点

2.1.5　曲棱边绕射

电磁波照射到由平面与曲面相交 (或曲面与曲面) 成的曲棱边上时会产生绕射现象，可以通过修正的无限长直棱边的绕射系数来计算曲边的绕射。以圆锥底

面的曲边缘为例，下文给出计算公式 [6]。圆锥底面几何参数如图 2.1.4 所示。

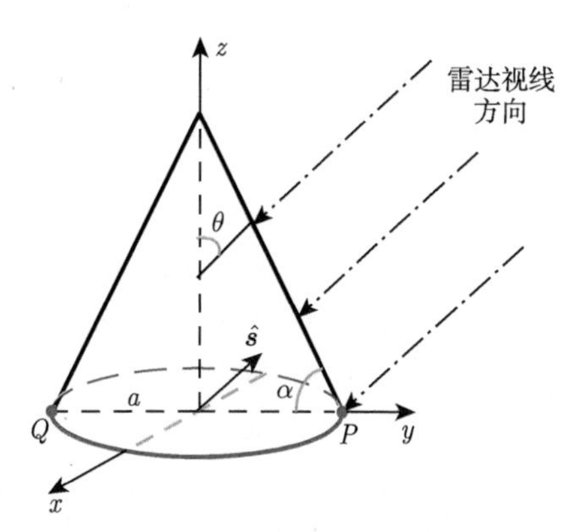

图 2.1.4　曲棱边几何结构示意图

入射方向与锥体轴线构成的平面与底面边缘的交点有两个，分别为 P 点和 Q 点，该两点的位置为绕射场的两个等效散射中心位置。下面以 P 点为例给出绕射场的表示，Q 点的情况相同，不再赘述。依据几何绕射理论 (GTD)，边缘的后向绕射场可表示为 $E^{\mathrm{d}}=GDE^{\mathrm{i}}\mathrm{e}^{-\mathrm{j}2kR}$，其中，$R$ 为 P 点到雷达的距离，在远场条件下，$R=|r\hat{r}-a\hat{\rho}|\approx r-a\sin\theta$，这里 r 为坐标原点到雷达的距离；G 为几何结构因子，用于描述几何结构对绕射场的扩散作用，见 (2.1.12) 式；$D^{\mathrm{s,h}}$ 为无限长直劈的绕射系数，见 (2.1.13) 式。

$$G=\left[R\left(1+\rho_1 R\right)\right]^{-1/2} \tag{2.1.12}$$

式中，ρ_1 为边缘绕射波波前的曲率半径。

$$D^{\mathrm{s,h}}=\frac{\mathrm{e}^{\mathrm{j}\frac{\pi}{4}}\sin\dfrac{\pi}{N}}{N\sqrt{2\pi k}}\left[\left(\cos\frac{\pi}{N}-1\right)^{-1}\mp\left(\cos\frac{\pi}{N}-\cos\frac{\pi+2\theta}{N}\right)^{-1}\right] \tag{2.1.13}$$

式中，$N=2-\alpha/\pi$；上标 s 代表垂直极化 (电场方向垂直于 z-y 面)，h 表示平行极化 (电场方向平行于 z-y 面)，s, h 分别与式中 “$\mp$” 中的 “$-$” 和 “$+$” 对应。

例如，对于无限长直棱边，$\rho_1=0$，$G=R^{-1/2}$，当 $\alpha=0$ 时，$n=2$，绕射场表示与半平面导体的大宗量下的近似解表示一致。

当观测距离 $R\gg\rho_1$ 时，$G\approx\sqrt{\rho_1}/r$。依据文献 [7]，边缘绕射波波前的曲率半径可表示为

$$\rho_1=\frac{a}{2\hat{\boldsymbol{s}}\cdot\hat{\boldsymbol{n}}} \tag{2.1.14}$$

其中，$\hat{\boldsymbol{s}}$ 表示绕射波的传播方向；$\hat{\boldsymbol{n}}$ 表示边缘的法线。在图 2.1.4 中，$\hat{\boldsymbol{n}}=\hat{\boldsymbol{\rho}}$，因此 $\hat{\boldsymbol{s}}\cdot\hat{\boldsymbol{n}}=\sin\theta$。圆锥底面的曲边缘绕射的解可表示为

$$E^{\mathrm{d}}=\frac{\mathrm{e}^{\mathrm{j}\frac{\pi}{4}}\sqrt{a}\sin\dfrac{\pi}{n}}{2n\sqrt{\pi k\sin\theta}}\frac{\mathrm{e}^{-\mathrm{j}2kr}\mathrm{e}^{\mathrm{j}2ka\sin\theta}}{R}\left[\left(\cos\frac{\pi}{n}-1\right)^{-1}\mp\left(\cos\frac{\pi}{n}-\cos\frac{\pi+2\theta}{n}\right)^{-1}\right] \tag{2.1.15}$$

注意，当雷达观测方向垂直于圆锥的侧面或底面时，即反射边界，(2.1.15) 式将出现奇异值，此时总场的主要贡献为侧面或底面的镜面反射场。

由曲边缘绕射场计算公式可知，电场幅度正比于 $\sqrt{a/k}$，并随雷达观测角 θ 呈现复杂的变化。由相位 $\mathrm{e}^{\mathrm{j}2ka\sin\theta}$ 可知，曲边绕射等效的散射中心位于入射线与圆锥轴线相交成的平面同曲面的交点 (图 2.1.4)。随着方位角 ϕ 变化，该散射中心在曲边上滑动，因此该散射中心实际是滑动型散射中心，但由于该散射中心位置不随 θ 变化，所以仅考虑观测角 θ 变化时，该散射中心有时又被视为位置固定的局部型散射中心。圆锥、柱类曲棱边绕射机理见表 2.1.5。

表 2.1.5　曲棱边绕射机理

频率依赖性	方位依赖性	散射中心类型	位置
$f^{-0.5}$	$\dfrac{1}{\sqrt{\sin\theta}}\left[\left(\cos\dfrac{\pi}{n}-1\right)^{-1}\mp\left(\cos\dfrac{\pi}{n}-\cos\dfrac{\pi+2\theta}{n}\right)^{-1}\right]$	滑动型	入射线与圆锥轴线相交成的平面同曲面的交点

为了检验 (2.1.15) 式的计算精度和使用范围，这里给出了半径为 1m，高度为 1m，半锥角为 45° 的圆锥的曲边绕射的结果，两个绕射点的贡献均考虑在内。绕射场的计算结果与全波法的结果进行了比较，如图 2.1.5 所示。由图可见，GTD 绕射场的结果和全波法结果吻合很好。在 $\theta=50^\circ\sim90^\circ$ 的范围内，P 点贡献占主导；在 $\theta=90^\circ\sim170^\circ$ 的范围内，散射场包含了 P 和 Q 两个绕射点的贡献，因此在该角度范围内 RCS 曲线振荡程度明显大于前半部分。

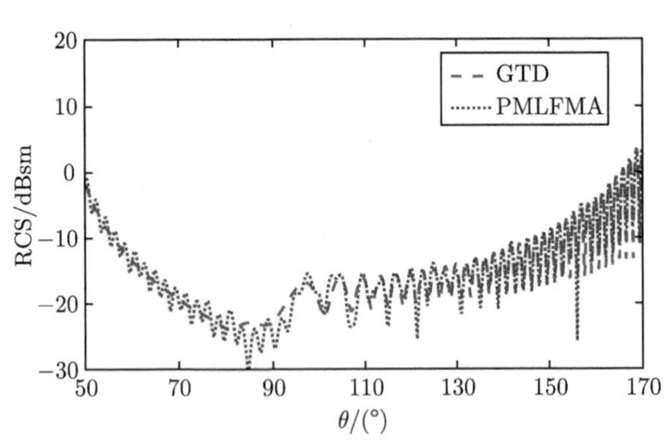

图 2.1.5　圆锥目标的后向 RCS

2.1.6 尖顶绕射

当电磁波照射到尖顶 (如圆锥的尖顶、平面的尖角等) 时，按射线理论解释尖顶的散射现象为：一根入射线可以激励出无穷多根绕射射线，由尖顶发出的绕射射线可以是任意方向的，以尖顶为中心沿径向四面八方发出。绕射波的阵面为以尖顶为中心的球面，尖顶绕射场随距离的平方衰减，因此尖顶绕射场比边缘绕射场衰减得更快。在进行总场幅度计算时，尖顶绕射场常被忽略。然而，尖顶绕射对于雷达二维成像分析通常不能忽略，这是因为，经过多个方位的回波积累，尖顶绕射在雷达成像后中表现为较强的亮点，这些亮点是重要的雷达图像特征，依据亮点的分布间距可以估算出目标的尺寸。

至今尖顶绕射系数的严格计算公式尚未获得。Ozturk 等提出了直角平面尖顶 (图 2.1.6) 绕射电流的经验解形式，见 (2.1.16) 式。

$$\boldsymbol{J}_{\rho,\phi}^{\mathrm{c}} = K\left(\xi,\gamma\right)\left(kr\right)^{-\alpha(\xi,\gamma)}\mathrm{e}^{-\mathrm{j}kP(\xi,\gamma)} \tag{2.1.16}$$

式中，$\boldsymbol{J}^{\mathrm{c}}$ 为尖顶绕射电流；$\alpha(\cdot)$ 和 $P(\cdot)$ 为待定实数，两者均为 ξ,γ 的函数；$\xi=(\theta_i,\phi_i)$ 表示雷达视线的空间角；$K(\cdot)$ 为待定复数，也为 ξ,γ 的函数。

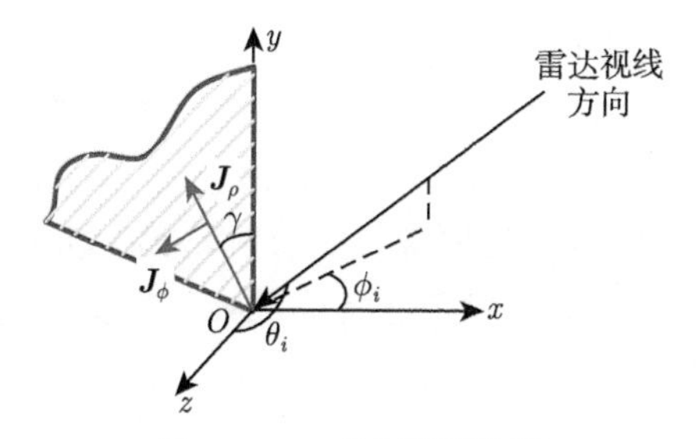

图 2.1.6 直角平面尖顶

$\boldsymbol{J}^{\mathrm{c}}$ 通过总电流 (由全波法计算得到) 减去物理光学电流 ($\boldsymbol{J}^{\mathrm{PO}}$) 和边缘绕射电流来分析，如 $\boldsymbol{J}^{\mathrm{c}}=\boldsymbol{J}^{\mathrm{MoM}}-\boldsymbol{J}^{\mathrm{PO}}-\boldsymbol{J}_1^{\mathrm{FW}}-\boldsymbol{J}_2^{\mathrm{FW}}-\boldsymbol{J}_{12}^{\mathrm{FW}}-\boldsymbol{J}_{21}^{\mathrm{FW}}$，这里 $\boldsymbol{J}_1^{\mathrm{FW}}$ 表示边缘 1 的边缘绕射电流，$\boldsymbol{J}_{12}^{\mathrm{FW}}$ 表示 $\boldsymbol{J}_1^{\mathrm{FW}}$ 对边缘 2 的电流贡献。从 $\boldsymbol{J}^{\mathrm{c}}$ 的经验表示可知，对于两条边相交而成的平面尖顶，当边缘的夹角不同时，其尖顶绕射场的表示形式也不同。

目前，在散射中心建模时，无论是平面尖顶还是立体尖顶 (如平面尖角、圆锥体顶点)，尖顶绕射场采用统一的近似形式表述：散射场幅度随频率 f^{-1} 变化，散射场幅度随方位无变化或近似为缓慢的指数形式。对于常用的雷达频段，尖顶绕射的散射场很弱，对整体 RCS 量值影响很小。对于成像而言，尖顶绕射散射中心的像点位置集中在尖顶处，$P(\xi,\gamma)$ 的影响很小，另外，缓慢变化的幅度对图像的亮度影响也很小。对于常见的仿真应用，如 RCS 仿真、雷达成像，上述近似一般可以满足工程应用需求。但对于角闪烁仿真而言，大的角闪烁误差一般由局部型散射中心造成，此时很小的相位偏差也可能会造成较大的角闪烁误差，因此需要更为精确的仿真方法来准确估计尖顶绕射。

尖顶绕射对应的散射中心位于尖顶处，属于局部型散射中心。尖顶绕射机理见表 2.1.6。

表 2.1.6　尖顶绕射机理

频率依赖性	方位依赖性	散射中心类型	位置
$f^{-\alpha(\gamma,\xi)}$	散射场幅度随方位无变化或近似为缓慢的指数形式	局部型	尖顶处

注：现有的散射中心模型中近似认为 $\alpha(\gamma,\xi)\approx 1$；散射场幅度随观测角度的依赖函数近似为缓慢的指数形式，如 $\mathrm{e}^{-\varepsilon k|\xi-\xi_0|}$，这里 ε 为较小正数，ξ_0 为待定实数。

为了检验平面尖顶和圆锥尖顶后向散射的方位依赖特性，下面给出了内角相同的平面尖顶和圆锥尖顶的尖顶绕射计算结果，两尖顶目标的几何模型如图 2.1.7 所示。目标高 1m，尖顶的内角为 10°，平板的厚度为 0.01m。采用全波法 (MLFMA) 计算目标的感应电流，选取尖顶处距顶点波长距离内的电流数据计算散射场，该散射场贡献可视为局部尖顶绕射的贡献。计算参数为 $f=3\text{GHz}$，$\phi=90°;\theta=0°\sim 90°$，VV 极化。圆锥尖顶和平面尖顶的电场幅度的函数分别为：$E=0.024\mathrm{e}^{-2.4\theta},E=0.036\mathrm{e}^{-2.4\theta},\theta=0\sim\pi/2$。

从以上两个结果可以看到，尖顶绕射的散射场幅度随俯仰角度而单调变化，采用衰减指数形式在一定程度上可以描述绕射场幅度的变化趋势。

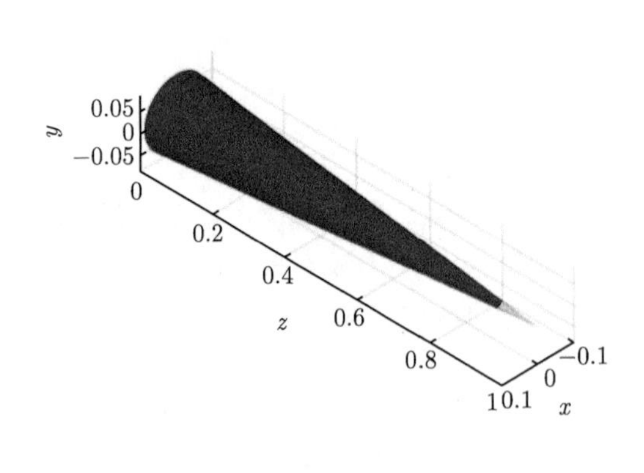

(a) 圆锥尖顶

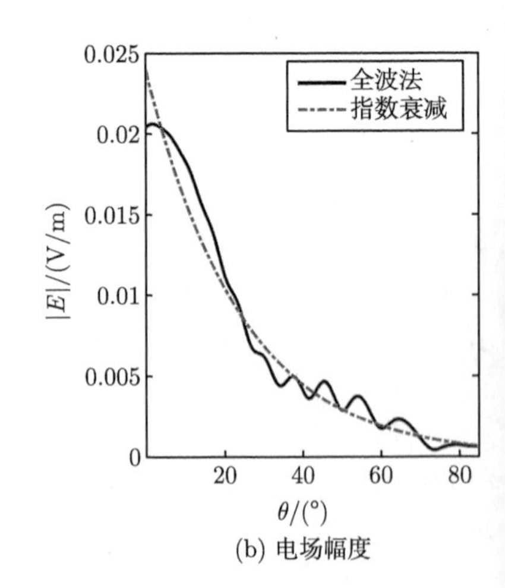

(b) 电场幅度

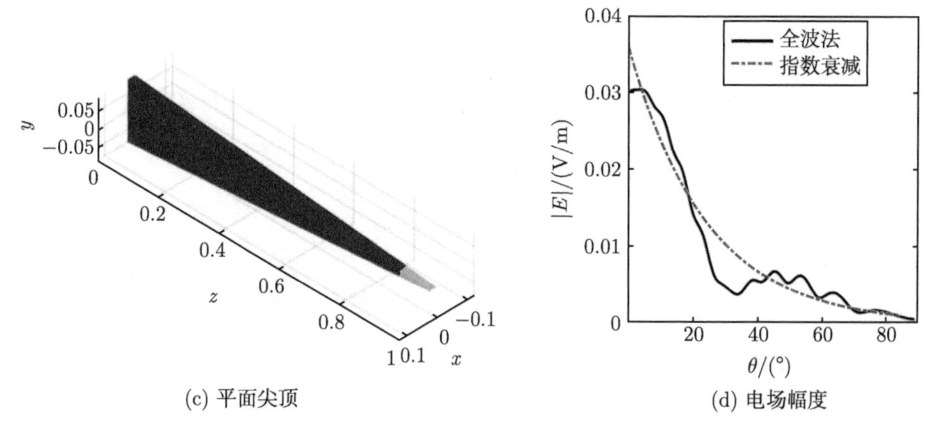

(c) 平面尖顶　　(d) 电场幅度

图 2.1.7　两种尖顶及其电场幅度的方位特性

2.1.7 爬行波散射

爬行波常指入射波绕过目标表面的阴影区后被雷达接收到的散射波，如图 2.1.8 所示。在单站接收情况下，一般仅当入射射线沿轴向入射时才考虑爬行波对总场的贡献，因为此时爬行波的贡献较大。对于双站接收情况下，尤其是大双站角下，爬行波的散射贡献有时会与曲边绕射场的贡献大小相当，因此不能忽略其影响。

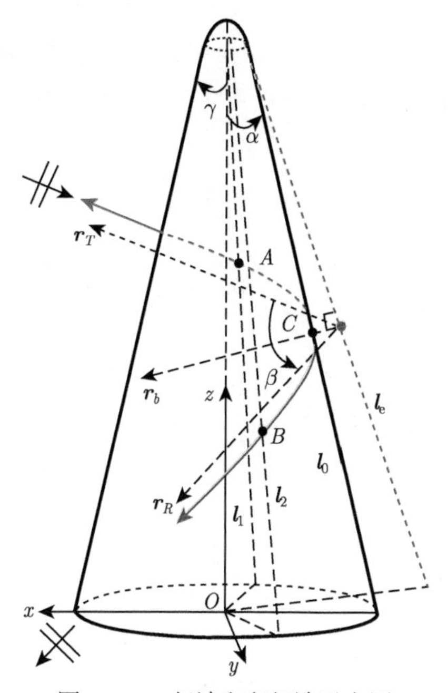

图 2.1.8　行波和爬行波示意图

爬行波的传播路径可以依据费马原理 (即电磁波沿最短路径传播) 计算。以图 2.1.8 所示的圆锥目标为例，下文给出爬行波在锥体表面爬行的路径计算方法 [8]。

设入射方向和接收方向分别为矢量 $\boldsymbol{r}_T$ 和 $\boldsymbol{r}_R$，两者夹角即双基地角为 β，其角平分线为 $\boldsymbol{r}_b$。矢量 $\boldsymbol{r}_{\rm T}$ 和 $\boldsymbol{r}_R$ 可表示为

$$\hat{\boldsymbol{r}}_T=\sin\theta_T\cos\phi_T\hat{\boldsymbol{x}}+\sin\theta_T\sin\phi_T\hat{\boldsymbol{y}}+\cos\theta_T\hat{\boldsymbol{z}} \tag{2.1.17}$$

$$\hat{\boldsymbol{r}}_R=\sin\theta_R\cos\phi_R\hat{\boldsymbol{x}}+\sin\theta_R\sin\phi_R\hat{\boldsymbol{y}}+\cos\theta_R\hat{\boldsymbol{z}} \tag{2.1.18}$$

其中，$\boldsymbol{r}_T$ 和 $\boldsymbol{r}_R$ 分别与目标侧面母线 $\boldsymbol{l}_1$ 和 $\boldsymbol{l}_2$ 相切于 A、B 点；爬行波沿目标侧面的传输路径为 $\widetilde{ACB}$，C 为该路径的中点，其所在母线为 $\boldsymbol{l}_0$，L_c 为弧线 $\widetilde{ACB}$ 的长度。不失一般性，将 x 轴设置为 $\boldsymbol{l}_0$ 和目标旋转对称轴所确定平面与底面的交线。记 A、B 点在直角坐标系的矢量分别表示为 $\boldsymbol{r}_1$ 和 $\boldsymbol{r}_2$：

$$\boldsymbol{r}_1=l_a\left[\sin\gamma\cos\phi_1\hat{\boldsymbol{x}}+\sin\gamma\sin\phi_1\hat{\boldsymbol{y}}-\cos\gamma\hat{\boldsymbol{z}}\right]+h\hat{\boldsymbol{z}} \tag{2.1.19}$$

$$\boldsymbol{r}_2=l_b\left[\sin\gamma\cos\phi_2\hat{\boldsymbol{x}}+\sin\gamma\sin\phi_2\hat{\boldsymbol{y}}-\cos\gamma\hat{\boldsymbol{z}}\right]+h\hat{\boldsymbol{z}} \tag{2.1.20}$$

定义 $\boldsymbol{l}_1$ 和 $\boldsymbol{l}_2$ 的方位角分别为 ϕ_l 和 ϕ_2，依据入射 (散射) 射线与锥体表面法线的垂直关系可推导得

$$\cos\left(\phi_1-\phi_T\right)=-\frac{\tan\gamma}{\tan\theta_T} \tag{2.1.21}$$

$$\cos\left(\phi_2-\phi_R\right)=-\frac{\tan\gamma}{\tan\theta_R} \tag{2.1.22}$$

其中，(θ_T,ϕ_T) 和 (θ_R,ϕ_R) 分别为 $\boldsymbol{r}_T$ 和 $\boldsymbol{r}_R$ 的空间欧拉角；γ 为圆锥半锥角。

对于圆锥体，可沿某一母线将圆锥剪开并展开成扇形，如图 2.1.9 所示。该平面

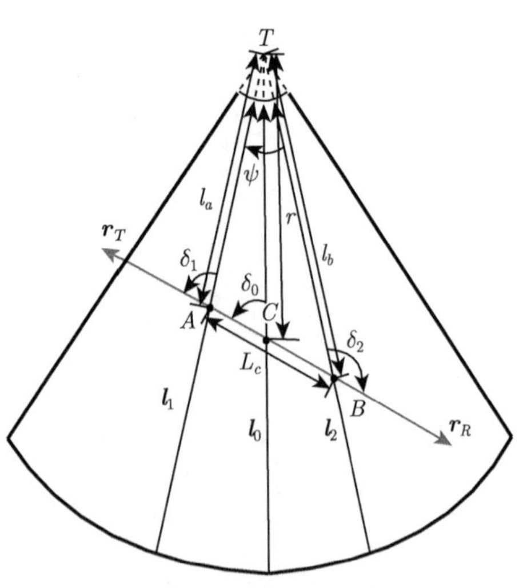

图 2.1.9 锥体侧面展开后的绕射线示意图

内 A、B 点连线 $\overline{AB}$ 即为爬行波的最短路径。A、C、B 与扇形顶点 T 之间的距离分别为 l_a, r, l_b。绕射线与三条母线 $\boldsymbol{l}_1, \boldsymbol{l}_0, \boldsymbol{l}_2$ 之间的夹角记为 $\delta_1, \delta_0, \delta_2$。

利用正弦定理可知

$$\frac{l_a}{\sin\delta_0} = \frac{r}{\sin\delta_1} = \frac{L_{AC}}{\sin(\psi/2)}, \quad \frac{l_b}{\sin\delta_0} = \frac{r}{\sin\delta_2} = \frac{L_{CB}}{\sin(\psi/2)} \tag{2.1.23}$$

则 L_c 可表述如下：

$$L_c = \frac{(l_a + l_b)\sin(\psi/2)}{\sin\delta_0} \tag{2.1.24}$$

式中，ψ 为展开后 $\boldsymbol{l}_1$ 和 $\boldsymbol{l}_2$ 之间的夹角，可表示为

$$\psi = (\phi_2 - \phi_1)\sin\gamma \tag{2.1.25}$$

由图 2.1.9 可见，爬行波散射被接收的条件为，矢量 $\boldsymbol{r}_T$ 和 $\boldsymbol{r}_R$ 方向沿同一条直线，即

$$\psi = \delta_1 + \delta_2 - 180^\circ \tag{2.1.26}$$

由图 2.1.9 可知，δ_1, δ_2 可分别表示为

$$\begin{aligned} \delta_1 &= \delta_0 + \frac{\psi}{2} = \arccos\left(\frac{\cos\theta_T}{\cos\gamma}\right) \\ \delta_2 &= 180^\circ - \delta_0 + \frac{\psi}{2} = \arccos\left(\frac{\cos\theta_R}{\cos\gamma}\right) \end{aligned} \tag{2.1.27}$$

若将爬行波散射成分等效为一个散射中心，该散射中心散射波的径向传播路程为 $R = \hat{\boldsymbol{r}}_T \cdot \boldsymbol{r}_1 + \hat{\boldsymbol{r}}_R \cdot \boldsymbol{r}_2 - L_c$，将 (2.1.17) 式 ~(2.1.24) 式代入路程表达式，可得

$$\begin{aligned} R &= 2h\cos\frac{\beta}{2}\cos\theta_b - l_a\frac{\cos\theta_T}{\cos\gamma} - l_b\frac{\cos\theta_R}{\cos\gamma} - L_c \\ &= 2h\cos\frac{\beta}{2}\cos\theta_b - l_a\frac{\cos\theta_T}{\cos\gamma} - l_b\frac{\cos\theta_R}{\cos\gamma} - (l_a + l_b)\frac{\sin(\psi/2)}{\sin\delta_0} \end{aligned} \tag{2.1.28}$$

将 (2.1.26) 式、(2.1.27) 式代入 (2.1.28) 式化简可知，后三项之和为零 (推导过程见附录)，因此，散射中心散射波的径向传播路程为

$$R = 2h\cos\frac{\beta}{2}\cos\theta_b \tag{2.1.29}$$

由上式可见，R 的表达式与 r 无关，而仅与目标高度 h 、双基地角 β 和双基地角平分线空间角 θ_b 有关。这说明在平面波入射下产生的爬行波绕射线相互

平行，射线传播距离均相同，因此爬行波散射中心为分布型散射中心，构成该散射中心的散射点均匀分布在目标外侧的等效母线 $\boldsymbol{l}_\mathrm{e}$ 上，该散射中心的等效位置即为 $\boldsymbol{l}_\mathrm{e}$ 的几何中心处。$\boldsymbol{l}_\mathrm{e}$ 的表达式如下式所示：

$$\boldsymbol{l}_\mathrm{e} = h\tan\alpha\cos\phi_b\hat{\boldsymbol{x}} + h\tan\alpha\sin\phi_b\hat{\boldsymbol{y}} - h\hat{\boldsymbol{z}} \tag{2.1.30}$$

此处，α 为 $\boldsymbol{l}_\mathrm{e}$ 与目标旋转对称轴之间的夹角，α 可表述为

$$\alpha = \theta_b - 90^\circ \tag{2.1.31}$$

因为 α 比目标半锥角略大，故 $\boldsymbol{l}_\mathrm{e}$ 位于目标外侧。也就是爬行波等效的散射中心位于目标的几何体之外。

基于一致性绕射理论 (UTD)[9]，爬行波与入射波的关系如下式所示：

$$\boldsymbol{E}_\mathrm{d} = \boldsymbol{E}_\mathrm{i}(A)\bar{\bar{T}}(A,B)\frac{\mathrm{e}^{-\mathrm{j}kR_R}}{R_R} \tag{2.1.32}$$

式中，$\boldsymbol{E}_\mathrm{i}(A)$ 为 A 点处的电场矢量；k 为入射波数；$\bar{\bar{T}}$ 为并矢绕射系数，其表达式为

$$\bar{\bar{T}}(A,B) = T_\mathrm{s}\hat{\boldsymbol{b}}_1\hat{\boldsymbol{b}}_2 + T_\mathrm{h}\hat{\boldsymbol{n}}_1\hat{\boldsymbol{n}}_2 \tag{2.1.33}$$

其中，$\hat{\boldsymbol{b}}_{1,2}$ 和 $\hat{\boldsymbol{n}}_{1,2}$ 分别为 A、B 点上的内外向的法向；T_s 和 T_h 分别为垂直极化和水平极化的绕射系数，并可表述如下：

$$T_{\mathrm{s,h}} = -\sqrt{m(A)m(B)}\mathrm{e}^{-\mathrm{j}ks}\sqrt{\frac{2}{k}}\left\{\frac{\mathrm{e}^{-\mathrm{j}\frac{\pi}{4}}}{2\sqrt{\pi}\zeta^\mathrm{d}}\left[1-F\left(X^\mathrm{d}\right)\right] + \hat{P}_{\mathrm{s,h}}\left(\zeta^\mathrm{d}\right)\right\} \tag{2.1.34}$$

这里，$m(A) = (k\rho_g(A)/2)^{1/3}, m(B) = (k\rho_g(B)/2)^{1/3}$，其中 $\rho_g(\cdot)$ 为爬行路径 $\widetilde{AC}\mathrm{B}$ 上某点的曲率；$F(\cdot)$ 为过渡函数 (又称为修正的菲涅耳 (Fresnel) 积分)，见 (2.1.35) 式；$F(\cdot)$ 的自变量 $X^\mathrm{d} = \dfrac{kR_T\left(\xi^\mathrm{d}\right)^2}{2m(A)m(B)}$，其中 $\xi^\mathrm{d} = \displaystyle\int_A^B \frac{m(s')}{\rho_g(s')}\mathrm{d}s'$；$\hat{P}_{\mathrm{s,h}}\left(\zeta^\mathrm{d}\right)$ 表示皮克里斯 · 卡略特函数，见 (2.1.37) 式。

$$F(x) = 2\mathrm{j}\sqrt{x}\mathrm{e}^{\mathrm{j}x}\int_{\sqrt{x}}^{+\infty}\mathrm{e}^{-\mathrm{j}t^2}\mathrm{d}t \tag{2.1.35}$$

$F(x)$ 有下列近似形式：

$$F(x) \approx \begin{cases} \left(\sqrt{\pi x} - 2x\mathrm{e}^{\mathrm{j}\frac{\pi}{4}} - \dfrac{2}{3}x^2\mathrm{e}^{-\mathrm{j}\frac{\pi}{4}}\right)\mathrm{e}^{-\mathrm{j}\left(\frac{\pi}{4}+x\right)}, & x \ll 1 \\ 1 + \dfrac{\mathrm{j}}{2x} - \dfrac{3}{4x^2} - \mathrm{j}\dfrac{15}{8x^3} + \dfrac{75}{16x^4}, & x \gg 1 \end{cases} \tag{2.1.36}$$

$$
\begin{cases}
\hat{P}_{\mathrm{s}}(x) = -\dfrac{\mathrm{e}^{-\mathrm{j}\frac{\pi}{4}}}{\sqrt{\pi}}\displaystyle\sum_{n=1}^{5}\dfrac{\mathrm{e}^{\mathrm{j}\frac{\pi}{6}}\mathrm{e}^{xq_n\mathrm{e}^{-\mathrm{j}\frac{5\pi}{6}}}}{2\left[\mathrm{Ai}'(-q_n)\right]^2}, & x \gg 0 \\
\hat{P}_{\mathrm{h}}(x) = -\dfrac{\mathrm{e}^{-\mathrm{j}\frac{\pi}{4}}}{\sqrt{\pi}}\displaystyle\sum_{n=1}^{5}\dfrac{\mathrm{e}^{\mathrm{j}\frac{\pi}{6}}\mathrm{e}^{xq_n\mathrm{e}^{-\mathrm{j}\frac{5\pi}{6}}}}{2q'_n\left[\mathrm{Ai}'(-q'_n)\right]^2}, & x \gg 0 \\
\hat{P}_{\mathrm{s,h}}(x) \approx \pm\sqrt{\dfrac{x}{4}}\mathrm{e}^{\mathrm{j}\frac{x^3}{12}}, & x \ll 0
\end{cases}
\tag{2.1.37}
$$

其中，Ai 为 Airy 函数，$\mathrm{Ai}(x)=\dfrac{1}{2\pi}\displaystyle\int_{-\infty}^{+\infty}\mathrm{e}^{\mathrm{j}\left(\frac{t^3}{3}+xt\right)}\mathrm{d}t$；$-q_n$ 为 $\mathrm{Ai}(x)$ 的根；$-q'_n$ 为 $\mathrm{Ai}'(x)$ 的根。

爬行波在目标上的爬行距离为 $s=\displaystyle\int_A^B \mathrm{d}s'=L_c$。由以上分析可见，爬行波散射中心幅度变化规律较为复杂，很难给出简洁的频率依赖和方位角依赖关系。然而由 (2.1.34) 式可知，该散射中心幅度随着爬行距离 L_c、入射波频率以及传输路径曲率等数值的增大而减小。

爬行波对应的散射中心与锥体照明区单曲面反射形成的分布型散射中心相似，后者分布在照明区母线上，前者分布在阴影区的线 $\boldsymbol{l}_{\mathrm{e}}$ 上，因此爬行波的方位角依赖函数可参考单曲面反射情况。当 $\beta=2\pi$ 时，退化到后向散射情况。β 大小会影响爬行波的爬行路线，因此散射幅度也随之改变。爬行波的频率依赖关系要比单曲面反射情况复杂得多，很难用一般意义的函数描述，可以采用多项式拟合方法进行描述。爬行波的散射机理见表 2.1.7 描述。

表 2.1.7 圆柱体表面爬行波散射机理

频率、方位依赖性	散射中心类型	位置
$A(f,\beta,\theta_B)\sqrt{\sin\theta_B}\,\mathrm{sinc}(kl\cos\theta_B)$	分布型	$\dfrac{h}{2}\hat{\boldsymbol{z}}-\dfrac{h}{2}\sin\alpha(\cos\phi_B\hat{\boldsymbol{x}}+\sin\phi_B\hat{\boldsymbol{y}})$

注：随频率增大，散射幅度减弱。$A(\cdot)$ 无简单解析形式，可用多项式拟合。

2.1.8 二次反射

电磁波在腔体内多次反射后的反射波，其与单次反射波虽然均是反射机理，但由于多次反射造成了波程的延长，使得多次反射成分的等效散射中心位置超出目标体。此外，如果腔体内各反射面的几何结构不同，则会产生散射机理差异，如圆柱腔，底面为平面，侧面为单曲面，其频率和方位依赖性不同，因此经多次反射之后的电磁波的频率依赖性、方位依赖性等呈现出两种机理折中的性质。

下面以导体二面角为例介绍多次反射的机理。二面角的几何结构如图 2.1.10 所示。下面采用 GO+PO 法推导二面角的反射场 [10]。

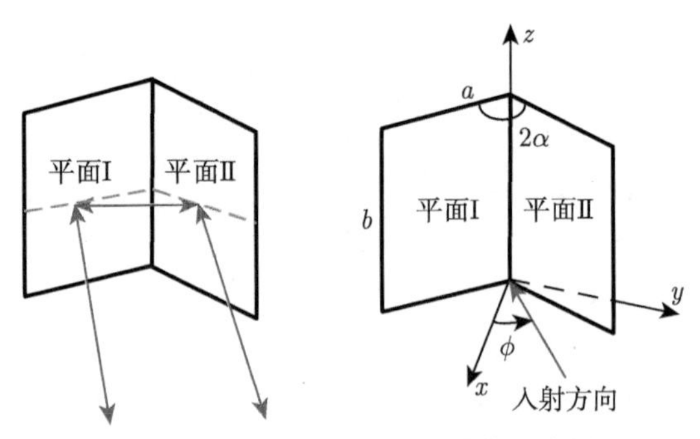

图 2.1.10　二面角的几何结构示意图

设二面角的棱边为 z 轴，角平分线为 x 轴，长为 a，宽为 b，两面之间夹角为 2α。依据 PO 法，平面 I 的一次反射磁场为

$$\boldsymbol{H}_{\mathrm{t}} = \frac{1}{4\boldsymbol{\pi}}\nabla \times \iint_{S_1} (2\hat{\boldsymbol{n}}_1 \times \boldsymbol{H}_{\mathrm{i}})\frac{\mathrm{e}^{-\mathrm{j}kR}}{R}\mathrm{d}s_1 \tag{2.1.38}$$

其中，$\hat{\boldsymbol{n}}_1$ 为该平面的法线方向；R 为平面内任意一点到观测点的距离；S_1 为平面 I 区域。

反射到平面 II 的电磁场引入的矢量势 (远场近似) 为

$$\boldsymbol{A}_{\mathrm{s}} = \frac{\mu}{4\pi}\frac{\mathrm{e}^{-\mathrm{j}kr}}{r}\iint_{S_2} (2\hat{\boldsymbol{n}}_2 \times \boldsymbol{H}_{\mathrm{t}})\mathrm{e}^{-\mathrm{j}k\boldsymbol{r}'\cos\psi}\mathrm{d}s_2 \tag{2.1.39}$$

其中，$\hat{\boldsymbol{n}}_2$ 为平面 II 的法线方向；r 为二面角本地坐标系与雷达的距离；$\boldsymbol{r}'$ 为平面 II 任意一点的位置矢量，$\boldsymbol{r}' \cdot \hat{\boldsymbol{r}}_{\mathrm{los}} = r'\cos\psi$；$\psi$ 为 $\boldsymbol{r}'$ 与雷达观测方向 $\hat{\boldsymbol{r}}_{\mathrm{los}} = \cos\phi\hat{\boldsymbol{x}} + \sin\phi\hat{\boldsymbol{y}}$ 的夹角；S_2 为平面 II 区域。因此由该矢量势可求得平面 II 反射电场，即二次反射电场：

$$\boldsymbol{E}_{\mathrm{s}} = -\mathrm{j}\omega\boldsymbol{A}_{\mathrm{s}} \tag{2.1.40}$$

设垂直和水平极化的入射场表示如下：

$$\begin{aligned}\boldsymbol{E}_{\mathrm{i}}^{\mathrm{V}} &= \hat{\boldsymbol{z}}E_0\exp\left(\mathrm{j}k\boldsymbol{r}' \cdot \hat{\boldsymbol{r}}_{\mathrm{los}}\right)\\ \boldsymbol{H}_{\mathrm{i}}^{\mathrm{H}} &= \hat{\boldsymbol{z}}H_0\exp\left(\mathrm{j}k\boldsymbol{r}' \cdot \hat{\boldsymbol{r}}_{\mathrm{los}}\right)\end{aligned} \tag{2.1.41}$$

由上述积分公式可以求出平面 I 的一次反射场：

$$\begin{aligned}\boldsymbol{E}_{\mathrm{s}}^{\mathrm{V}} &= \left(\mp\mathrm{j}\frac{E_0}{\lambda}\frac{\mathrm{e}^{-\mathrm{j}kr}}{r}\hat{z}\right)V_1\\ \boldsymbol{H}_{\mathrm{s}}^{\mathrm{H}} &= \left(\pm\mathrm{j}\frac{H_0}{\lambda}\frac{\mathrm{e}^{-\mathrm{j}kr}}{r}\hat{z}\right)V_1\end{aligned} \tag{2.1.42}$$

除了平面 I 完全处于阴影区的角度范围 $\pi/2 < \phi < \pi - \alpha$，(2.1.42) 式均成立。

$$\begin{aligned} V_1 = & b\left(a - T_1\right)\sin\left(\phi + \alpha\right)\exp\left[\mathrm{j}k\left(a + T_1\right)\cos\left(\phi + \alpha\right)\right] \\ & \times \operatorname{sinc}\left[k\left(a - T_1\right)\cos\left(\phi + \alpha\right)\right] \end{aligned} \tag{2.1.43}$$

$$T_1 = \begin{cases} a\dfrac{\sin\left(\phi - \alpha\right)}{\sin\left(\phi + \alpha\right)}, & \alpha < \phi < \dfrac{\pi}{2} \\ 0, & \text{其他} \end{cases} \tag{2.1.44}$$

当 $\pi/2 < \phi < \pi - \alpha$ 时，(2.1.42) 式取“+”号；当 $\pi - \alpha < \phi < \pi - 2\alpha$ 时，(2.1.42) 式取“−”号。对于平面 Ⅱ 的一次反射，将上述相应结果中的 $\phi = 2\pi - \phi$ 代换即可。

二面角的一次反射与单独一个平面的反射相似，但又存在不同。相似之处为：频率依赖性均为 f^1，方位依赖性为 sinc 函数。不同之处在于：由于另外一个面的遮挡效果，方位依赖性函数在 $\alpha < \phi < \dfrac{\pi}{2}$ 角度范围内会呈现不同的形式，相当于平面的面积减小所造成的反射能量减小，此时散射中心的等效位置会偏离平面 I 的几何中心，而且偏离距离随方位角变化。

平面 I 反射波照射到平面 Ⅱ 上，引起的二次反射为

$$\begin{aligned} \boldsymbol{E}_{\mathrm{s}}^{\mathrm{V}} &= \left(-\mathrm{j}\frac{E_0}{\lambda}\frac{\mathrm{e}^{-\mathrm{j}kr}}{r}\hat{z}\right)\sin\left(3\alpha + \phi\right)V_3 \\ \boldsymbol{H}_{\mathrm{s}}^{\mathrm{H}} &= \left(-\mathrm{j}\frac{H_0}{\lambda}\frac{\mathrm{e}^{-\mathrm{j}kr}}{r}\hat{z}\right)\sin\left(\alpha - \phi\right)V_3 \end{aligned} \tag{2.1.45}$$

上式在角度范围 $0 < \phi < \alpha$ 和 $2\pi - \alpha < \phi < 2\pi$ 均成立。

$$\begin{aligned} V_3 = & -T_3 b\exp\left\{\mathrm{j}k\frac{T_3}{2}\left[\cos\left(3\alpha + \phi\right) + \cos\left(\alpha - \phi\right)\right]\right\} \\ & \times \operatorname{sinc}\left[\frac{kT_3}{2}\left[\cos\left(3\alpha + \phi\right) + \cos\left(\alpha - \phi\right)\right]\right] \end{aligned} \tag{2.1.46}$$

$$T_3 = \begin{cases} a, & \dfrac{\pi}{2} - 2\alpha < \phi < \alpha \\ a\dfrac{\sin\left(\phi + \alpha\right)}{\sin\left(\phi + 3\alpha\right)}, & \text{其他} \end{cases} \tag{2.1.47}$$

平面 Ⅱ 反射波入射到平面 I 上引起的二次反射场，将上述相应结果中的 $\phi = 2\pi - \phi$ 代换即可。

二面角的二次反射与一次反射相似，但存在不同。相似之处为：频率依赖性均为 f^1，方位依赖性为 sinc 函数。不同之处在于：由于多次反射造成了波程的延长，

从而造成了散射中心等效位置超出了目标几何体；另外，由于另一个面的遮挡效果，方位依赖性函数会呈现不同的形式，等效散射中心的位置也会随方位角变化。

综上所述，二面角的反射机理见表 2.1.8。对于二次以上的反射，很难给出简洁的电场表达式，电场计算一般通过数值方法实现。然而多次反射路径仍然可以采用射线理论进行分析。通过对多次反射路径的分析，可以预估出等效散射中心的位置，这对于散射中心建模而言，具有重要的意义。2.1.9 节将以矩形深腔目标为例，介绍多次反射机理。

表 2.1.8　二面角反射机理

	频率依赖性	方位依赖性	散射中心类型	位置
一次反射	f^1	$(a-T_1)\sin(\phi+\alpha)$ $\times\operatorname{sinc}[k(a-T_1)\cos(\phi+\alpha)]$	分布型 (无遮挡情况)	平面中心
			滑动-分布型 (有遮挡区域)	偏离平面中心， 随角度在面上滑动
二次反射		垂直极化： $T_3\sin(3\alpha+\phi)$ $\times\operatorname{sinc}\left[\frac{kT_3}{2}[\cos(3\alpha+\phi)+\cos(\alpha-\phi)]\right]$	分布型 (无遮挡情况)	由几何中心沿入射方向延伸 向距离为 $r'(\phi)$ 处
		水平极化： $T_3\sin(\alpha-\phi)$ $\times\operatorname{sinc}\left[\frac{kT_3}{2}[\cos(3\alpha+\phi)+\cos(\alpha-\phi)]\right]$	滑动-分布型 (有遮挡区域)	

注：$r'(\phi)=a[\cos(3\alpha+\phi)+\cos(\alpha-\phi)]$。

为了验证公式的精度，这里给出了一个二面角目标的计算结果，其中 $a=b=1\text{m}$，$\alpha=45^\circ$。采用全波方法计算后向散射场，并与公式计算结果对比。计算参数为 $f=3\text{GHz}$，$\theta=90^\circ,\phi=-45^\circ\sim45^\circ$，极化方式为 VV 极化，计算结果如图 2.1.11 所示。由图中结果可见，本书中给出的公式计算结果较为准确。

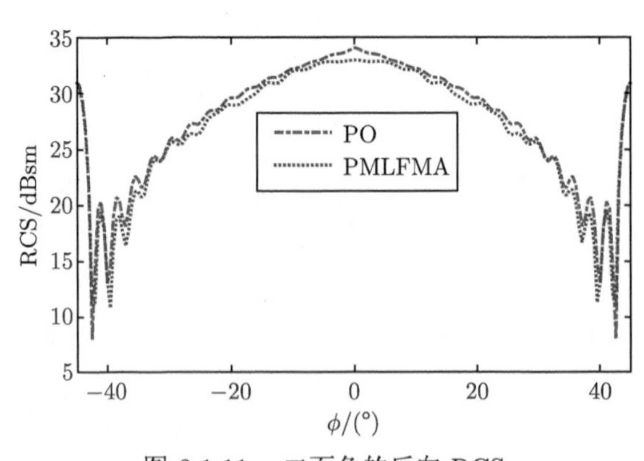

图 2.1.11　二面角的后向 RCS

2.1.9 矩形腔体的多次反射

不同的入射角下，腔体内的多次反射情况也不同。设矩形截面腔体如图 2.1.12 所示，一次反射仅当入射方向与底面法线一致时出现；随着角度偏离底面法线，后向散射成分主要由多次反射所贡献。一次反射所形成的散射中心为底面反射所形成的分布型散射中心，散射中心分布在整个底面，见 2.1.1 节；多次反射形成的散射中心，其等效位置呈线分布，其具体位置与腔内的反射次数有关。

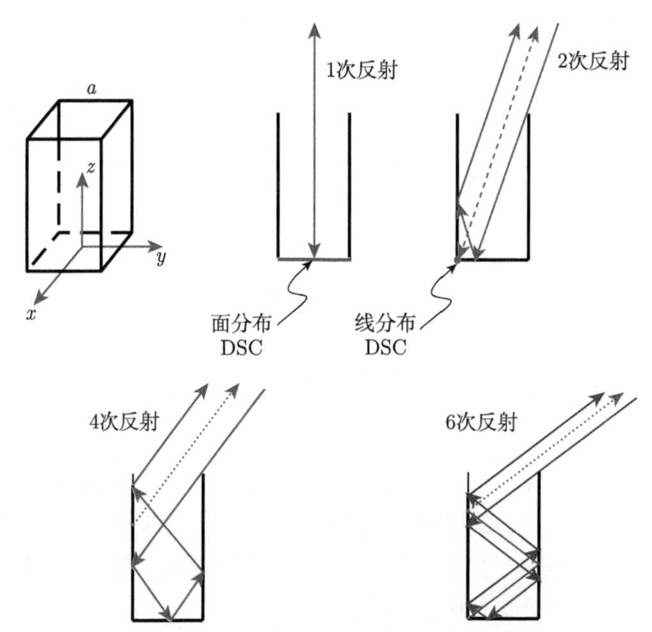

图 2.1.12 矩形腔内多次反射成分的射线路径

入射波的角度不同，多次反射的次数也不同，通过射线追踪法可以分析得出不同反射次数对应的入射角度范围。图 2.1.12 所示的入射射线的方位角为 $\phi = 0°$，入射射线俯仰角与多次反射次数之间的关系为

$$\arctan\left[\frac{(n-2)\,a}{2h}\right] < \theta_n < \arctan\left[\frac{na}{2h}\right] \tag{2.1.48}$$

其中，a 是矩形腔体沿 x 轴方向的长度；h 是矩形腔体的深度；n 是多次反射的反射次数。此时，多次反射次数均为偶数，$n = 2, 4, 6, \cdots$。

例如，当 $a = 1$，$h = 2$ 时，通过公式 (2.1.48) 可以容易地计算得到产生二次反射的角度范围是 $0° < \theta \leqslant 26.6°$。类似地，能够产生四次反射的角度范围是

$26.6° < \theta \leqslant 45°$；六次反射的角度范围是 $45° < \theta \leqslant 56.3°$；八次反射的角度范围是 $56.3° < \theta \leqslant 63.4°$；以此类推。

根据反射定律，可以通过引入“镜像”腔体将多次反射路径的长度等效在沿雷达视线方向上 [11]，如图 2.1.13 所示。图中给出了四次反射和六次反射的情况。其中蓝色实线为雷达波传播路径，红色直线为等效传播路径，蓝色虚线和红色虚线为“镜像”路径。根据雷达波的传输距离，可以得到多次反射波对应的等效散射中心 (multiple-reflection DSC,MDSC) 的等效径向位置，如图 2.1.13 中红色点表示，等效位置的径向位置可表示为：$r_{\mathrm{MDSC}} = \dfrac{(n-1)a}{2}\sin\theta, n = 2,4,6,\cdots$。

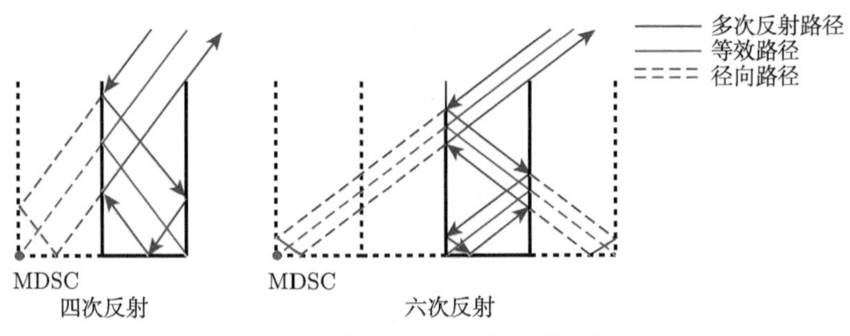

图 2.1.13　等效散射中心传播路径及位置

当雷达入射波方位角 $\phi \neq 0°$ 时，腔体内多次反射的情况更为复杂，如图 2.1.14(b) 所示，多次反射不再仅发生在矩形腔体两个平行内壁和底面之间，矩形腔体相邻内壁也会产生多次反射。为了便于对比，图 2.1.14(a) 也展示了当 $\phi = 0°$ 时，腔体内对应多次反射的情况。

$\phi \neq 0°$ 时，后向反射波的反射次数由偶数变为了奇数 (用 m 表示)。MDSC 的等效位置可以通过相似的方法得到，不过，此时的“镜像”腔体底面边长已经不再是腔体的底面边长，而是 $a' = a/|\cos\phi|$。因此，对于任意雷达方位角 ϕ，MDSC 的等效位置在雷达视线上的投影可以表示为：$r_n = \dfrac{a'}{2}(m-2)\sin\theta_n$，$m = 2n-1$。

设矩形腔体 $h = 2\mathrm{m}$，边长 $a = 1\mathrm{m}$。采用全波法分别计算了两组入射波参数下的宽带散射数据，后经傅里叶变换获得了一维距离像。入射波频率为 3~4.5GHz，频率间隔为 15MHz; 入射参数分别为 $(\phi = 0°, \theta = 15°)$，$(\phi = 45°, \theta = 25°)$。由前面分析可以得到，上述两组入射角度分别对应矩形腔体内发生二次反射 $(n = 2)$ 和三次反射 $(m = 3)$ 时的情况。依据上述对 MDSC 位置的分析，可以推算出其径向位置，分别为：0.129m，0.299m。全波法计算和散射中心模型仿真获得的一维距离像如图 2.1.15 所示。(注：散射中心的幅度通过参数匹配估计得到。) 该模

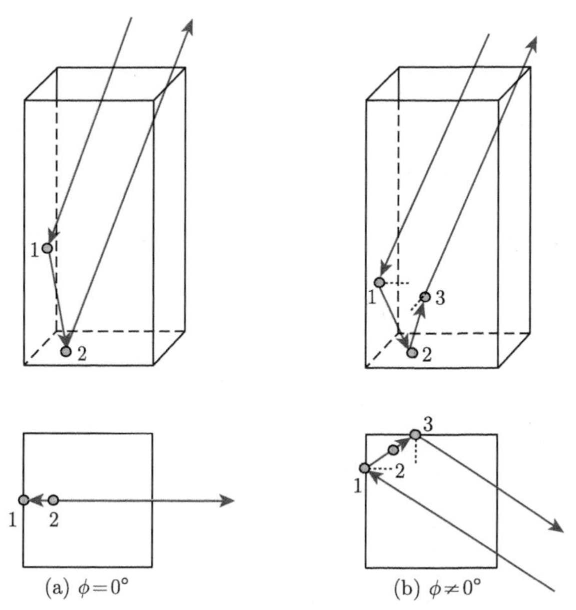

(a) $\phi=0°$ (b) $\phi\neq0°$

图 2.1.14 不同方位角下腔体内多次反射情况分析

型仿真结果与一维距离像中 MDSC 位置一致。

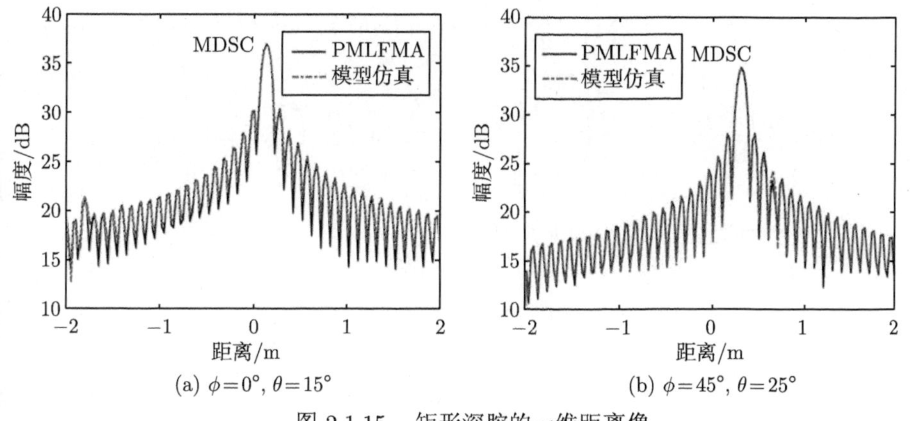

(a) $\phi=0°, \theta=15°$ (b) $\phi=45°, \theta=25°$

图 2.1.15 矩形深腔的一维距离像

对于腔体截面为长方体、圆柱体的情况，MDSC 的等效位置表达形式更为复杂，尤其是圆柱截面深腔，由于内壁法向不平行，在一个入射波照射下可以形成多个 MDSC，由于多次反射次数和波程不同，从而在一维距离像中出现多个 MDSC 尖峰，详见文献 [11]。

2.1.10　行波散射

当电磁波沿近轴方向入射到细长平面目标时，若入射电场存在平行于入射面 (即由入射射线与平面法线构成的面) 的分量，则会在细长体上产生一种类似于行波的散射场 [12]，如图 2.1.16 所示。

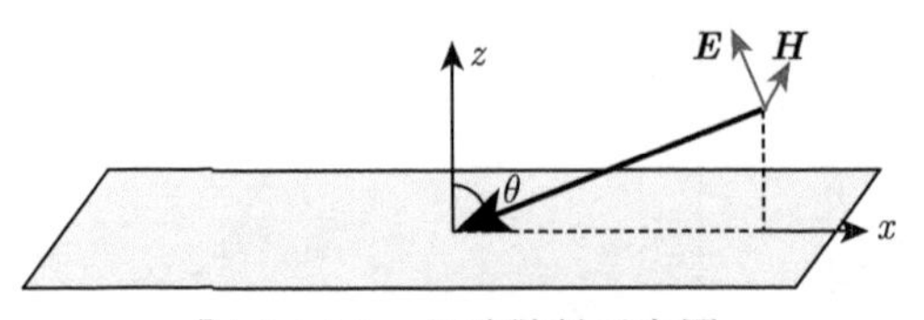

图 2.1.16　行波散射示意图

下面从行波天线角度分析行波散射特性。在匹配状态，可以认为细长体上电流均匀分布，$\boldsymbol{J}_{\rm s}=J_0\hat{x}$，电流的运动速度为 $v=pc, p\leqslant 1$。由电流运动造成的相位延迟为 $\exp\left(-{\rm j}2\pi fR'/v\right)=\exp\left(\left(-{\rm j}k/p\right)\left(l/2+x'\right)\right)$，其中 R' 为电流运动的距离。利用电场积分公式 (1.2.3)，可以推导得到单位宽度内电流的散射场：

$$
\begin{aligned}
\boldsymbol{E}^{\rm s}&=\frac{{\rm j}k\eta_0}{4\pi}\frac{{\rm e}^{-{\rm j}kr}}{r}\hat{\boldsymbol{r}}\times\int\limits_{s'}\hat{\boldsymbol{r}}\times\boldsymbol{J}_{\rm s}\exp\left[-{\rm j}\frac{k}{p}\left(\frac{l}{2}+x'\right)\right]{\rm e}^{{\rm j}k\hat{\boldsymbol{r}}\cdot\boldsymbol{r}'}{\rm d}s'\\
&=J_0{\rm e}^{-\frac{\pi}{2}{\rm j}}\frac{k\eta_0}{4\pi}\frac{{\rm e}^{-{\rm j}kr}}{r}\exp\left(-{\rm j}\frac{kl}{2p}\right)\hat{\boldsymbol{\theta}}\cos\theta\int\limits_{-l/2}^{l/2}\exp\left[-{\rm j}k\left(\frac{1}{p}-\sin\theta\right)x'\right]{\rm d}x'\\
&=J_0{\rm e}^{-\frac{\pi}{2}{\rm j}}\frac{\eta_0 kl}{4\pi}\frac{{\rm e}^{-{\rm j}kr}}{r}\exp\left(-{\rm j}\frac{kl}{2p}\right)\hat{\boldsymbol{\theta}}\cos\theta\,{\rm sinc}\left[\frac{lk}{2}\left(\frac{1}{p}-\sin\theta\right)\right]
\end{aligned}
\tag{2.1.49}
$$

因此行波天线的场方向表示为如下形式 [13]：

$$
G\left(\theta\right)=\cos\theta\,{\rm sinc}\left[\frac{kl}{2}\left(\frac{1}{p}-\sin\theta\right)\right]\tag{2.1.50}
$$

则平面波入射到行波天线的接收功率可表示为 $P_{\rm r}=\left|E^{\rm i}\right|^2G^2\left(\theta\right)$，行波天线再辐射的功率可表示为 $P_{\rm a}=P_{\rm r}G^2\left(\theta\right)=\left|E^{\rm i}\right|^2G^4\left(\theta\right)$。因此行波散射场可表示为

$$
E^{\rm s}=klQ\cos^2\theta\,{\rm sinc}^2\left[\frac{kl}{2}\left(\frac{1}{p}-\sin\theta\right)\right]{\rm e}^{-{\rm j}\frac{kl}{2p}}\tag{2.1.51}
$$

从行波的散射场表示可见，散射幅度与入射方位角的依赖关系为 $\cos^2\theta\,{\rm sinc}^2\cdot\left(lk/2\right)\left(1/p-\sin\theta\right)$，散射幅度随频率的依赖关系为 f^1。行波散射所对应的散射中

心为分布型散射中心，等效位置位于 $-\hat{r}l/(2p)$ 处。Q 作为未知复数，需要通过参数估计得到。对于金属表面，$p \approx 1$。行波的散射机理见表 2.1.9。

表 2.1.9 行波散射机理

频率依赖性	方位依赖性	散射中心类型	位置
f^1	$\cos\theta \operatorname{sinc}\left[\frac{lk}{2}\left(\frac{1}{p}-\sin\theta\right)\right]$	分布型	$-\hat{r}l/(2p)$

注：该散射中心仅在入射电场具有平行于入射面的分量时才会出现。

为了检验上述公式的计算精度和使用范围，这里给出了边长为 2m 的平面的后向散射场的结果。计算参数为 $f = 3\text{GHz}$，$\theta = 90°$，$\phi = 0° \sim 180°$，极化方式为 HH 极化，在此极化方式下，会产生行波散射现象。其中，反射场由第 1 章中的 PO 法计算，边缘绕射场由式 (2.1.8) 计算，行波成分由式 (2.1.51) 计算。为了对比行波成分的贡献大小，图 2.1.17 展示了加入行波的后向 RCS 结果 (PO+EEC+TW) 和不加入行波的 RCS 结果 (PO+EEC) 的比较，并与全波法的计算结果进行对比。由图可见，EEC 和 PO 叠加计算的散射场在掠射角度内误差很大，加入行波成分后大大提高了计算精度，与全波法完全吻合。

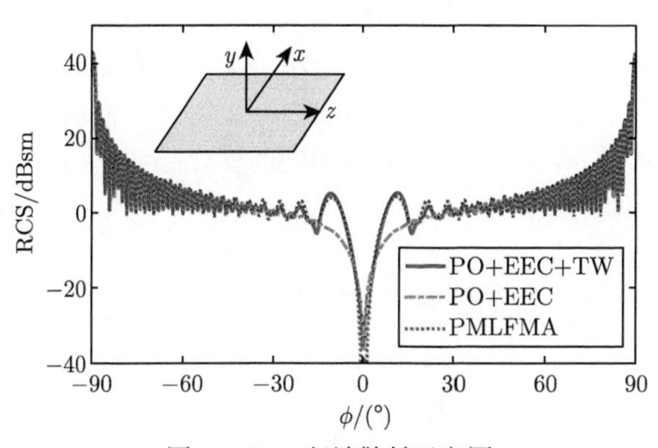

图 2.1.17 行波散射示意图

2.1.11 介质体散射

介质体目标的散射机理远复杂于传统金属目标，除了反射机理、边缘和表面绕射外，还包含全反射、全折射形成的表面波散射，以及反射、折射、表面波等多机理耦合散射。由 1.1.4 节介质球散射的解，可以对介质体目标的散射机理进行分析。

介质球的后向散射成分分为光照区和阴影区。光照区的成分包括前外球面的轴向反射、后内球面的轴向反射、内球面反射，阴影区成分为表面波散射 [14]。它们对应的射线分别为前轴向射线 (front axial ray)、后轴向射线 (rear axial ray)、格劳瑞射线、内表面波射线，如图 2.1.18 所示。

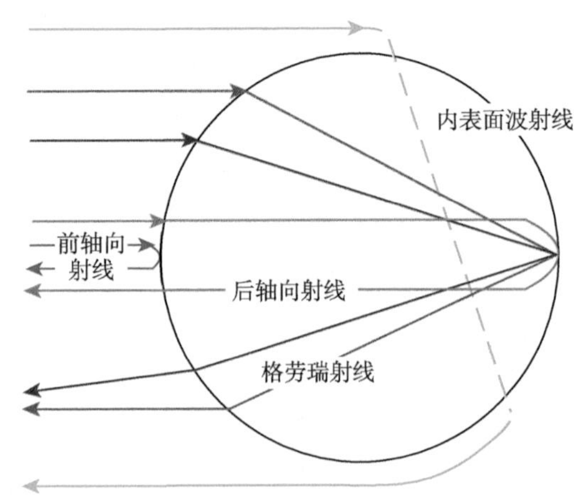

图 2.1.18　介质球各散射成分的射线路径

除了前轴向射线外，其他三类射线的路径均存在在内球面上多次反射的情况。例如，后轴向射线会在介质球内反射一次或多次后射出球体。这些散射机理对应的散射成分有多个，而且，由于传播路径不同，所以等效的散射中心数量多、呈离散分布，为了便于描述，这里称为散射中心组。在不同散射成分对应的散射中心组中，散射中心数量不同，幅度呈现不同的变化趋势，位置也呈现不同的分布特征 [15]。

- **前轴向射线**

由 (1.1.31) 式，前外球面轴向反射的幅度与介质参数、频率、球半径有关，可表示为

$$A = R_{12}\left(\frac{1}{2}ka\left(\frac{2}{3ka} - j\right)\right) \tag{2.1.52}$$

其中，R_{12} 为电磁波从真空垂直入射到球面上的反射系数，$R_{12} = -\dfrac{m-1}{m+1}$，$m = \sqrt{\varepsilon_{\mathrm{r}}}$。前外球面轴向反射形成的散射中心，记为 FASC，该散射中心位置即为后向反射点。

- **后轴向射线**

后轴向射线沿轴向入射到球体内，并在球内反射一次或多次后射出球体。设其在球内走过 p 个直径，即在球内反射 $p-1$ 次后射出球体并被接收到，只有当 $p \geqslant 2$ 且 p 为偶数时，后轴向射线对后向散射有贡献，并在轴线及其延长线上形成多个散射中心，记为 RASC。每个散射中心对应的单程传输距离为 $ap, p = 2, 4, 6, \cdots$。

基于 (1.1.39) 式可知，该散射成分幅度随各参数变化的函数形式为

$$A = \tilde{A}_1 \cdot T_{12} \cdot (R_{21})^{p-1} \cdot T_{21} \tag{2.1.53}$$

其中，$T_{12} = \dfrac{2}{m+1}$，$R_{21} = \dfrac{m-1}{m+1}$，$T_{21} = \dfrac{2m}{m+1}$，分别为电磁波从真空垂直入射到球内的折射系数、从球内垂直入射到真空的反射系数和折射系数；$\tilde{A}_1$ 为修正系数 [3]，$\tilde{A}_1 = m/(p-m)$。

- **格劳瑞射线**

格劳瑞射线入射到球面后折射进入球体，并在球内反射 $p-1$ 次后，折射出球体, 如图 1.1.15 所示。只有与入射方向平行返回的格劳瑞射线对后向散射有贡献，并形成多个散射中心，记为 GSC。

图 2.1.18 是 $N=1, p=2$ 的情况，由图可知，$2\alpha + 2(\pi - 2\beta) = 2\pi$。当多次反射时，入射角 α 与折射角 β 应满足

$$2\alpha + p(\pi - 2\beta) = 2N\pi \tag{2.1.54}$$

其中，$p \geqslant 2N, N = 1, 2, 3, \cdots$。且 α 与 β 满足斯涅耳定律:

$$\sin\alpha = m\sin\beta \tag{2.1.55}$$

因为 $\alpha = 0$ 的情况已经在后轴向射线中考虑了，所以 $0 < \alpha < \pi/2$。根据 (2.1.54) 式和 (2.1.55) 式可以求出 p 和 N 取不同值时 m 的取值范围，只有 m 在此范围内时，才存在相应的格劳瑞射线散射成分。相反地，当 m 取某个值时，只有特定的 p 和 N 能满足格劳瑞射线的存在条件。表 2.1.10 列出了一些情况下 m 的取值范围。

表 2.1.10 m 的取值范围

N	p	m
1	2	1.4142～1.9999
1	3	1.0000～1.1800
2	4	2.6131～3.9998
2	5	1.0000～1.7750
3	6	3.8637～5.9998
4	8	5.1258～7.9997

当选定某一 m 值，确定满足条件的一组或几组 p 和 N 后，可以求出对应的入射角 α 与折射角 β，则每个 GSC 的相位项可以表述为

$$\exp(\cdot) = \exp\{-jk[2map\cos\beta + 2a(1-\cos\alpha)]\} \tag{2.1.56}$$

其中，$2ap\cos\beta$ 为在球内的路程；$2a(1-\cos\alpha)$ 为球外的路程。即 GSC 的等效位置为 $map\cos\beta + a(1-\cos\alpha)$。

由 (1.1.33) 式可见，格劳瑞射线对应的散射成分幅度随各参数变化形式复杂。基于几何光学理论，该散射成分幅度可以采用下式近似表示：

$$A = A_0 \cdot T_{12} \cdot R_{21}^{p-1} \cdot T_{21} \tag{2.1.57}$$

其中，$T_{12} = \dfrac{2\cos\alpha_g}{m\cos\beta_g + \cos\alpha_g}$，$R_{21} = \dfrac{m\cos\beta_g - \cos\alpha_g}{m\cos\beta_g + \cos\alpha_g}$，$T_{21} = \dfrac{2m\cos\beta_g}{m\cos\beta_g + \cos\alpha_g}$ 分别是电磁波从真空入射到球内时的折射系数、从球内入射到真空时的反射系数和折射系数；A_0 为修正系数，可通过数值计算结果与模型匹配估计得到。

- **内表面波射线**

内表面波是指波在光照区和阴影区的交界处被入射光线激发，并沿球面爬行。在球面上某一点 A，内表面波入射进球体，在球内传播至某点 B，一部分反射后继续在球内传播，另一部分又重新开始在球面爬行，在光照区和阴影区的交界处沿切线方向离开球面，如图 2.1.18 所示。

入射角与反射角满足菲涅耳定律，即 $\sin\beta = 1/m$。设内表面波入射与出射方向相差 $(2N-1)\pi, N = 1, 2, 3, \cdots$，其间共在球内走过 p 个弦长。与一直在球面爬行相比，路程共减少了 $h = pa\left[(\pi - 2\beta) - 2m\cos\beta\right]$(已经考虑球内与球面爬行速度的不同)。根据 m 和 N 的不同，p 的取值范围应满足：$p \leqslant \left\lfloor \dfrac{(2N-1)\pi}{\pi - 2\beta_s} \right\rfloor$。内表面波走过的总路程为 $L = 2a + a(2N-1)\pi - h$。因此该散射成分在径向的等效位置为 $a + a(2N-1)\pi/2 - h/2$。

N 一定时，p 越大，则表明波在球面爬行的距离越短，衰减越少，所以 p 取最大值时对应的散射中心最强。由 (1.1.41) 式可知，爬行波散射幅度随各参数变化形式复杂，可以通过下述简单形式近似描述。假设内表面波在球面传播的衰减满足 $A_0/(l/\lambda)^n$ 的形式，其中 l 为在球面爬行的路程，A_0 和 n 是待估参数。另外，假设在球内的反射系数为 δ，则幅度项可以近似表述为

$$A \approx A_0 \cdot \delta^{p-1} \Big/ \left[\frac{a(2N-1)\pi - pa(\pi - 2\beta_s)}{\lambda}\right]^n \tag{2.1.58}$$

对于介质目标而言，该散射成分对后向散射场有很大贡献，其幅度甚至会超过反射成分。

2.2　基于射线理论分析方法

射线理论属于电磁计算中高频近似方法的一类，包括几何光学、几何绕射理论、弹跳射线法等。射线理论在计算曲率半径相比于波长较小的情况或介质体散

射等时，计算结果的可靠性较差，另外，不能处理交叉极化问题。虽然射线理论在计算复杂目标散射场幅度时误差较大，但是可以对散射源的传播路径进行有效分析，这对于各散射成分的分解以及等效散射中心位置的预估具有重要的意义。

从目前测试和计算数据的结果来看，虽然不同频段下散射波的幅度会产生较大的变化，但是目标的主要散射成分 (如面反射、棱边绕射、尖顶绕射) 等效的散射中心位置随频率的变化不敏感。因此，可依据射线理论可以对目标的主要散射机理的传播路径进行分析，从而实现对等效散射中心的位置预估。

利用射线理论对复杂结构目标的散射机理进行分析，首先需要知道目标准确的几何结构和材料参数，将复杂目标结构分解成典型结构单元，如平面、单曲面、双曲面、直棱边、曲棱边、尖顶等；然后依据规则目标和典型结构体的散射机理研究结论，分析目标各个局部结构的散射机理和射线传播路径，确定散射幅度的变化特性 (如频率特性、方位特性) 和散射中心位置分布情况，给出参数化的模型表示 (该模型又称为散射中心模型，将在第 4 章详述)。模型的未知待定参数可以通过将参数化模型仿真结果与测量或数值法计算结果进行匹配寻优而获得。

以一弹头目标为例，下文介绍基于射线理论的散射机理分析方法。弹头目标的几何结构见图 2.2.1，由球顶、圆锥、圆柱等简单结构组成。

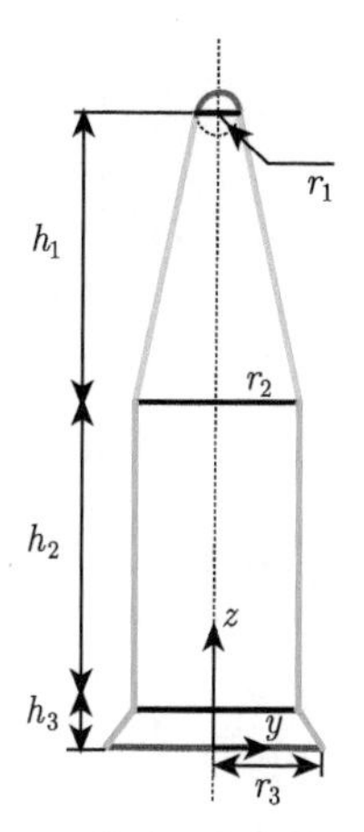

图 2.2.1 弹头目标的几何结构

首先，将目标分解为典型的简单几何结构，如图 2.2.2 所示。然后，依据规则和典型结构的散射场的解，可以给出各结构的散射成分的参数化模型。最后，通过实测数据或计算数据的 RCS 或成像结果对参数化模型中的未知参数进行最优估计。弹头各散射成分的参数化表示及参数含义如表 2.2.1 所示。

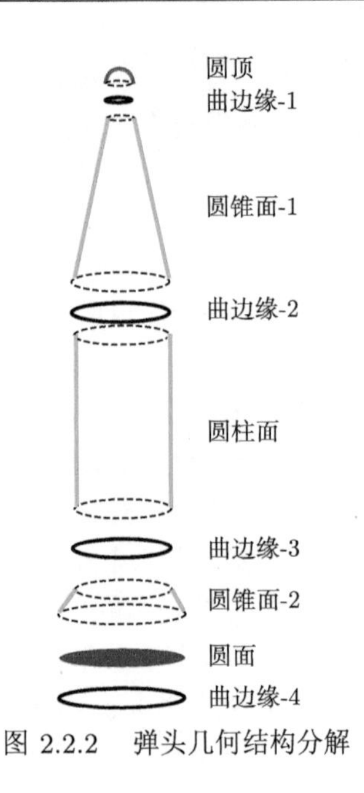

图 2.2.2　弹头几何结构分解

表 2.2.1　弹头各散射成分

结构	散射电场数学表述	参数说明
圆顶	$A_0 a \exp\left[\mathrm{j}2k\left(\boldsymbol{r}'_{\mathrm{so}}+a\hat{\boldsymbol{r}}_{\mathrm{los}}\right)\cdot\hat{\boldsymbol{r}}_{\mathrm{los}}\right]$	a 为球半径；$\boldsymbol{r}'_{\mathrm{so}}$ 为球心的坐标
曲边缘	$A_0 f^{-0.5}\mathrm{e}^{\mathrm{j}\frac{\pi}{4}}\sqrt{a}\dfrac{\sin\dfrac{\pi}{n}}{n\sqrt{\sin\theta}}W(\theta)\cdot\left[\left(\cos\dfrac{\pi}{n}-1\right)^{-1}\mp\left(\cos\dfrac{\pi}{n}-\cos\dfrac{\pi+2\theta}{n}\right)^{-1}\right]\cdot\exp\left[\mathrm{j}2k\boldsymbol{r}'_{\mathrm{ce}}\cdot\hat{\boldsymbol{r}}_{\mathrm{los}}\right]$	a 为曲边曲率半径；$n=2-\alpha/\pi$，这里 α 为内劈角；$\boldsymbol{r}'_{\mathrm{ce}}$ 为边缘与入射面在照明区的交点；$W(\theta)$ 为窗函数，用于滤除奇异值
圆柱面	$A_0 f^{0.5}\mathrm{e}^{\mathrm{j}\frac{\pi}{4}}l\sqrt{a}\sqrt{\sin\theta}\,\mathrm{sinc}\left(kl\cos\theta\right)\cdot\exp\left[\mathrm{j}2k\boldsymbol{r}'_{\mathrm{cs}}\cdot\hat{\boldsymbol{r}}_{\mathrm{los}}\right]$	a 为圆截面半径；l 为圆柱长度；$\boldsymbol{r}'_{\mathrm{cs}}$ 为柱面与入射面交线的中心
圆面	$A_0 f^{1}\mathrm{e}^{\mathrm{j}\frac{\pi}{2}}\pi a^2\dfrac{\mathrm{J}_1\left(2ka\sin\theta\right)}{\tan\theta}\exp\left[\mathrm{j}2k\boldsymbol{r}'_{\mathrm{o}}\right]$	a 为圆盘半径；$\boldsymbol{r}'_{\mathrm{o}}$ 为圆盘中心位置矢量

关于上述参数化模型的几点说明。

(1) 在计算雷达回波时，上述电场表示还需要乘以 $\mathrm{e}^{-2\mathrm{j}kR}/R$，这里 R 为目标本地坐标中心与雷达的距离。

(2) 表 2.2.1 中的入射面为入射线与回转轴相交成的面。

(3) A_0 为常实数，从典型结构的解中简化获得。A_0 大小与入射波强度有关，且由于化简时合并的参数不同，从而对于不同的散射成分其数值不同，可通过参数估计方法获得，或者直接采用未化简的典型结构的解计算。

(4) 上述散射场表述，具有其使用的角度范围，可通过射线法分析其可被雷达有效观测的范围，使用窗函数进行约束，如高斯窗函数。

弹头目标的具体尺寸为:r_1=0.15m,r_2=0.4m,r_3=0.5m,h_1=1.986m,h_2=1.8m,h_3=0.275m，雷达参数为：$\theta = -90° \sim 90°$，$\phi = 0°$，计算频率为 3GHz。上述参数化模型的最终结果如图 2.2.3 和图 2.2.4 所示。图 2.2.3 展示了各成分的散射场贡献，其中 S1 代表圆顶反射成分，S2~S6 代表曲边绕射成分，D1~D3 代表单曲面反射成分，D4 代表平面反射成分。图 2.2.4 展示了参数化模型合成总场 RCS

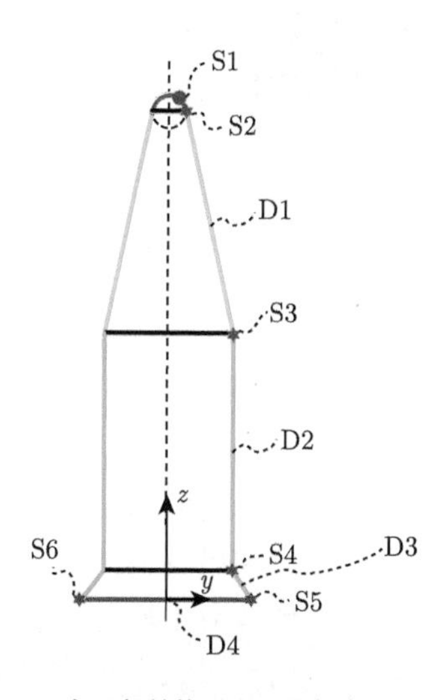

(a) 各几何结构对应的散射成分

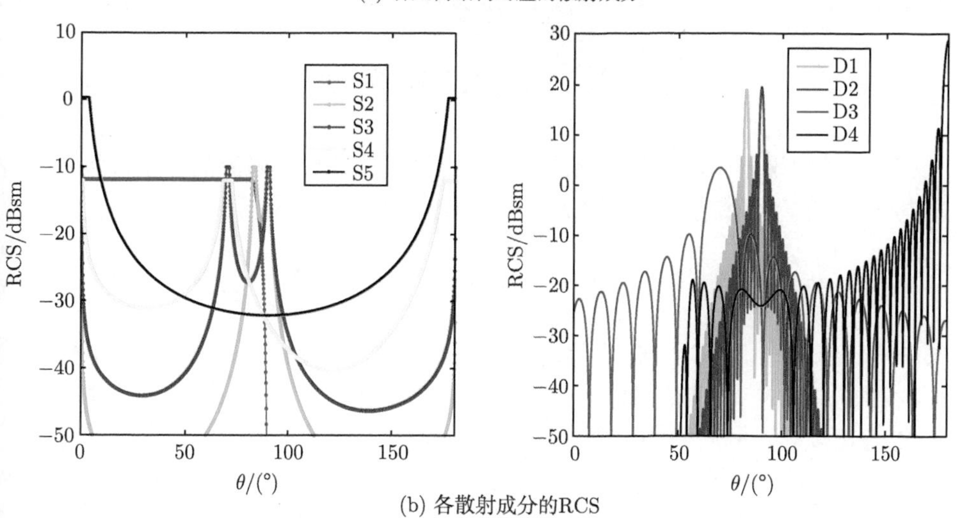

(b) 各散射成分的RCS

图 2.2.3 弹头目标的散射成分贡献

与全波法结果的比较，参数化模型的合成场 RCS 与全波法结果 (1 度滑窗) 的均方根误差为 3.5dB。

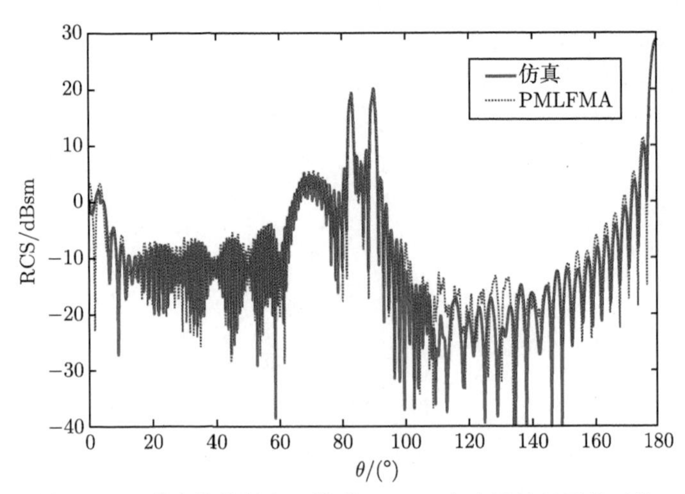

图 2.2.4　弹头的散射中心模型 (GTD) 与全波法结果的对比

对于常见散射机理，如平面反射、单曲面反射、曲面反射、曲边绕射、直棱边绕射等，基于射线理论分析的方法可以方便地依据目标几何参数预估出各散射成分，包括散射场的数学表示、等效散射中心的位置等。然而对于曲面绕射、腔体多次反射、不规则边缘绕射等，由于射线理论自身的近似性，很难精确地给出散射场随频率、角度、极化等的变化特性，此时需要借助于数值结果进行反演求解。

2.3　基于电磁流的分析方法

与射线理论不同，基于电磁流的分析方法首先研究电磁流的分布特点，再研究电磁流的辐射场特性。依据磁场积分方程可知，等效电流可表示为

$$\boldsymbol{J}=\hat{\boldsymbol{n}}\times\boldsymbol{H}^{\mathrm{i}}+\hat{\boldsymbol{n}}\times\boldsymbol{K}(\boldsymbol{J})=2\hat{\boldsymbol{n}}\times\boldsymbol{H}^{\mathrm{i}}+\hat{\boldsymbol{n}}\times\left(\boldsymbol{K}(\boldsymbol{J})-\boldsymbol{H}^{\mathrm{i}}\right) \tag{2.3.1}$$

式中第一部分电流 $2\hat{\boldsymbol{n}}\times\boldsymbol{H}^{\mathrm{i}}$ 为物理光学电流，记为 $\boldsymbol{J}_{\mathrm{PO}}$；第二部分称为非均匀电流，记为 $\boldsymbol{J}_{\mathrm{F}}$。对于光滑表面，当曲率半径远大于波长时，$\boldsymbol{J}_{\mathrm{F}}$ 很小，忽略此项，此时由 $\boldsymbol{J}_{\mathrm{PO}}$ 计算得到的场即为物理光学场。$\boldsymbol{J}_{\mathrm{F}}$ 一般由于几何不连续而产生。

目标几何不连续处和光滑表面上电磁流的驻定相位点处，通常被认为是等效散射中心的分布位置，目标的总场可由这些位置处电磁流的辐射场叠加来近似计算。

首先以平面反射为例，从电场积分公式解释平面的散射场可以由几何不连续处的等效散射场叠加表示。在光学区，金属目标的 Stratton-Chu 积分公式为

$$\boldsymbol{E}^{\mathrm{s}}=\frac{\mathrm{j}k\eta_0}{4\pi}\frac{\mathrm{e}^{-\mathrm{j}kr}}{r}\hat{\boldsymbol{r}}\times\int\limits_{s'}\hat{\boldsymbol{r}}\times\boldsymbol{J}_{\mathrm{s}}\mathrm{e}^{\mathrm{j}k\hat{\boldsymbol{r}}\cdot\boldsymbol{r}'}\mathrm{d}s' \tag{2.3.2}$$

对于平面而言，平面上的物理光学电流为 $\boldsymbol{J}_{\mathrm{PO}}=2\hat{\boldsymbol{n}}\times\boldsymbol{H}_0\mathrm{e}^{\mathrm{j}k\hat{\boldsymbol{r}}\cdot\boldsymbol{r}'}$，则上式可简化表示为

$$\boldsymbol{E}^{\mathrm{s}}=\frac{\mathrm{e}^{-\mathrm{j}kr}}{r}A\hat{\tau}\int\limits_{s'}\mathrm{e}^{\mathrm{j}2k\hat{\boldsymbol{r}}\cdot\boldsymbol{r}'}\mathrm{d}s' \tag{2.3.3}$$

其中，$A=\dfrac{\mathrm{j}k\eta_0}{4\pi}\left|\hat{\boldsymbol{r}}\times\hat{\boldsymbol{r}}\times\boldsymbol{J}_{\mathrm{PO}}\right|;\hat{\boldsymbol{\tau}}=\hat{\boldsymbol{r}}\times\hat{\boldsymbol{r}}\times\hat{\boldsymbol{J}}_{\mathrm{PO}}$。

设平面位于 xOy 平面，则 $2k\boldsymbol{r}'\cdot\hat{\boldsymbol{r}}=2k\left(x'u+y'v\right)$，其中 $u=\sin\theta\cos\phi;v=\sin\theta\sin\phi$。依据格林定理 (Green's theorem) [15]，可将上述面积分转化为线积分：

$$\int\limits_{s'}\mathrm{e}^{\mathrm{j}2k\hat{\boldsymbol{r}}\cdot\boldsymbol{r}'}\mathrm{d}x'\mathrm{d}y'=\frac{\mathrm{j}}{4k}\int\limits_{C'}\mathrm{e}^{\mathrm{j}2k\hat{\boldsymbol{r}}\cdot\boldsymbol{r}'}\left(u\mathrm{d}x'-v\mathrm{d}y'\right) \tag{2.3.4}$$

上式表明，平面散射场可由几何边缘处的等效散射场表示，具体实例见 1.2.1 节和 1.2.2 节。对于由直线构成的边缘，线积分可以进一步化简为直线两端点对应数值的加和，此时平面反射的总场可由边缘端点处的等效散射场表示：

$$\frac{\mathrm{j}}{4k}\int\limits_{C'}\mathrm{e}^{\mathrm{j}2k\hat{\boldsymbol{r}}\cdot\boldsymbol{r}'}\left(u\mathrm{d}x'-v\mathrm{d}y'\right)=\frac{\mathrm{j}}{4k}\sum_{n=1}^{4}\int\limits_{P_n^{\mathrm{s}}}^{P_n^{\mathrm{e}}}\mathrm{e}^{\mathrm{j}2k\hat{\boldsymbol{r}}\cdot\boldsymbol{r}'}\left(u\mathrm{d}x'-v\mathrm{d}y'\right) \tag{2.3.5}$$

值得注意的是，平面散射场并不是真实来源于边缘处，而是一种等效，即将整个平面的散射贡献等效为来自于端点的散射场的叠加。从射线理论角度解释，几何不连续处会激发绕射射线，形成绕射波。从等效电磁流角度解释，几何不连续处存在边缘电磁流，从而激励出绕射场。因此在几何不连续处的电磁流，本身就是散射源，可以直接由散射中心表征。该散射中心与物理光学场等效的散射中心不同。

在许多情况下，边缘电磁流的解析解很难获得。从数值计算结果来看，几何不连续处的电流与光滑区域电流分布特征存在显著不同。如导体半椭球底面的边缘处，边缘附近的电流幅度一般会大于周围表面的电流，电流相位变化特性也存在不同，如图 2.3.1 所示。对于非规则几何不连续处电流源，边缘电磁流无解析表示。由于电流源集中分布于几何不连续处，所以，通过全波法计算出目标整体表面感应电流后，可以提取这些分布于几何不连续区域的电流数据，再进行数值分析。

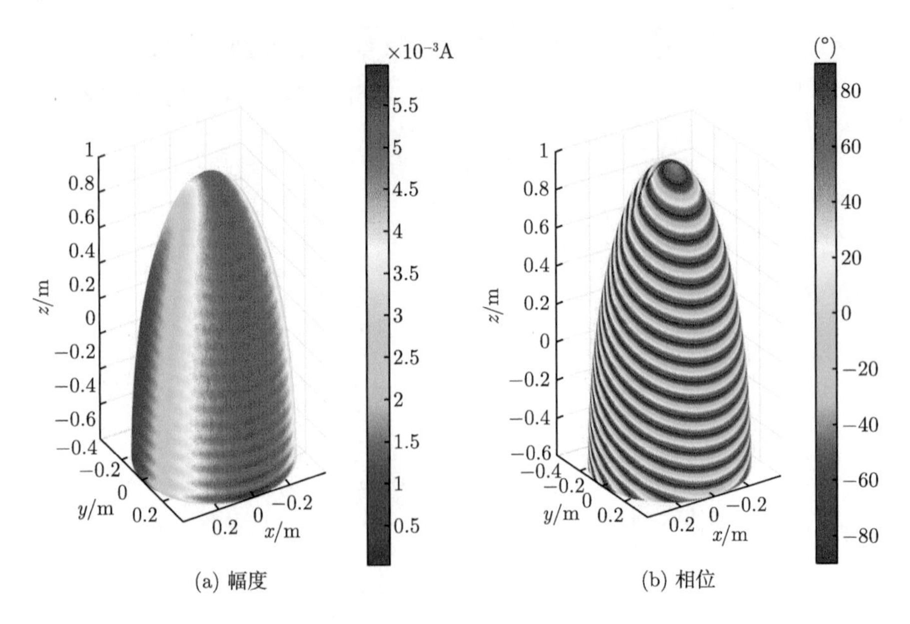

(a) 幅度 (b) 相位

图 2.3.1 导体半椭球的电流分布

光滑目标的散射场可由来自 $\mathrm{e}^{\mathrm{j}k\hat{\boldsymbol{r}}\cdot\boldsymbol{r}'}$ 驻定相位点处的散射场表示，这一结论可从以下分析中得到解释。下面以金属球为例 (坐标原点位于球心) 简单说明。设金属球的表面电流为 $\boldsymbol{J}_{\mathrm{s}}=\boldsymbol{J}\left(\boldsymbol{r}'\right)\mathrm{e}^{\mathrm{j}k\hat{\boldsymbol{r}}\cdot\boldsymbol{r}'}, \boldsymbol{r}'=a\left(\cos\theta'\hat{\boldsymbol{z}}+\sin\theta'\cos\phi'\hat{\boldsymbol{x}}+\sin\theta'\sin\phi'\hat{\boldsymbol{y}}\right)$，记 $\boldsymbol{J}_t\left(\boldsymbol{r}',\hat{\boldsymbol{r}}\right)=\hat{\boldsymbol{r}}\times\hat{\boldsymbol{r}}\times\boldsymbol{J}_{\mathrm{s}}\left(\boldsymbol{r}'\right)$，则电场表示为

$$\boldsymbol{E}^{\mathrm{s}}=\frac{\mathrm{j}k\eta_0}{4\pi}\frac{\mathrm{e}^{-\mathrm{j}kr}}{r}\int\limits_{s'}\boldsymbol{J}_t\left(\boldsymbol{r}',\hat{\boldsymbol{r}}\right)\mathrm{e}^{\mathrm{j}2ka\left[\cos\theta\cos\theta'+\sin\theta\sin\theta'\cos\left(\phi-\phi'\right)\right]}a\mathrm{d}\phi'\mathrm{d}\theta' \tag{2.3.6}$$

由于 $\boldsymbol{J}_t\left(\boldsymbol{r}',\hat{\boldsymbol{r}}\right)$ 起伏较为缓慢，而且相位项中 $2ka$ 为较大数，则依据驻定相位原理，上述积分可以近似为驻定相位点处的数值。驻定相位点可通过下式求解得到：

$$\begin{gathered}\varPhi=2ka\left[\cos\theta\cos\theta'+\sin\theta\sin\theta'\cos\left(\phi-\phi'\right)\right]\\ \frac{\mathrm{d}\varPhi}{\mathrm{d}\phi'}=0,\quad\frac{\mathrm{d}\varPhi}{\mathrm{d}\theta'}=0\end{gathered} \tag{2.3.7}$$

可得驻定相位点为：$\phi_{\mathrm{s}}'=\phi,\theta_{\mathrm{s}}'=\theta$。电流驻定相位点的位置正好是局部后向反射位置，$(\theta_{\mathrm{s}}',\phi_{\mathrm{s}}')=(\theta,\phi)$。导体球的后向散射场可近似由局部后向反射位置的电流源散射场表示，该局部位置即为驻定相位点位置。对于 PO 电流，$\boldsymbol{J}_{\mathrm{PO}}=2\hat{\boldsymbol{n}}\times\boldsymbol{H}_0\mathrm{e}^{\mathrm{j}k\hat{\boldsymbol{r}}\cdot\boldsymbol{r}'}$，其驻定相位点也为：$(\theta_{\mathrm{s}}',\phi_{\mathrm{s}}')=(\theta,\phi)$，如图 2.3.2 所示。因此，通常认为光滑目标的散射场主要来自于电流驻定相位点处的散射场。

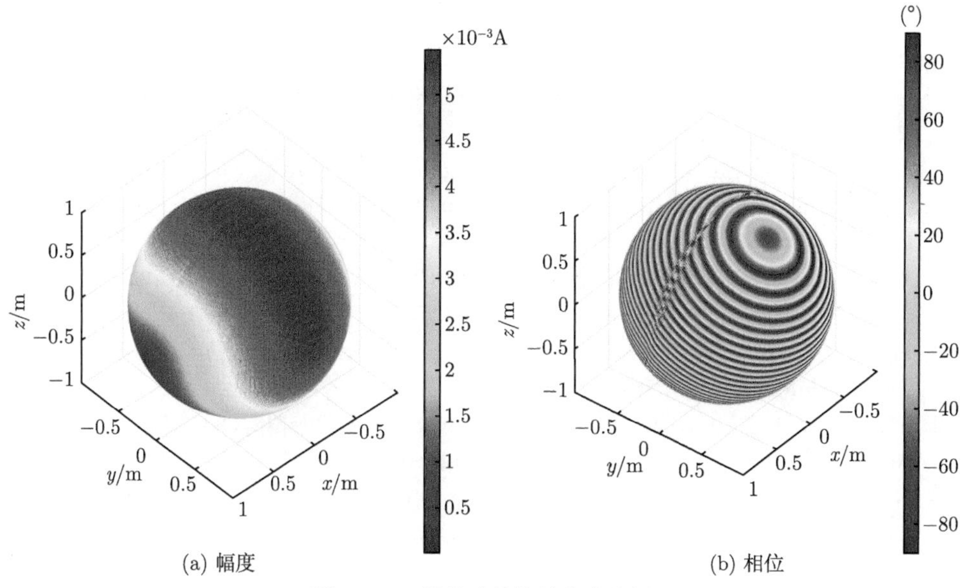

(a) 幅度 (b) 相位

图 2.3.2 导体球的等效电流分析

参考文献

[1] Ma L, Liu J, Wang T, et al. Micro-Doppler characteristics of sliding-type scattering center on rotationally symmetric target[J]. Science China：Information Sciences, 2011, 54(9): 1957-1967.

[2] Guo K Y, Li Q F, Sheng X Q, et al. Sliding scattering center model for extended streamlined targets[J]. Progress in Electromagnetics Research, 2013, 139: 499-516.

[3] Guo K Y, Sheng X Q, Shen R H, et al. Influence of migratory scattering phenomenon on micro-motion characteristics contained in radar signals[J]. IET Radar, Sonar and Navigation, 2013, 7(5): 579-589.

[4] Michaeli A . Elimination of infinities in equivalent edge currents, part I: Fringe current components[J]. IEEE Transactions on Antennas and Propagation, 2003, 34(7): 912-918.

[5] Zhao X T, Guo K Y, Sheng X Q. Scattering center model for edge diffraction based on EEC formula[C]// Progress in Electromagnetic Research Symposium. IEEE, 2016: 286-290.

[6] Ross R A. Investigation of Scattering Principles-Ⅲ: Analytical Investigation General Dynamics[R]. Forth-Worth, Texas, AD-A 856560, 1969.

[7] Ozturk A K, Paknys R, Trueman C W. Vertex diffracted edge waves on a perfectly conducting plane angular sector[J]. IEEE Transactions on Antennas and Propagation, 2011, 59(3): 888-897.

[8] Qu Q Y, Guo K Y, Sheng X Q. An accurate bistatic scattering center model for extended cone-shaped targets[J]. IEEE Transactions on Antennas and Propagation, 2014, 62(10):

5209-5218.

[9] Pathak P, Burnside W, Marhefka R. Auniform GTD analysis of the diffraction of electromagnetic waves by a smooth convex surface[J]. IEEE Transactions on Antennas & Propagation, 1979, 28(5): 631-642.

[10] Griesser T, Balanis C. Backscatter analysis of dihedral corner reflectors using physical optics and the physical theory of diffraction[J]. IEEE Transactions on Antennas and Propagation, 1987, 35(10): 1137-1147.

[11] 肖光亮. 复杂结构与材料目标的散射中心建模 [D]. 北京：北京理工大学，2021.

[12] Knott E F. Radar Cross Section [M]. 2nd ed. Raleigh, NC: SciTech Publishing, 2004.

[13] Peters L. End-fire echo area of long, thin bodies[J]. IRE Transactions on Antennas and Propagation, 2003, 6(1): 133-139.

[14] Thomas D T. Scattering by plasma and dielectric bodies[R]. Ohio State University Research Foundation Columbus Antenna Lab, 1962.

[15] Guo K Y, Han X Z, Sheng X Q. Scattering center models of backscattering waves by dielectric spheroid objects[J]. Optics Express, 2018, 26(4): 5060.

附 录

(2.1.28) 式中后三项之和 (记为 S) 为

$$S=-l_a\frac{\cos\theta_t}{\cos\gamma}-l_b\frac{\cos\theta_r}{\cos\gamma}-\left(l_a+l_b\right)\frac{\sin\left(\psi/2\right)}{\sin\delta_0} \tag{B2-1}$$

由正弦定理可知：$l_a=\dfrac{r\sin\delta_0}{\sin\delta_1},l_b=\dfrac{r\sin\delta_0}{\sin\delta_2}$，代入上式，前两项之和变为 (B2-2) 式，最后一项变为 (B2-3) 式。

$$-l_a\frac{\cos\theta_t}{\cos\gamma}-l_b\frac{\cos\theta_r}{\cos\gamma}=-\frac{r\sin\delta_0}{\cos\gamma}\left[\frac{\cos\theta_t\sin\delta_2+\cos\theta_r\sin\delta_1}{\sin\delta_1\sin\delta_2}\right] \tag{B2-2}$$

$$\left(l_a+l_b\right)\frac{\sin\left(\psi/2\right)}{\sin\delta_0}=r\sin\left(\psi/2\right)\left[\frac{\sin\delta_1+\sin\delta_2}{\sin\delta_1\sin\delta_2}\right] \tag{B2-3}$$

依据三角函数公式可知: $\sin\delta_1+\sin\delta_2=2\sin\left(\dfrac{\delta_1+\delta_2}{2}\right)\cos\left(\dfrac{\delta_1-\delta_2}{2}\right)$，又依据 (2.1.26) 式和 (2.1.27) 式，可得: $\sin\left(\dfrac{\delta_1+\delta_2}{2}\right)=-\cos\left(\psi/2\right),\cos\left(\dfrac{\delta_1-\delta_2}{2}\right)=\sin\delta_0$，因此,

$$\sin\delta_1+\sin\delta_2=-2\cos\left(\psi/2\right)\sin\delta_0 \tag{B2-4}$$

将 (B2-4) 式代入 (B2-3) 式，并计算 (B2-2) 式与 (B2-3) 式之和，可得

$$\begin{aligned} S &= \frac{r}{\sin\delta_1\sin\delta_2}\left[\frac{\sin\delta_0}{\cos\gamma}(\cos\theta_t\sin\delta_2+\cos\theta_r\sin\delta_1)-2\sin(\psi/2)\cos(\psi/2)\sin\delta_0\right] \\ &= \frac{r\sin\delta_0}{\sin\delta_1\sin\delta_2}\left[\left(\frac{\cos\theta_t}{\cos\gamma}\sin\delta_2+\frac{\cos\theta_r}{\cos\gamma}\sin\delta_1\right)-\sin\psi\right] \end{aligned} \tag{B2-5}$$

将 (2.1.27) 式代入 (B2-5) 式，并化简：

$$\begin{aligned} S &= \frac{r\sin\delta_0}{\sin\delta_1\sin\delta_2}[(\cos\delta_1\sin\delta_2+\cos\delta_2\sin\delta_1)-\sin\psi] \\ &= \frac{r\sin\delta_0}{\sin\delta_1\sin\delta_2}[\sin(\delta_1+\delta_2)-\sin\psi] \\ &= \frac{r\sin\delta_0}{\sin\delta_1\sin\delta_2}(\sin\psi-\sin\psi) \\ &= 0 \end{aligned} \tag{B2-6}$$

第 3 章　目标电磁散射特性

雷达散射截面和角闪烁是表述目标电磁散射特性的两个主要物理概念。雷达散射截面大小直接影响雷达能否探测到目标，以及雷达可探测的最远距离；角闪烁是影响雷达测角精度的关键因素。本章将阐述目标雷达散射截面随频率、方位和极化的特性，以及角闪烁噪声的精确预估方法，这对雷达系统设计、雷达信号处理方法研究具有重要的参考意义。

3.1　典型目标的雷达散射截面

单站雷达是依靠目标后向散射的回波来探测目标的，目标对电磁波的散射能力用雷达散射截面 (RCS) 来表征。RCS 定义为单位立体角内目标接收方向散射的功率与给定方向入射于该目标的平面波功率密度之比的 4π 倍，表示式如下 [1]：

$$\sigma = \lim_{r\to\infty} 4\pi r^2 \frac{\left|\boldsymbol{E}^{\mathrm{s}}\right|^2}{\left|\boldsymbol{E}^{\mathrm{i}}\right|^2} \tag{3.1.1}$$

其中，$\boldsymbol{E}^{\mathrm{s}}$ 为雷达接收到的散射场；$\boldsymbol{E}^{\mathrm{i}}$ 为发射波在目标表面处的入射场；r 为雷达与目标之间的距离。

RCS 的量纲是面积单位 (m^2)，但是一般来说，目标的 RCS 与目标的几何表面积并没有关系。

根据观察角度不同，RCS 可分为双站 (又称双基地)RCS 和单站 RCS。双站 RCS 是入射方向与观察方向不同时物体的 RCS；单站 RCS 是散射观察方向与入射方向反向时物体的 RCS，因此又称后向 RCS。雷达接收的通常是后向 RCS；前向 RCS 是散射观察方向与入射方向同向时物体的 RCS。

RCS 随极化方式变化，常用下面的极化 RCS 矩阵表示：

$$\begin{bmatrix} \sigma_{\theta\theta} & \sigma_{\theta\phi} \\ \sigma_{\phi\theta} & \sigma_{\phi\phi} \end{bmatrix} \tag{3.1.2}$$

其中，$\sigma_{\theta\theta}$ 表示垂直极化 RCS，即极化为 θ 方向的入射电场产生的极化为 θ 方向的 RCS；$\sigma_{\phi\phi}$ 表示水平极化 RCS，即极化为 ϕ 方向的入射电场产生的极化为 ϕ

方向的 RCS；$\sigma_{\theta\phi},\sigma_{\phi\theta}$ 表示交叉极化 RCS，即极化为 θ 方向的入射电场产生的极化为 ϕ 方向的 RCS，极化为 ϕ 方向的入射电场产生的极化为 θ 方向的 RCS。

雷达的最大作用距离 $R_{\max}$ 是雷达的一项关键指标。这个指标直接与目标 RCS 相关。当雷达收、发天线共用时，其具体关系由下面的**雷达方程** [2] 给出：

$$R_{\max}=\left[\frac{P_tG_t^2\lambda^2\sigma}{(4\pi)^3S_{i\min}}\right]^{1/4} \tag{3.1.3}$$

式中，P_t 为发射机输出端口的平均功率；G_t 为收、发天线增益；λ 为工作波长；σ 为目标的 RCS；$S_{i\min}$ 为接收机门限功率。$S_{i\min}$ 又可写为

$$S_{i\min}=k_{\mathrm{B}}T_0BFD_0 \tag{3.1.4}$$

其中，k_{B} 为玻尔兹曼常量；T_0 为热力学温度；B 为接收机带宽；F 为放大器噪声系数；D_0 为检测因子。

由雷达最大作用距离方程可知，目标散射雷达波性能的强弱显然会影响雷达的最大作用距离 $R_{\max}$。RCS 越大，则雷达最大作用距离 $R_{\max}$ 越大，探测距离就越远。因此当定量分析一部雷达能探测多远时，必须要先预知被探测目标的 RCS 量级。

RCS 与目标几何结构、材料参数、雷达波入射、雷达观测方向、极化方式等参数有关，也就是说实际雷达目标的 RCS 不是一个单值，对于每个视角、不同的雷达频率、极化方式等，都对应不同的数值，称为 RCS 随方位、频率、极化的起伏特性。由于目标 RCS 的起伏特性，估算雷达最大探测距离时应采用 RCS 的统计平均值。检测因子与发现概率、虚警概率、目标 RCS 起伏特性之间有着复杂的函数关系，目标的起伏使得目标检测更加困难，检测因子 D_0 增加，则最大作用距离下降。

下文给出了典型目标的单站 RCS 简便计算公式。

(1) 导体球。

$$\sigma=\pi a^2,\quad a\gg\lambda \tag{3.1.5}$$

$$\sigma\approx 9\pi a^2\left(ka\right)^4,\quad a\ll\lambda \tag{3.1.6}$$

其中，a 为球体半径。

(2) 椭球体。

$$\sigma=\frac{\pi a^2b^2c^2}{\left[a^2\sin^2\theta\cos^2\phi+b^2\sin^2\theta\sin^2\phi+c^2\cos\theta\right]^2},\quad a,b,c\gg\lambda \tag{3.1.7}$$

其中，a,b,c 分别为椭球体三回转轴的半径。椭球的几何结构与雷达视线的关系，如图 3.1.1 所示。

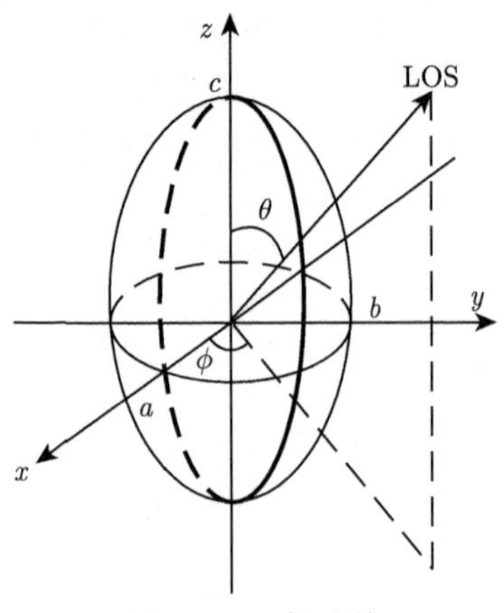

图 3.1.1 椭球体

(3) 导体矩形平面。

$$\sigma=\frac{4\pi ab}{\lambda}\left|\cos\theta\frac{\sin\left(ka\sin\theta\cos\phi\right)}{ka\sin\theta\cos\phi}\frac{\sin\left(kb\sin\theta\sin\phi\right)}{kb\sin\theta\sin\phi}\right|^2 \tag{3.1.8}$$

其中，a,b 分别为平面的长和宽；θ 为平面表面法向与雷达视线方向的夹角；ϕ 为包含视线的平面与长度为 a 的边缘的夹角。矩形平面几何结构与雷达视线的关系，如图 1.2.1 所示。

(4) 导体圆盘。

$$\sigma=16\pi\frac{\pi a^2}{\lambda}\left|\cos\theta\frac{\mathrm{J}_1\left(k2a\sin\theta\right)}{k2a\sin\theta}\right|^2 \tag{3.1.9}$$

其中，a 为圆盘的半径；$\mathrm{J}_1(\cdot)$ 为第一类一阶贝塞尔函数；θ 为圆盘表面法向与雷达视线方向的夹角。

(5) 导体圆柱侧面。

$$\sigma=kal^2\left|\cos\theta\frac{\sin\left(kl\sin\theta\right)}{kl\sin\theta}\right|^2 \tag{3.1.10}$$

其中，a,l 分别为圆盘的半径和高度；θ 为雷达视线方向与圆柱侧面法向的夹角。

(6) 导体截头锥。

当入射角垂直于锥体侧面时，雷达散射截面为

$$\sigma=\frac{8\pi\left(z_2^{3/2}-z_1^{3/2}\right)^2}{9\lambda\sin\theta_n}\tan\alpha\left(\sin\theta_n-\cos\theta_n\tan\alpha\right) \tag{3.1.11}$$

其中，α 为半锥角；$\theta_n = \dfrac{\pi}{2} + \alpha$。截头锥的几何结构如图 3.1.2 所示。其他角度下，截头锥的雷达散射截面表达式可参照第 1 章式 (1.2.30)。

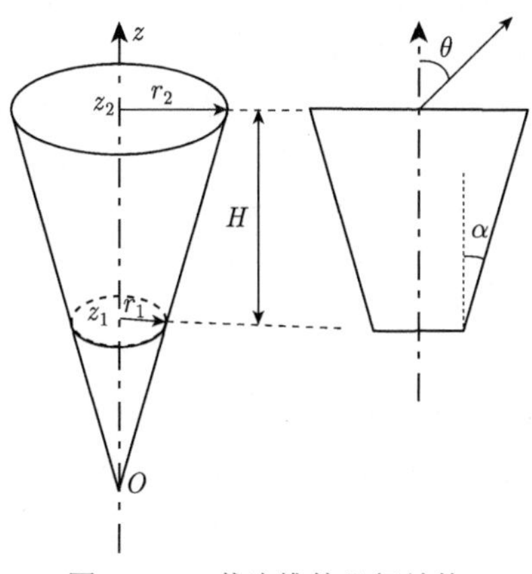

图 3.1.2 截头锥的几何结构

(7) 二面角。

当雷达视线位于二面角两平面法线构成的平面内时 (图 3.1.3)，二面角的雷达散射截面为

$$\sigma = \begin{cases} \dfrac{16\pi a^4 \sin^2\phi}{\lambda^2}, & 0 \leqslant \phi \leqslant \dfrac{\pi}{4} \\ \dfrac{16\pi a^4 \cos^2\phi}{\lambda^2}, & \dfrac{\pi}{4} \leqslant \phi \leqslant \dfrac{\pi}{2} \end{cases} \tag{3.1.12}$$

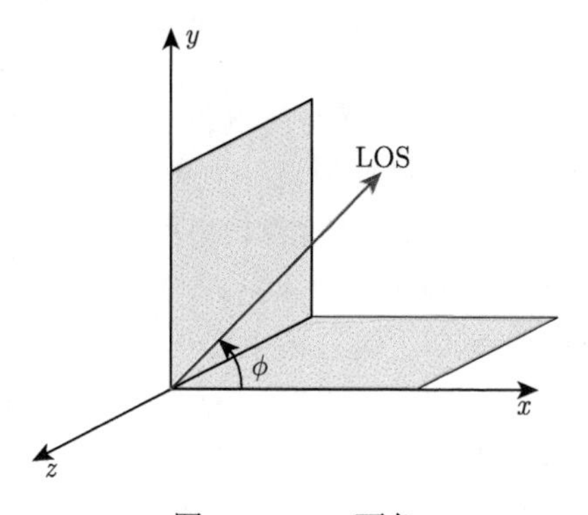

图 3.1.3 二面角

3.2 散射特性

目标 RCS 和散射场相位随频率、方位和极化方式的变化特性，分别称为目标散射的频率特性、方位特性和极化特性。目标散射的频率特性决定了目标高分辨一维距离像 (HRRP) 的图像特征，对于宽带高分辨成像具有重要的意义；方位和频率联合特性决定了雷达目标二维图像特征，其中图像特征受方位特性影响更为敏感，因此方位特性对于合成孔径成像具有重要的意义。极化特性对于全极化雷达信号检测、多极化融合、目标特征检测等具有重要的意义。

3.2.1 频率特性

实际雷达目标的 RCS 随雷达起伏剧烈，这是由于实际雷达目标包含数量众多、类型不一的散射中心。在第 2 章中，我们已经讨论了单一散射机理的高频区的频率响应关系，例如：平面反射的 RCS 随频率呈二次方增大；单曲面随频率呈线性增大；双曲面和直边绕射几乎不随频率变化；尖顶绕射随频率近似呈负二次方衰减。散射幅度随频率的依赖关系一般采用指数形式 f^{α}，其中 α 为频率依赖因子。复杂目标的散射场中包含了多种不同频率响应的散射成分，且散射中心的位置分布也不相同，因此复矢量合成的总场 RCS 呈现复杂的起伏特性。典型结构单次散射机理的频率依赖因子 α 如表 3.2.1 所示，典型结构多次散射的频率依赖因子 α 如表 3.2.2 所示 [3]，其中，FS 表示平面，SS 表示单曲率曲面，DS 表示双曲率曲面，SE 表示直棱边，CE 表示曲棱边。

表 3.2.1 单次散射机理的频率依赖因子

散射机理	FS	SS	DS	SE	CE	尖顶绕射	行波
α	1	0.5	0	0	−0.5	−1	1

对于赋形隐身目标而言，在敏感的观测范围内的散射一般由绕射波所贡献，而具有较强镜面反射的成分均通过外形设计调整到敏感观测范围之外。对于常用的雷达频段，如米波段、厘米波段，随着频率的降低，RCS 会增大。利用频率特性对抗隐身技术的最著名的例子就是 F117A 目标。下文给出了该飞机的 P 波段内 RCS 随频率的起伏曲线。几何结构主要由三角形面、不规则平面组成，如图 3.2.1(a) 所示。HH 极化下飞机头向入射的后向 RCS 如图 3.2.1(b) 所示，可以看出，当频率较低时，RCS 数值较大，随着频率的增大，RCS 减少到 0dB 以下。在飞机头向观测时，后向散射场的主要贡献来自于尖顶绕射、边缘绕射，而这些散射成分随频率的减少而增大，因此在频率较低时，RCS 数值较大。选用低频雷达探测隐身目标，是实现对于较早隐身机型反隐身的有效手段之一。

表 3.2.2 典型结构多次散射的频率依赖因子

	FS	SS	DS	SE	CE
FS	$\alpha=1$	$\alpha=0.5$	$\alpha=0$	$\alpha=0$	$\alpha=0.5$
SS		$\alpha=0.5$	$\alpha=0$	$\alpha=0$	$\alpha=-0.5$
DS			$\alpha=0$	$\alpha=-0.5$	$\alpha=-0.5$
SE				$\alpha=-0.5$	$\alpha=-1$
CE					$\alpha=-1$

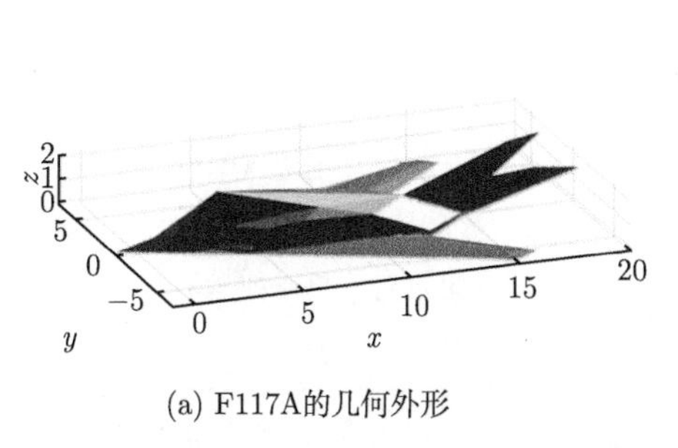

(a) F117A的几何外形

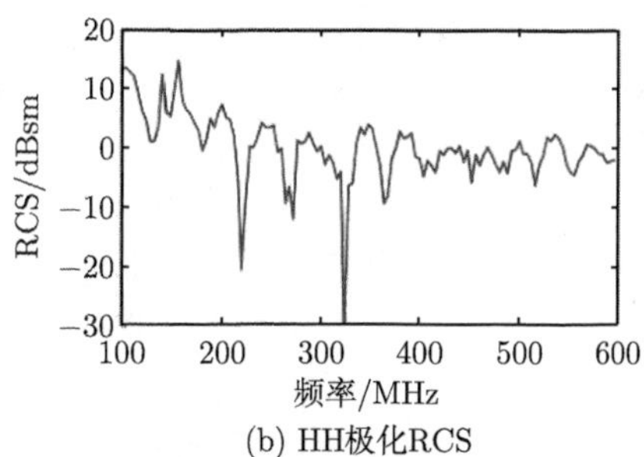

(b) HH极化RCS

图 3.2.1 F117A 的几何外形及扫频 RCS

为了便于参考，图 3.2.2~ 图 3.2.5 给出了其他几种隐身飞机的频率特性展示，包括 F22、F35、B-2、“掠食者” 无人机等。(注：本章所列的飞机、导弹几何模型均由公开的图片几何反演建模而成，尺寸并不严格准确，但外形结构与实际目标相似，仅用于目标的散射特性研究。)

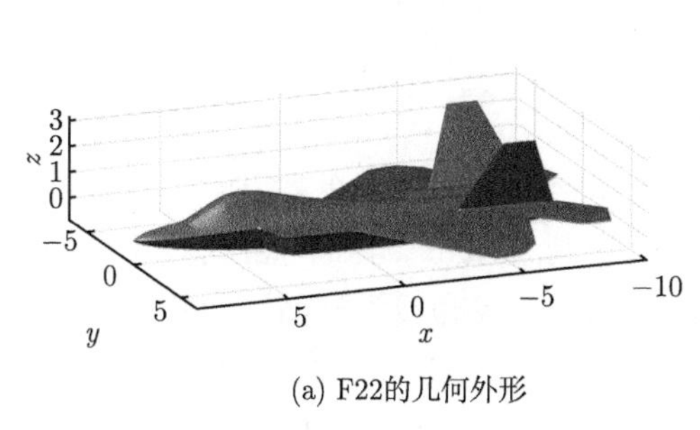

(a) F22的几何外形

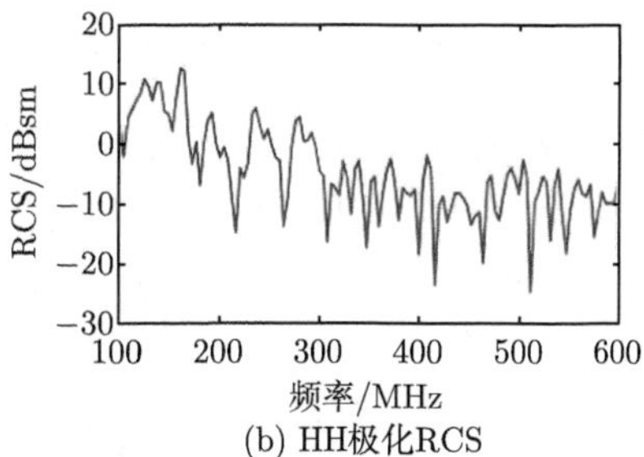

(b) HH极化RCS

图 3.2.2 F22 的几何外形及扫频 RCS(头向入射、单站接收)

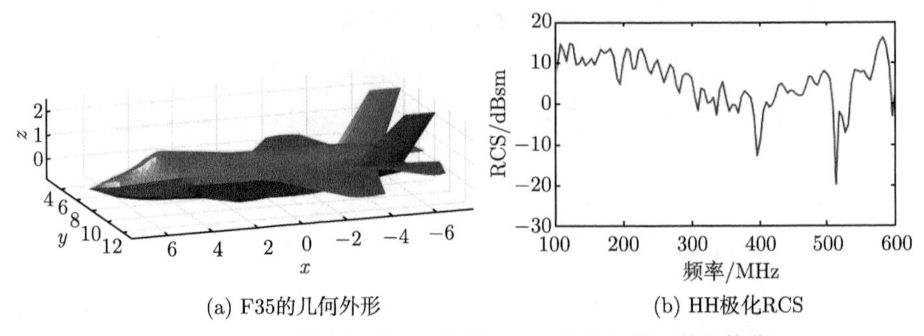

(a) F35的几何外形　　(b) HH极化RCS

图 3.2.3　F35 的几何外形及扫频 RCS(头向入射、单站接收)

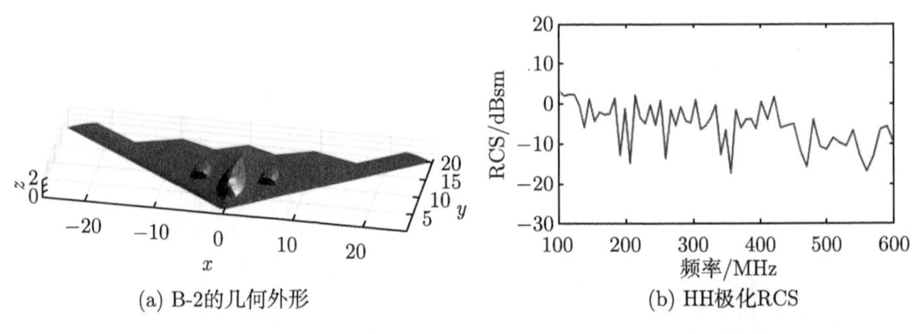

(a) B-2的几何外形　　(b) HH极化RCS

图 3.2.4　B-2 的几何外形及扫频 RCS (头向入射、单站接收)

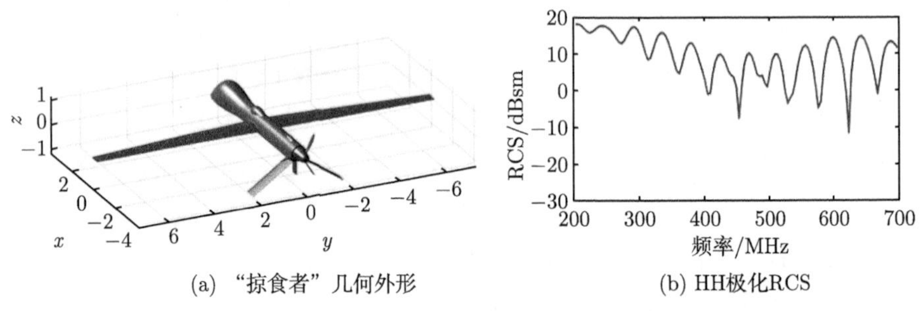

(a) “掠食者”几何外形　　(b) HH极化RCS

图 3.2.5　“掠食者”的几何外形及扫频 RCS (头向入射、单站接收)

3.2.2　方位特性

实际雷达目标的 RCS 随雷达观测方位变化敏感，这也是由实际雷达目标包含数量众多、类型不一的散射源所造成。在第 2 章中，我们已经讨论了单一散射机理的方位依赖特性。例如：平面的后向 RCS 仅在接近平面法向的很小角度范围内出现较大的 RCS 数值，雷达观测方位偏离法向角度越大则 RCS 越小，呈现为 sinc 函数形式；单曲面反射和直棱边绕射与平面后向反射的方位依赖性相似，RCS 集中在较窄的观测范围内。与上述机理不同，尖顶绕射则在很宽的观测角度内均可以观测到其散射贡献，RCS 随方位角起伏缓慢。复杂目标的散射场中包含了多种不同方位依赖性的散射中心，且散射中心的位置分布也不相同，因此复矢量合成的总场 RCS 呈现复杂方位起伏特性。

F117A 单站 RCS 随方位的起伏曲线如图 3.2.6 所示，入射波频率为 300MHz，极化方式为 HH，观测角度：$\theta = 90°, \phi = 0° \sim 360°$。可以看出 RCS 在 $\phi = \pm 60°$ 范围内较小。当观测方位沿飞机机翼的后掠翼前沿法向时，RCS 出现突增，然后很快减小。这种现象称为“突增线”，可以用于飞机机翼后掠角的识别。同样地在尾翼前缘法线方向可以观测到 RCS 突增，由于尾翼的尺寸小于侧翼，所以 RCS 突增不如侧翼前缘明显。

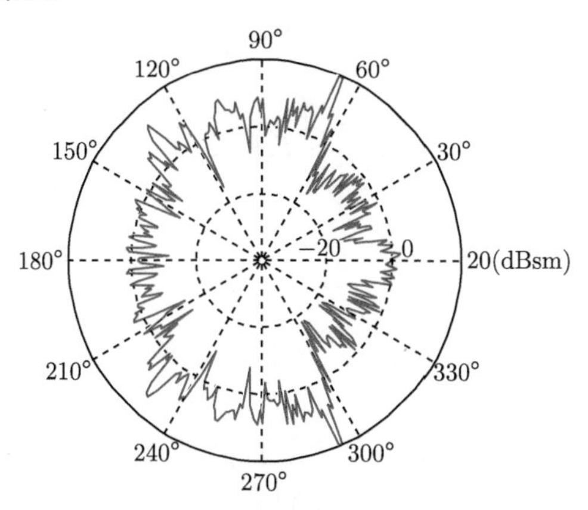

图 3.2.6 F117A 单站 RCS 的方位特性

对于未经隐身赋形设计的飞机，在侧面观测时会观测到来自机身的强 RCS，此类飞机 RCS 最大值通常在侧向。然而，隐身飞机的机身与机翼一体融合设计，消除了单曲面造成的强散射源，因此侧向 RCS 数值大小常不及“突增线”处的 RCS 显著。飞机目标 RCS 方位起伏的动态范围可到 40dB 以上。赋形设计不可能在所有姿态角下都可实现 RCS 缩减，因此利用飞机的方位特性，雷达可以选择有利的观测方向或采用多基地观测方式，达到一定的反隐身效果。

F117A 双基地 RCS 随方位的起伏曲线如图 3.2.7 所示，入射波以飞机头向入射，观测角度范围为 $\theta = 90°, \phi = 0° \sim 360°$，频率为 300MHz，极化方式为 HH。从图中可以看出，大双站角下 RCS 数值很大，尤其是在前向角度，RCS 达到最大值。此外，飞机机翼对入射波的反射方向也可观测到“突增线”。

值得注意的是，一般认为双基地雷达在前向散射区 (双基地角为 $135° \sim 180°$) 的 RCS 比其他方向的 RCS 数值大，前向雷达的应用正是建立在此优势的基础上。然而某些实际场景下天线所接收的电磁波并非仅为散射波，而是散射波与发射天线辐射波的复矢量叠加。由于相位和电磁场极化方向的差异，总场表现出与散射场不同的变化特性。在近场接收区，总场与散射场幅度随接收距离而剧烈振荡，而且两者的振荡特性存在明显差异。总场幅度甚至弱于散射场幅度，这会给分离雷达回波的有效信号造成困难。在远场接收条件下，总场通常大于散射场，两者的差异随双站角而剧烈变化，对于飞机类目标，很多情况下相差会达 10dB 以上 [4]。总场中散射场幅度分量越小，则分离雷达回波的有效信号的困难越大，特别是对于低、小、慢目标，此问题更为严重。

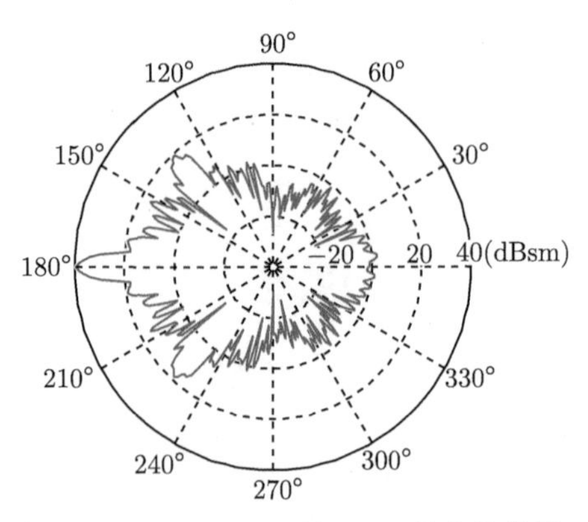

图 3.2.7　F117A 双站 RCS 的方位特性

对于回转体目标，为了直观地展示目标的方位和频率联合特性，常采用二维极坐标作图，极角表示雷达视线相对于目标的方位变化，径向坐标表示频率的大小，灰度数值表示 RCS 或散射场相位。下文以金属球、锥球体、球头锥、半椭球体为例，给出了这四个典型目标的几何坐标以及方位–频率特性展示图 (图 3.2.8～图 3.2.12)。锥球体、球头锥、半椭球体的几何结构如图 3.2.8 所示。其中，r_1=0.05m，r_2=0.4m，r_3=0.1m，r_4=0.3m，r_5=0.1m，h_1=1m，h_2=0.6m，$\alpha = 13°$。

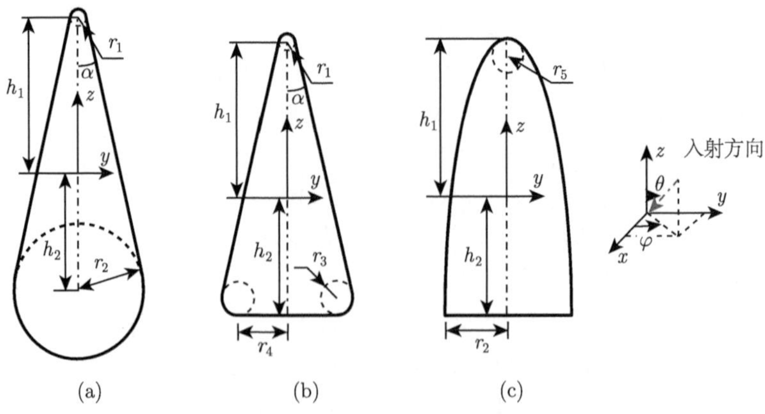

图 3.2.8　(a) 锥球体、(b) 球头锥、(c) 半椭球体的几何结构

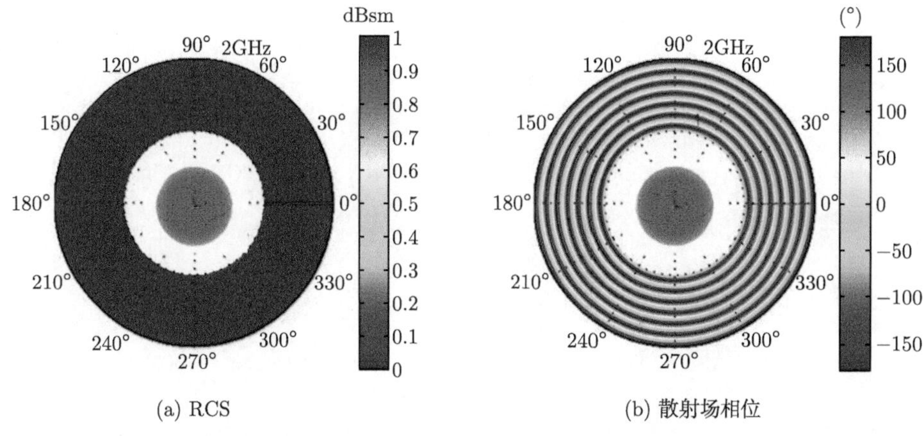

(a) RCS (b) 散射场相位

图 3.2.9 金属球的方位–频率特性 (1~2GHz, 俯仰角 $0 \sim 2\pi$)

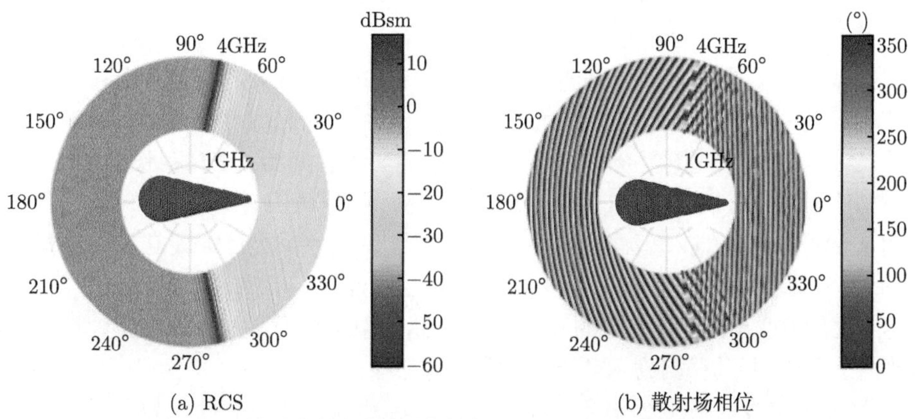

(a) RCS (b) 散射场相位

图 3.2.10 锥球体的方位–频率特性 ($1 \sim 4$GHz, 俯仰角 $0 \sim 2\pi$)

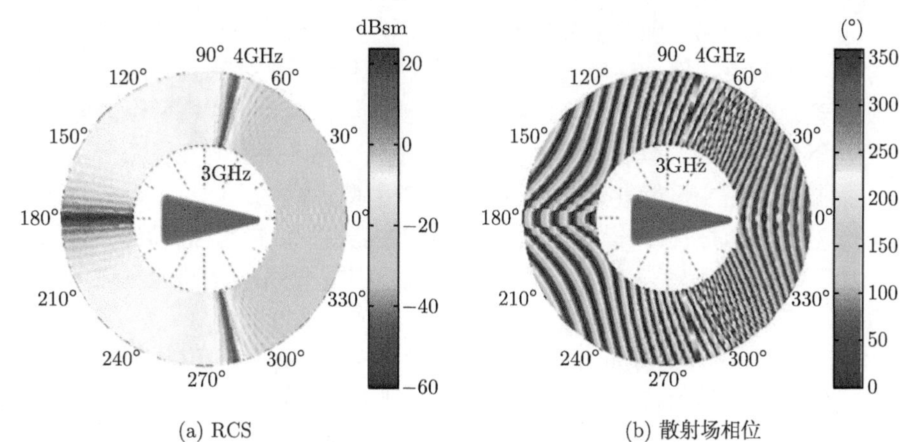

(a) RCS (b) 散射场相位

图 3.2.11 球头锥的方位–频率特性 ($3 \sim 4$GHz, 俯仰角 $0 \sim 2\pi$)

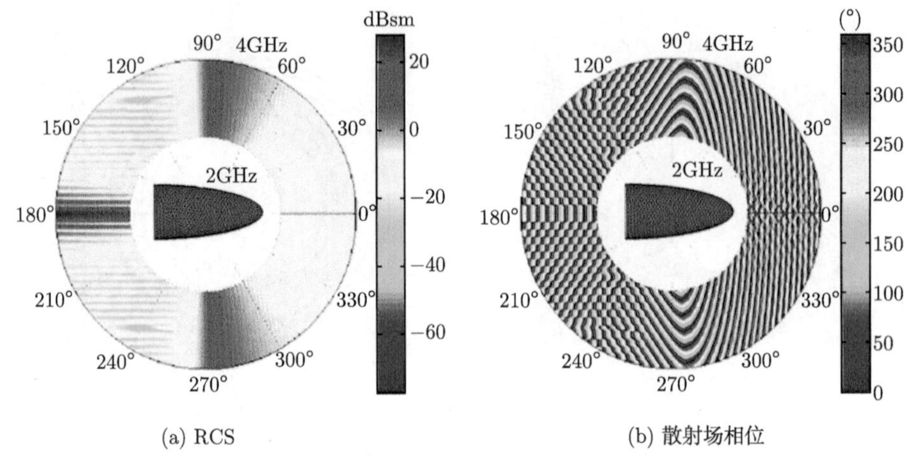

(a) RCS　　(b) 散射场相位

图 3.2.12　半椭球体的方位–频率特性 (2 ~ 4GHz, 俯仰角 0 ~ 2π)

金属球在高频区相当于理想点散射源，其 RCS 不随频率和方位起伏，散射场相位角随频率线性变化 (相位角以 2π 为周期)，如图 3.2.9 所示。而锥球体、球头锥、半椭球体具有更复杂的方位和频率散射特性，如图 3.2.10~ 图 3.2.12 所示。锥球体有一个 RCS 突增区，对应侧面法线方向；球头锥有两个 RCS 突增区，分别对应侧面法线方向和底面圆盘法线方向。锥体是弹头类目标最常见的结构，侧面 RCS 突增区可以用于判断弹头相对于雷达的姿态。半椭球体只有一个 RCS 突增区 (底面法向)，没有侧面的 RCS 突增区，这是由于侧面为双曲面，且曲率单调变化，因此可以观测到 RCS 渐进增大的过程。

散射场相位的极坐标图可以大致反映出目标散射中心数量、分布等情况。当散射场相位呈现随频率线性变化，随方位不变时，该散射场应该来源于一个理想散射中心。散射场相位随频率变化的快慢，可以反映出该散射中心距离目标本地坐标系中心的远近，例如：散射场相位随频率变化快，则距离坐标系中心远；反之，则距离近。散射场相位呈现周期性的干涉条纹，则说明存在两个散射幅度大小相近的散射中心，若散射场相位呈现杂乱起伏变化，则说明存在两个以上散射中心，而且散射中心可能具有复杂的方位和频率变化特性。

对于非回转对称体目标，其散射的方位特性需由三维极坐标图展示。图 3.2.13 以“掠食者”无人机为例，给出全空间 RCS 以及散射场相位的极坐标展示图。计算参数为：$f = 300\text{MHz}$，$\theta = 0^\circ \sim 90^\circ$ 时 $\phi = 0^\circ \sim 360^\circ$。

复杂目标的 RCS 幅度起伏可以用统计模型描述。被观测目标的 RCS 起伏概率密度对于计算目标的检测概率至关重要。经典的 RCS 起伏的概率密度函数，如 Swerling 模型。Swerling-I、Swerling-II，基于均匀独立散射中心组合体的 RCS 统计特性; Swerling-III、Swerling-IV，基于一个强散射中心与其他均匀独立散射中心组合体的 RCS 统计特性。这些经典模型已经不能精确描述隐身目标、带介质目标、高速运动目标的起伏特性。目前，复杂目标的 RCS 起伏特性研究，依赖于目标 RCS 的精确计算结果或测量数据。

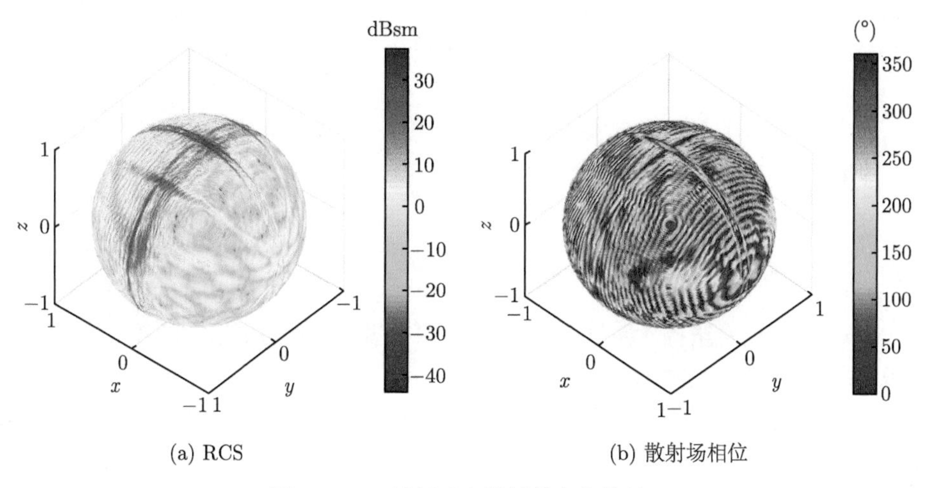

(a) RCS (b) 散射场相位

图 3.2.13 目标后向散射的方位特性

3.2.3 极化特性

为了完整地描述目标电磁散射特性，需要采用全极化散射矩阵。比如，爬行波、行波，仅在特性的极化下散射成分较强。电磁波的极化通常是由传播方向垂直面内电场矢量的矢端随时间变化而形成的轨迹来定义。当矢端轨迹为直线时，称为线极化；当矢端轨迹为圆时，称为圆极化；当矢端轨迹为椭圆时，称为椭圆极化。任意极化的平面电磁波可以分解为两个相互正交的线极化波。在理论研究中，电场矢量的两个正交方向通常定义为 $\hat{\boldsymbol{\theta}}$ 和 $\hat{\boldsymbol{\phi}}$ 方向；而在实际测量中，电场矢量的两个正交方向定义为与地面平行情况和垂直情况，称为水平极化和垂直极化。

对于绝大多数目标，散射场的极化不同于入射场情况，这种现象称为退极化，即存在交叉极化分量。对于复杂目标，在不同入射波频率和姿态角下，同极化和交叉极化量的比值是变化的。目标的极化特性是指同极化和交叉极化分量随观测方位和频率变化的特性，可采用极化散射矩阵 (记为 $\boldsymbol{S}$) 表示，见 (3.2.3) 式。

$$\boldsymbol{E}^{\mathrm{s}} = \boldsymbol{S}\boldsymbol{E}^{\mathrm{i}} \tag{3.2.1}$$

$$\begin{bmatrix} \boldsymbol{E}_{\mathrm{v}}^{\mathrm{s}} \\ \boldsymbol{E}_{\mathrm{h}}^{\mathrm{s}} \end{bmatrix} = \frac{1}{\sqrt{4\pi}r} \begin{bmatrix} S_{\mathrm{vv}} & S_{\mathrm{vh}} \\ S_{\mathrm{hv}} & S_{\mathrm{hh}} \end{bmatrix} \begin{bmatrix} \boldsymbol{E}_{\mathrm{v}}^{\mathrm{i}} \\ \boldsymbol{E}_{\mathrm{h}}^{\mathrm{i}} \end{bmatrix} \tag{3.2.2}$$

$$\boldsymbol{S} = \frac{1}{\sqrt{4\pi}r} \begin{bmatrix} S_{\mathrm{vv}} & S_{\mathrm{vh}} \\ S_{\mathrm{hv}} & S_{\mathrm{hh}} \end{bmatrix} \tag{3.2.3}$$

其中，$4\pi r^2 \left|S_{ij}\right|^2 = \sigma_{ij}$，$i,j = \mathrm{v,h}$。

在实际分析时常采用归一化的极化散射矩阵，$\bar{\boldsymbol{S}} = \boldsymbol{S}\dfrac{\sqrt{4\pi r}}{\sqrt{\sigma_{\mathrm{vv}}}}$。从第 1 章和第 2 章球、矩形平面和圆盘在高频区的散射场可以知道，归一化的极化矩阵可表示为 (3.2.4) 式；二面角偶次反射时，归一化的极化矩阵可表示为 (3.2.5) 式。

$$\bar{\boldsymbol{S}} = \begin{bmatrix} -1 & 0 \\ 0 & -1 \end{bmatrix} \tag{3.2.4}$$

$$\bar{\boldsymbol{S}} = \begin{bmatrix} -1 & 0 \\ 0 & 1 \end{bmatrix} \tag{3.2.5}$$

对于很多几何结构，两个同极化 RCS 并不相同，如细长体、边缘、腔体等。对于复杂目标，绝大多数情况下同极化 RCS 存在较大差异，图 3.2.14 给出了某新型隐身无人机的几何模型 (依据 X47B 公开照片和尺寸建模)，其两个同极化的单站 RCS 数据如图 3.2.15 所示。频率为 400MHz，观测方位：$\theta = 70°, \phi = 0° \sim 360°$。

图 3.2.14　隐身无人机的几何模型

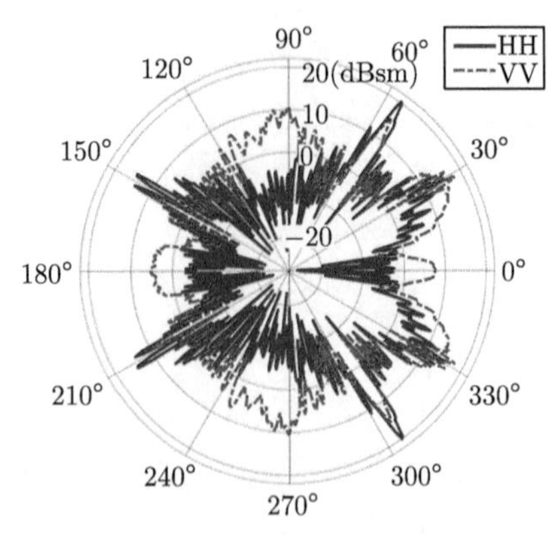

图 3.2.15　VV 和 HH 单站 RCS 数值比较

简单结构目标，如球、平面、圆柱、圆锥等的交叉极化分量很弱。然而对于复杂目标，由于几何结构和材料复杂，存在较大的交叉极化分量。上述新型隐身无人机的同极化与交叉极化 RCS，如图 3.2.16 所示 (频率和观测参数与图 3.2.15 相同)。可以看出，在此观测范围内存在较强交叉极化 RCS，甚至在少数角度下交叉极化 RCS 会大于同极化下 RCS。因此，对于复杂目标而言，交叉极化场分量也可能具有较高的强度，获得目标全极化的散射特性对于研究目标识别特征非常必要。

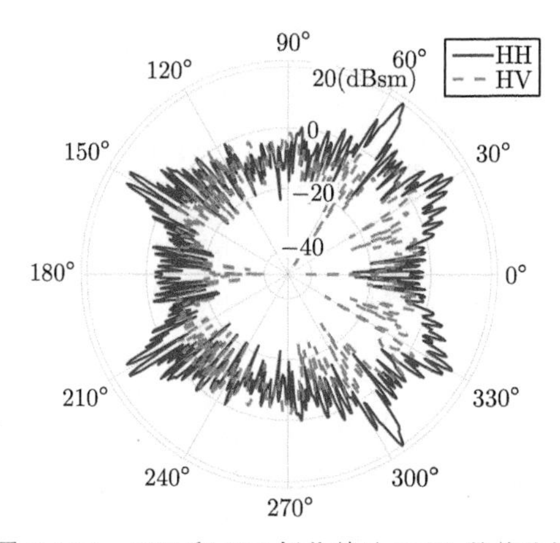

图 3.2.16 HH 和 HV 极化单站 RCS 数值比较

3.3 角闪烁噪声

角闪烁是由目标上散射源分布的复杂性所引起的。一个形状复杂的扩展目标的散射场可以看成是由很多局部散射源的电磁波的矢量合成。若将总的回波等效为由一个点源散射的回波，该点就是该复杂扩展目标的视在中心，如图 3.3.1 所示。当目标与雷达存在相对姿态变化时，视在中心也不断变化，通常呈现出随机性，类似于噪声，这种现象称为扩展目标的角闪烁噪声。角闪烁是由目标本身引起的，凡是具有两个以上等效散射源的扩展目标都会产生角闪烁噪声，这与雷达系统无关。对角闪烁噪声的正确认识，在 20 世纪 50 年代之后才逐渐清晰。

从雷达测角的角度来看，当目标不可分辨时 (即在分辨单元内信号有多个散射中心时)，单脉冲雷达测角仍输出一个“目标”方位的指示角，然而此角位置并非目标几何中心或其上某个散射中心的空间方位，而是多个散射中心散射波矢量合成后的一个合成方向，即视在中心的方向。视在中心与目标真实方位之间的差别会导致雷达的定位误差，该误差一般使用线偏差来表征。即使雷达系统为理想系统、在纯净环境背景下，测角结果仍然存在角闪烁引入的误差，该误差源于目标本身的复杂电磁特性而不是雷达系统。角闪烁是扩展目标的固有特征之一。目前角闪烁线偏差仍是雷达定位的主要误差来源之一。

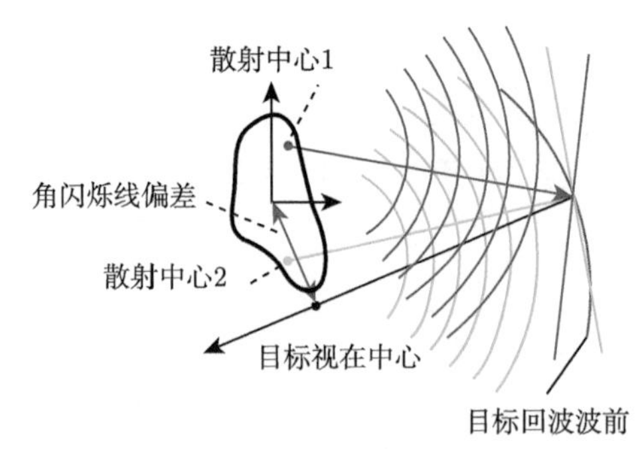

图 3.3.1　角闪烁线偏差示意图

在远场条件下，扩展目标的测角输出，可以表示成下面两部分相加：

$$\begin{cases} \hat{\theta} = \theta_{\mathrm{o}} + \theta_{\mathrm{g}} \\ \hat{\varphi} = \varphi_{\mathrm{o}} + \varphi_{\mathrm{g}} \end{cases} \tag{3.3.1}$$

其中，$(\theta_{\mathrm{o}}, \varphi_{\mathrm{o}})$ 表示目标相位中心 (几何中心，或目标本地坐标系原点) 相对于等信号轴的偏角；$(\theta_{\mathrm{g}}, \varphi_{\mathrm{g}})$ 表示目标视在中心与 $(\theta_{\mathrm{o}}, \varphi_{\mathrm{o}})$ 的误差角。

当目标回波中散射中心可以分辨时，宽带单脉冲测角可以输出每一个散射中心的空间角；当目标的多散射中心不可分辨时 (位于同一距离门内)，宽带单脉冲测角输出为由多个散射中心合成的视在中心方向的空间角。

3.4　角闪烁的计算方法

目前，角闪烁的计算方法有两种：坡印亭矢量法 (Poynting vector method, PVM) 和相位梯度法 (phase gradient method, PGM)。角闪烁现象可以解释为空间雷达回波信号能量传播方向的倾斜，利用能流方向与传播方向的倾斜角计算角闪烁的方法称为坡印亭矢量法。角闪烁现象又可以解释为扩展目标的波前畸变，由于波前非球面，从而在接收天线口面上，波前法线产生倾斜偏离了目标方向。利用波前法线倾角计算角闪烁的方法称为相位梯度法。

这两种计算角闪烁的方法是否等价？这一问题一直存在一些分歧。电磁波的波前法向和能流传播方向虽然都存在偏离径向的分量，但并不总是一致的。经研究发现，在几何光学条件和线极化接收时，坡印亭矢量与波前法向是一致的，此时 PVM 和 PGM 两种计算角闪烁线偏差的方法是完全等价的 [5,6]。虽然几何光学近似是一种极端条件 (波数无穷大)，但是通常导引头雷达工作波长都很短 (Ka 或 Ku 频段)，目标的尺寸远大于波长，因此实际工程中几何光学近似条件不失其合理性。而且，目前导引头雷达天线多为线极化，因此采用任意一种方法计算即可。下面详细介绍这两种计算方法。

3.4.1 坡印亭矢量法

雷达系统一般都是依据目标散射回波的传播方向来确定目标所在方向。若目标为理想点目标，其散射波的传播方向与坡印亭矢量方向一致，在球坐标系下为径向方向，换言之，散射波的坡印亭矢量只有 $\hat{\boldsymbol{r}}$ 方向分量，没有 $\hat{\boldsymbol{\theta}}$ 和 $\hat{\boldsymbol{\varphi}}$ 方向分量，因此雷达依据目标能流方向所确定的方向是目标所在方向。若目标是多散射中心目标，其散射波的坡印亭矢量就不仅有 $\hat{\boldsymbol{r}}$ 方向分量，还存在 $\hat{\boldsymbol{\theta}}$ 和 $\hat{\boldsymbol{\varphi}}$ 方向分量。此时雷达依据散射波能流方向所确定的方向并非目标中心所在方向，其偏离目标中心的距离称为角闪烁线偏差，可由 $\hat{\boldsymbol{\theta}}$ 和 $\hat{\boldsymbol{\varphi}}$ 方向分量与 $\hat{\boldsymbol{r}}$ 方向分量的比值确定。角闪烁线偏差 e_θ 和 e_φ 可定义为

$$e_\theta = \frac{rS_\theta}{S_r}, \quad e_\varphi = \frac{rS_\varphi}{S_r} \tag{3.4.1}$$

其中，S_r, S_θ, S_φ 分别为平均坡印亭矢量的三个分量，其定义如下：

$$\boldsymbol{P}_{\mathrm{av}} = \frac{1}{2}\mathrm{Re}\left[\boldsymbol{E}^{\mathrm{s}} \times \boldsymbol{H}^{\mathrm{s}^*}\right] = S_r\hat{\boldsymbol{r}} + S_\theta\hat{\boldsymbol{\theta}} + S_\varphi\hat{\boldsymbol{\varphi}} \tag{3.4.2}$$

角闪烁线偏差定义 (3.4.1) 式中分子之所以乘上 r，是因为 S_r 量级为 $O(1/r^2)$，而 S_θ 和 S_φ 量级都为 $O(1/r^3)$。这样依据定义 (3.4.1) 式，角闪烁线偏差是一个与距离无关的量，反映了目标散射本身的一种特性。

若复杂金属目标在雷达波照射下的感应电流已通过严格法求出，那么经过冗长推导 [7,8]，角闪烁线偏差可进一步表示为

$$e_\theta = -\mathrm{Re}\left[\frac{P}{W}\right] + \sin 2\theta_R \sin\delta_R \mathrm{Im}\left[\frac{Q}{W}\right] \tag{3.4.3}$$

$$e_\phi = -\mathrm{Re}\left[\frac{Q}{W}\right] - \sin 2\theta_R \sin\delta_R \mathrm{Im}\left[\frac{P}{W}\right] \tag{3.4.4}$$

其中，θ_R 和 δ_R 为定义极化方向的参数，如电场极化方向定义为 $\hat{\boldsymbol{p}}_{\boldsymbol{e}} = \hat{\boldsymbol{\theta}}\cos\theta_R + \hat{\boldsymbol{\varphi}}\sin\theta_R \mathrm{e}^{\mathrm{j}\delta_R}$；$W, P, Q$ 的表达式为

$$W = \int_{s'} A(\boldsymbol{r}')\, \mathrm{e}^{\mathrm{j}\hat{\boldsymbol{s}}\cdot\boldsymbol{r}'}\mathrm{d}s'$$

$$P = \int_{s'} \left(\boldsymbol{r}' \cdot \hat{\boldsymbol{\theta}}\right) A\left(\boldsymbol{r}'\right) \mathrm{e}^{\mathrm{j}\hat{\boldsymbol{s}} \cdot \boldsymbol{r}'} \mathrm{d}s' \tag{3.4.5}$$

$$Q = \int_{s'} \left(\boldsymbol{r}' \cdot \hat{\boldsymbol{\varphi}}\right) A\left(\boldsymbol{r}'\right) \mathrm{e}^{\mathrm{j}\hat{\boldsymbol{s}} \cdot \boldsymbol{r}'} \mathrm{d}s'$$

这里，$\hat{\boldsymbol{s}}$ 是散射波接收方向的单位矢量；$A\left(\boldsymbol{r}'\right) = Z_0 \hat{\boldsymbol{p}}_{\boldsymbol{e}} \cdot \boldsymbol{J}\left(\boldsymbol{r}'\right)$，其中 Z_0 为自由空间波阻抗，$\boldsymbol{J}\left(\boldsymbol{r}'\right)$ 为感应电流。

3.4.2　相位梯度法

雷达系统中实际测量的量一般不是坡印亭矢量，而是目标散射场的幅值和相位。通常考虑到信号获取的便利性，在理论分析时，常采用 PVM 方法，在实际测量中常采用 PGM 方法。在几何光学条件下 ($k \to \infty$)，目标散射回波相位的梯度方向就是坡印亭矢量方向，因此角闪烁线偏差又可定义为

$$e_\theta = \frac{r\varPhi_\theta}{\varPhi_r}, \quad e_\varphi = \frac{r\varPhi_\varphi}{\varPhi_r} \tag{3.4.6}$$

式中，$\varPhi_\theta, \varPhi_\varphi, \varPhi_r$ 分别是目标回波相位的梯度 $\nabla\varPhi$ 的三个球坐标分量，见下式：

$$\begin{aligned} \nabla\varPhi &= \hat{\boldsymbol{r}}\varPhi_r + \hat{\boldsymbol{\theta}}\varPhi_\theta + \hat{\boldsymbol{\varphi}}\varPhi_\varphi \\ &= \hat{\boldsymbol{r}}\frac{\partial\varPhi}{\partial r} + \hat{\boldsymbol{\theta}}\frac{1}{r}\frac{\partial\varPhi}{\partial\theta} + \hat{\boldsymbol{\varphi}}\frac{1}{r\sin\theta}\frac{\partial\varPhi}{\partial\varphi} \end{aligned} \tag{3.4.7}$$

3.4.3　角闪烁与散射中心的关系

在远场条件下，角闪烁线偏差与距离无关。因此对于远程观测雷达而言，角闪烁造成的测角误差很小，然而对于近距离观测雷达，如寻的制导雷达，角闪烁是主要的测角误差源。为了精确制导，必须对角闪烁噪声加以抑制。从理论层面讲，高分辨雷达可将各个散射源的散射波成分分离，是实现抑制角闪烁的最有效方法。

下以一个三球组合目标来说明角闪烁的形成原因。三小球沿 z 轴放置，球心坐标分别为 0.4m、0m、-0.5m。三小球均为金属球，半径分别为 0.0485m、0.032m、0.0375m。入射频率为 10GHz。当 $\theta = 0° \sim 180°$ 时，利用全波法计算得到的角闪烁线偏差如图 3.4.1 所示。

小球的散射可以等效为一个滑动型散射中心，其散射场可表示为

$$E_i = \frac{a_i}{2}\exp\left[2\mathrm{j}k\left(\boldsymbol{r}_i + a_i\hat{\boldsymbol{r}}_{\mathrm{los}}\right) \cdot \hat{\boldsymbol{r}}_{\mathrm{los}}\right]$$

其中 $\boldsymbol{r}_i$ 表示小球几何中心在目标本地坐标系中的位置矢量，$\hat{\boldsymbol{r}}_{\mathrm{los}}$ 为雷达在目标本地坐标系中位置的单位矢量。则三小球的总场可以表示为 $\sum\limits_{i=1}^{3} E_i$。利用总场的相

位及 PGM 可以计算出线偏差结果，如图 3.4.1 所示。利用全波法及 PVM 的计算结果与散射中心模拟回波 PGM 计算结果一致，说明角闪烁现象正是由分散分布的散射中心的散射场相干叠加所造成。

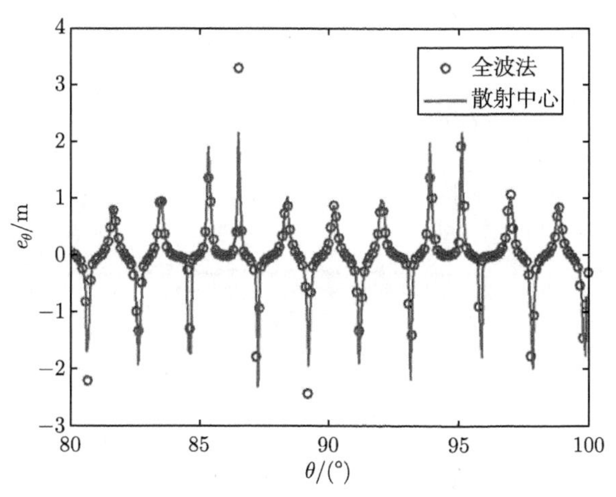

图 3.4.1 三小球的角闪烁线偏差

散射中心位置和散射幅度的改变会对角闪烁线偏差数值造成很大影响。下面以两个理想散射中心为例，分析散射中心位置和幅度的改变对线偏差造成的影响。两散射中心的散射幅度比为 δ，间距为 d，对称分布在 z 轴两侧。图 3.4.2 给出了当 δ 固定不变时 ($\delta=2$)，线偏差随间距 d 的变化；图 3.4.3 给出了当 d 固定不变时 ($d=2\lambda$)，线偏差随比值 δ 的变化。

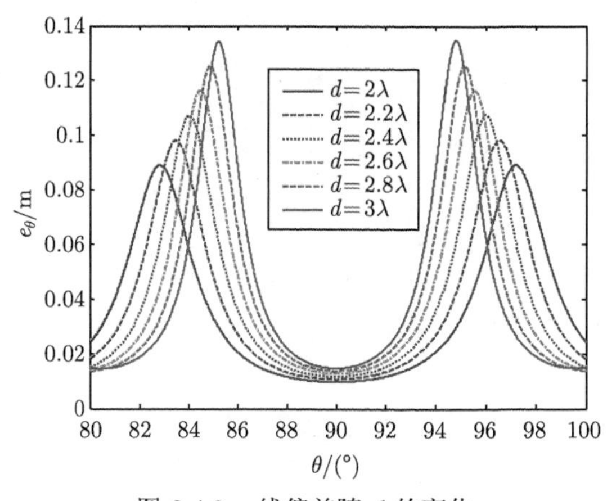

图 3.4.2 线偏差随 d 的变化

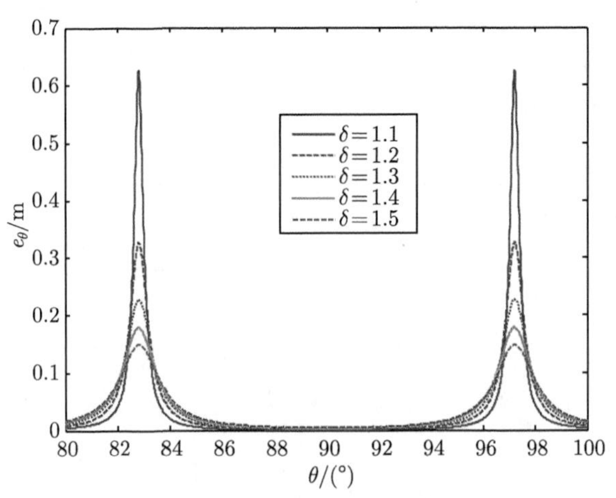

图 3.4.3　线偏差随 δ 的变化

从图 3.4.2 和图 3.4.3 可以看出，两散射中心幅度比值越小、间距越大，则角闪烁线偏差起伏越剧烈。随着散射中心幅度的接近，线偏差随幅度和间距变化的敏感性逐渐增强。当其中一个散射中心的幅度占主要地位时，线偏差大小主要由该散射中心所决定。实际目标上的散射中心不同于理想散射中心，这些实际的散射中心的幅度和位置有可能随雷达观测方位角而变化，不同类型的散射中心对角闪烁线偏差的影响不同。

为了研究散射中心类型对角闪烁线偏差的影响，这里给出了半椭球目标的角闪烁计算。半椭球的几何结构如图 3.4.4 所示。该目标的几何参数：h_1=1.6m，r_1=0.4m。半椭球目标有 5 个散射中心：1 个在光滑曲面上的滑动型散射中心 (记为 SSC)，1 个顶部的散射中心 (记为 LSC1)，2 个曲边绕射形成的散射中心 (记为

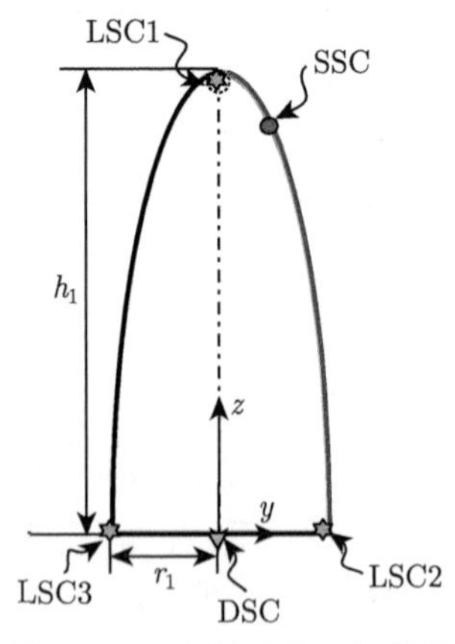

图 3.4.4　半椭球的几何结构

LSC2，LSC3)，1 个由圆盘反射形成的分布型散射中心 (记为 DSC)，如图 3.4.4 所示。散射波的频率为 2GHz，观察角度的范围是 $\theta=0°\sim180°$，$\phi=90°$。假设目标围绕 x 轴旋转，角速度为 2rad/s。

半椭球的后向散射波的时频变换 (time-frequency representation, TFR) 结果如图 3.4.5(a) 所示，由散射中心的理论位置导出的多普勒频率曲线如图 3.4.5(b) 所示。这里给出理论多普勒曲线，一是为了验证散射中心位置预估的正确性，二是便于分辨各多普勒成分的贡献来源。半椭球的角闪烁偏差 e_θ 如图 3.4.6 所示。

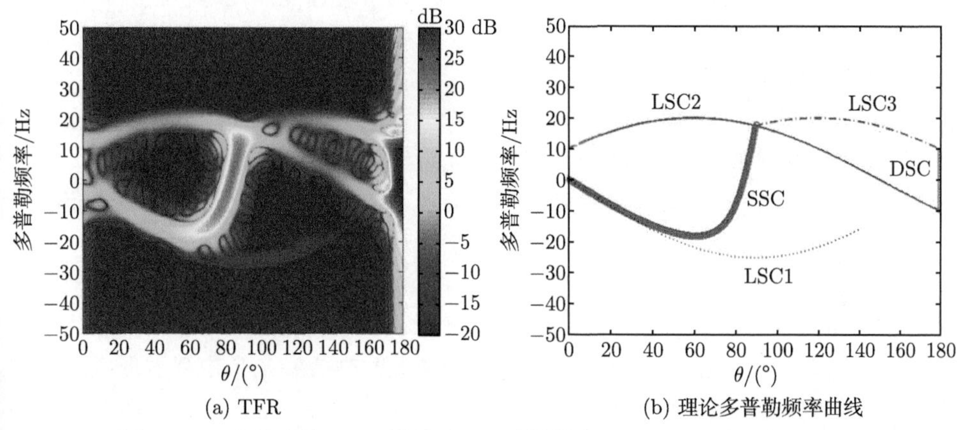

(a) TFR (b) 理论多普勒频率曲线

图 3.4.5 半椭球的 TFR 结果以及理论散射中心位置的多普勒频率曲线

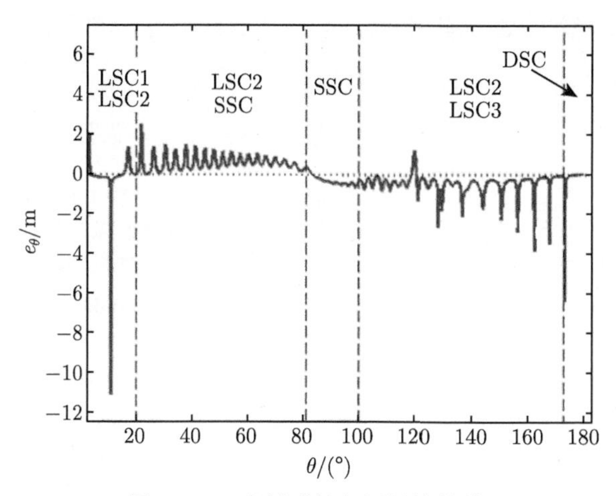

图 3.4.6 半椭球的角闪烁线偏差

从图 3.4.5 和图 3.4.6 可以作出如下判断：

(1) 在 $0°<\theta\leqslant20°$ 范围内，散射波主要由 LSC1 和 LSC2 所贡献。两散射

中心的散射幅度相近、间隔距离大，因此其角闪烁线偏差起伏振荡剧烈。

(2) 在 $20^\circ < \theta \leqslant 80^\circ$ 范围内，散射波主要由 SSC 和 LSC2 所贡献，而且 SSC 的位置逐渐滑向 LSC2，因此角闪烁线偏差的起伏振荡程度逐渐减小。

(3) 在 $80^\circ < \theta \leqslant 100^\circ$ 范围内，散射波主要由 SSC、LSC1 和 LSC2 所贡献，但 SSC 的散射幅度远大于其他散射中心。因此，角闪烁线偏差主要由 SSC 的滑动位置决定，起伏很小。

(4) 在 $100^\circ < \theta \leqslant 175^\circ$ 范围内，散射波主要由 LSC2 和 LSC3 所贡献，两散射中心的散射幅度相近、间隔距离较大，因此角闪烁线偏差起伏较大。该区域的线偏差波动小于 $0^\circ < \theta \leqslant 20^\circ$ 的情况，是因为 LSC2 和 LSC3 分离间距小于 LSC1 和 LSC2 分离间距。

(5) 在 $175^\circ < \theta < 180^\circ$ 范围内，散射波主要由 DSC 所贡献，它位于底面的中心 (即坐标系的原点)，因此角闪烁线偏差近似为零。

从半椭球角闪烁线偏差和散射中心的关系可知，由平面反射形成的分布型散射中心幅度通常远大于由弯曲边缘或顶点绕射形成的散射中心幅度。因此，当一个分布型散射中心和几个由曲边或尖顶绕射形成的散射中心同时出现时，角闪烁线偏差主要由分布型散射中心决定，由于仅有一个强散射源，所以角闪烁起伏振荡很小。当存在一个由曲面反射形成的滑动型散射中心和几个由绕射形成的散射中心时，角闪烁线偏差的变化趋势由该滑动型散射中心决定，但受到弱散射中心的干扰，角闪烁线偏差呈现一定的起伏振荡。当仅存在由曲边或尖顶绕射形成的散射中心时，通常会出现振荡距离的角闪烁线偏差，因为这些散射中心一般具有相近的散射幅度和较大的间隔距离。这也很好地解释了角闪烁线偏差与 RCS 之间的负相关现象。

参 考 文 献

[1] 黄培康, 殷红成, 许小剑. 雷达目标特性 [M]. 北京：电子工业出版社，2005: 11.

[2] Skolnik M I. 雷达手册 [M]. 南京电子技术研究所译. 3 版. 北京: 电子工业出版社, 2010: 9.

[3] Yan H, Li S, Li H, et al. Monostatic GTD model for double scattering due to specular reflections or edge diffractions[C]// 2018 IEEE International Conference on Computational Electromagnetics (ICCEM). IEEE, 2018.

[4] 赵晓彤, 郭琨毅, 盛新庆, 等. 前向雷达目标回波成分与特性分析 [J]. 系统工程与电子技术, 2016, 38(11): 2523-2529.

[5] 殷红成, 黄培康, 王超. 再论扩展目标的角闪烁 [J]. 系统工程与电子技术, 2007, 29(4): 499-504.

[6] 殷红成, 王超, 黄培康. 雷达目标角闪烁三种表示的内在联系 [J]. 雷达学报, 2014, 3(2): 119-128.

[7] 王超. 高频电磁散射建模方法及工程应用 [D]. 北京：中国传媒大学, 2009.

[8] 盛新庆. 电磁理论、计算、应用 [M]. 北京：高等教育出版社，2015: 294.

第 4 章　散 射 中 心

目标散射中心模型是依据目标散射机理建立的近似数学模型。散射中心的概念源于高频近似理论，但相较于高频近似计算方法，能更清晰地反映目标的散射机理。由于散射中心的位置和幅度信息与雷达成像结果中的特征存在清晰的对应关系，所以散射中心模型对于雷达回波的模拟、雷达信号处理、雷达图像解译、雷达目标识别等具有极其重要的理论和应用价值。规则目标散射中心模型一般依据其高频近似解建立，复杂结构目标散射中心模型通常将其分解成一系列规则目标后而建立。本章将着重阐述散射中心的概念、类型、数学模型、模型参数提取方法，并给出几种典型目标的散射中心数学模型及其雷达图像特征。

4.1　散射中心的概念

理论和实践均表明，高频散射区扩展目标的雷达回波可等效为某些局部位置上散射波的线性叠加，这些局部性的散射源通常称为等效散射中心，简称散射中心 [1−3]。散射中心模型为描述目标的复杂电磁散射现象、解译雷达图像特征提供了简便而有效的手段。

最初，散射中心被认为固定在目标上，且其散射幅度与雷达频率和照射方位角无关。然而，随着散射中心研究的深入，人们发现目标的散射中心种类繁多、分布特性迥异，有些等效散射中心位于目标的几何结构之外，如爬行波散射中心。散射中心的散射幅度、位置分布，与雷达工作模式、频带、视线方向、极化方式等紧密相关 [4−7]。位置扩展分布以及复杂的方位、频率依赖性使散射中心成像后呈现出非传统意义上的点状分布，然而，如线状 (直线、曲线) 和非规则块状等，这些分布特性已经超出了“中心”的范畴。

本章保留了“散射中心”的称谓，然而其概念已经扩展，除了传统意义上的局部分布散射源外，还将 (非局域) 光滑表面上的反射、行波、爬行波、多次反射等分布型散射成分所等效的散射源纳入其中。这些散射中心的属性特征，如位置、幅度、相位、极化特征等也变得复杂。复杂目标的散射中心模型研究，已成为雷达技术、电磁仿真技术、目标散射特性研究领域共同关注的基础研究问题。

4.2 散射中心的属性

散射中心的属性包括: 位置、散射幅度、相位，以及这些参量随频率、方位、极化的变化特性。散射中心参数随频率/方位/极化的变化特性，称为频率/方位/极化特性或频率/方位/极化依赖性。

1. 频率依赖性

在散射中心的属性中，频率依赖性研究最早。1987 年，Hurst 和 Mittra 提出了散射中心幅度对频率依赖关系可采用衰减指数或 Prony 模型描述 [8]。1995 年，Potter 等将几何绕射理论 (GTD) 的幂函数 $(\mathrm{j}k)^{\alpha}$(等同于前文的 f^{α} 描述) 引入模型中描述散射中心宽带频率特性，提出了基于 GTD 散射中心模型 [9]，文中指出频率依赖因子 α 因其产生的几何结构而不同，一般为 1/2 的整数倍。GTD 模型包含了平面反射、单曲面反射、双曲面反射、直边缘绕射、角绕射等散射机理的频率特性，这些频率特性虽然涵盖了五种常见的金属几何结构，但是仅适用于单一散射机理的一次散射情况。

1997 年，McClure 等利用具有一定带宽的散射场数据提取得到了一次、二次、三次直边绕射成分 (二维问题) 的频率依赖因子 [10]，分别为 $\alpha=-0.5$, -1, -1.5(在文献 [10] 中表示为正，因为定义与文献 [9] 恰为倒数关系，本书统一采用文献 [9] 的定义)；该文指出，对于爬行波的频率特性不能采用幂函数 $(\mathrm{j}k)^{\alpha}$ 形式表示。1997 年，Potter 和 Moses 区分地给出了有限长直边的频率依赖因子 $\alpha=0$ 和曲边绕射的频率依赖因子 $\alpha=-0.5$，使得频率依赖性的描述更加准确 [11]；此外，该文指出，对于多次散射情况，频率依赖性可用分次乘积计算，例如，对于一次绕射 $\alpha=-0.5$，对于二次绕射 $\alpha=-1$，对于三次绕射 $\alpha=-1.5$。2004 年，Rigling 和 Moses 在单站属性散射中心模型的基础上，提出了双站模式下金属球、盖帽结构、三面角、二面角、圆柱、平面所形成双站散射中心模型 [12]；该文中三维散射由两个二维散射 (方位面和俯仰面) 的乘积来近似计算，这样可以推演出不同散射机理耦合情况下的解析表达，例如，盖帽结构 (单曲面–平面) 的频率依赖因子为 $\alpha=0.5$，三面角反射的频率依赖因子为 $\alpha=1$ 等。

频率依赖因子由于代表了不同的结构类型，所以在目标识别中被视为目标的分类特征之一。2014 年，何洋等扩充了不同散射机理耦合情况下的频率依赖因子 [13]，如球面–平面、单曲面–单曲面、单曲面–双曲面、平面–直边等二次散射问题。邢笑宇等推导了镜面–镜面耦合散射中心的频率依赖特性 [14]，包括六种耦合类型，如球面–球面、球面–柱面、柱面–柱面、平面–球面、平面–柱面、二面角。2018 年，闫华等进一步推广了频率特性研究，给出了所有二次散射机理形成的散射中心的频率依赖因子 [15]。

对于爬行波、行波散射，这些散射机理与镜面反射或棱边绕射不同，其频率依赖性与目标几何结构参数很难分离表示，因此这些散射机理的频率依赖性一般不满足 $(\mathrm{j}k)^\alpha$ 形式。

2. 方位依赖性

散射中心散射幅度的方位依赖性的研究最先见于 1997 年，Potter 和 Moses[11] 依据边缘绕射解指出，散射中心随视线角度变化的特性可以采用 sinc 形式描述，对于窄角度成像的合成孔径雷达 (SAR) 成像而言，可以近似采用指数函数描述散射中心的视线角特性：$\exp(\beta\theta)$，这里 β 为角度依赖因子。1999 年，Gerry 等提出了属性散射中心模型 [16]，该模型中包含两种幅度描述函数：衰减指数 $\exp(-2\pi f\gamma\theta)$ 和 sinc 函数，分别对应局部型散射中心和分布型散射中心。分布型散射中心主要指由平面反射、单曲面反射、直棱边反射所形成的散射中心，其散射幅度仅在很窄角度范围内取值较大；局部型散射中心主要指由尖顶或曲边绕射形成的散射中心，其散射幅度方位角变化缓慢。属性散射中心模型是目前应用最为广泛的散射中心模型，据多种实践结果显示，该散射中心模型模拟的金属目标散射场与高频法计算结果有较好的一致性。

2004 年，Rigling 和 Moses 推导了双站模式下由球、盖帽结构、三面角、二面角、圆柱、平面所形成的双站散射中心的视线角依赖函数表示 [12]，指出三维散射可由两个二维散射 (方位面和俯仰面) 的乘积来近似表达。之后，Jackson 等对上述模型又进行了改进，幅度表达更加细化，包含了结构的尺寸参数 [17]。为了提高参数化模型的精度，2012 年，Jackson 利用几何光学 (GO) 和物理光学 (PO) 推导出二面角的三维双站散射的解析散射模型 [18]。2013 年，郭琨毅等给出了流线型曲面反射形成的散射中心模型 [19]，提出散射中心幅度随方位依赖性可由曲率半径描述，如果曲率半径参数未知，可采用有理多项式拟合。2017 年，李永晨等提出了利用高斯幅度相位 (GAP) 模型来统一描述多种不同类型散射中心的视线角依赖性 [20]。2017 年，郭琨毅等依据等效电磁流法提出了一种针对直边缘绕射的三维散射中心模型 [21]；2019 年，依据 PO 法推导了任意形状平面反射、任意截面柱体和锥体单曲面反射所形成的分布型散射中心模型 [22]；2020 年，推导了表面行波的散射中心模型 [7]。

3. 位置分布特性

散射中心的位置通常被视为相对于目标几何结构固定不变。然而，对于某些类型的散射中心，其位置并非固定，而是随雷达观测方位改变而变化。2004 年，Rigling 和 Moses 在推导金属球的双站散射中心时指出，散射中心的位置会在球面随双站角变化而移动 [12]。2010 年，Jackson 等给出了金属球面和柱面散射中心随双站角变化所引起的径向位置偏移 [17]。2011 年，Ma 等指出锥体底部曲边绕射所形成的散射中心，其位置随雷达观测方位的改变而在边缘上滑动，文中给出了该滑动型散射中心位置随视线角变化的解析表达 [23]。2018 年，郭琨毅等提出了流线型表面反射所形成的滑动散射中心，其位置可依据表面法线预估 [21]。2013 年，O′Donnell 等基于等效电磁流法推导了圆锥体上由环形槽散射所形成的散射中心的解析描述 [24]，该文指出，圆锥体环形槽的散射可以形成两个散射中心，分别位于环形槽与入射面相交于照明区和阴影区的两点。

对于隐身飞行器，在敏感观测角度下的单站散射回波源于弱散射成分，如尖顶绕射、曲边绕射、行波等。进气道也是隐身飞机的主要散射源之一。对于大双站角下，导弹类目标的行波、爬行波散射也成为较强的散射源。采用射线理论可以分析这些散射成分对应的等效散射中心位置。2014 年，郭琨毅等对弹头类目标上爬行波所形成的散射中心进行了研究，提出了双站雷达模式下由锥体上的爬行波散射成分所形成的散射中心模型，并给出了该类散射中心等效位置的表达 [4]；2015 年，进一步研究了曲面锥体上的爬行波散射成分所形成的散射中心模型，指出该类散射中心类似于滑动型散射中心 [6]；2021 年，进一步研究了圆柱深腔以及组合深腔散射中心的等效位置 [25]；2020 年，研究了行波成分对应的散射中心的等效位置 [7]。

爬行波、行波和深腔等效散射中心的位置非真实源的位置，一般超出目标体，但是这些散射中心的等效位置与雷达图像特征的分布是一致的，在一定条件下可以满足雷达应用需求。然而这些散射中心的幅度需要依靠全波法计算结果来提取。

隐身飞行器除了赋形设计外，还采用吸波材料涂覆进一步实现 RCS 缩减。因此介质、涂覆目标的散射中心研究具有很大应用需求。郭琨毅等研究了介质球的散射中心属性，探索了利用散射中心模型描述介质目标散射场的可行性 [26]；研究发现，介质体具有金属目标所没有的散射机理，如介质体内的多次反射、内表面波等，这些机理形成的散射中心位置与金属目标的散射中心位置分布特征不同，并非呈孤立或连续分布，而是呈周期性或非周期性离散分布；虽然散射中心的属性与金属目标存在不同，但是散射场仍可以沿用参数化模型描述。

4. 极化特性

散射中心的极化特性研究，相对于其他属性研究较少。散射中心极化特性研究一般分为两种方案，一种是通过电磁理论方法推导极化散射矩阵解析表达。例如：1997 年，Potter 和 Moses 将 8 种典型结构 (三角反射器、二面角反射、狭窄的双平面、偶极子、圆柱体、1/4 波、左螺旋、右螺旋) 的散射矩阵引入散射中心模型中 [11]；2012 年，Jackson 利用 GO 和 PO 法推导了二面角的三维双基地散射的解析散射模型，该模型中包括了同极化和交叉极化的表达 [18]；2018 年，郭琨毅等给出的直边缘绕射的散射中心模型 [21] 包含了极化特性描述；2019 年，闫华等基于 GO 推导了多次反射造成的极化方向偏转的解析表达，基于此提出了任意多平面结构的双站全极化参数化模型 [27]。

另一种是数值统计的方法。由于实际复杂目标结构与典型的几何结构差距较大，很难给出准确的全极化散射场描述，所以可从各极化通道的散射数据提取散射中心的极化矩阵参数。但是从各极化通道单独提取散射中心时，存在散射中心数量、位置不一致问题，代大海等 [28−30] 提出了基于相干极 GTD 全极化散射中心提取方法。

4.3 散射中心的模型

散射中心属性的数学模型表述，简称为散射中心模型。与数学意义上的拟合函数不同，散射中心模型中的属性表征函数 (频率、方位、极化依赖函数) 来源于典型结构体的散射机理。散射中心模型能以简要数学模型表征目标的 (频率、方位、极化) 散射特性，具有简洁性、物理性和扩展性。

简洁性体现在，扩展分布的等效源可以由一个带有分布表征函数的散射中心表示，而不用多个点目标模拟；物理性体现在，散射中心的属性参数与目标的物理参数 (几何、材料) 关联，散射中心的分布特征与雷达图像特征对应；扩展性体现在，基于散射中心模型可以预估扩展雷达参数 (频率、观测方位、极化) 下的目标散射回波和图像特征。散射中心参数化模型已成为雷达目标回波仿真与分析的简便而有效的手段。因此，与获得复合目标散射数据相比，建立复合目标散射中心参数化模型具有更普遍的应用意义。

4.3.1 金属目标的散射中心模型

目前国外公开文献中具有代表性的散射中心模型包括：衰减指数模型 [8,31]、基于 GTD 的模型 [9]、属性散射中心模型 [11]、滑动散射中心模型 [19,23] 等。这些散射中心模型的提出源于金属典型几何体的高频近似解，下面分别具体介绍。

1. 衰减指数模型

散射中心对频率依赖关系的衰减指数模型，其表达式如下：

$$E(f,\xi)=\sum_{i=1}^{N}A_i\exp(\gamma_i f)\exp(\beta_i\xi)\cdot\exp\left[\mathrm{j}2k\boldsymbol{r}_i\cdot\hat{\boldsymbol{r}}_{\mathrm{los}}\right] \tag{4.3.1}$$

式中，$i=1,\cdots,N$ 为散射中心序号；$\xi=(\theta,\phi)$ 为雷达视线 (LOS) 的欧拉角；γ_i 为散射中心幅度的频率依赖因子；β_i 为其方位依赖因子；$\boldsymbol{r}_i$ 为目标本地坐标系中的位置；$\hat{\boldsymbol{r}}_{\mathrm{los}}$ 为 LOS 的方向 (本地坐标下雷达的位置矢量方向)。

(4.3.1) 式可改写成符合 Prony 算法的形式，又称为 Prony 散射中心模型。衰减指数模型对于散射中心幅度的方位特性描述，采用指数函数形式，β_i 用于描述衰减的快慢，需要通过参数估计得到。

2. 基于 GTD 的散射中心模型

基于 GTD 的散射中心模型，如下式：

$$E(f)=\sum_{i=1}^{N}A_i\left(\mathrm{j}\frac{f}{f_{\mathrm{c}}}\right)^{\alpha}\exp\left(\mathrm{j}2k\boldsymbol{r}_i\cdot\hat{\boldsymbol{r}}_{\mathrm{los}}\right) \tag{4.3.2}$$

其中，α 为频率依赖因子，随散射中心的形成机理而不同，α 为 1/2 的整数倍，对于典型的散射体结构，其取值对应如表 3.2.1 和表 3.2.2 所示；k 为入射波波数；f_{c} 为中心频率。该模型概括了由镜面散射、边缘绕射、角绕射等所形成的散射中心的频率依赖性，但没有给出散射中心随观测方位变化的依赖关系。

3. 属性散射中心模型

在基于 GTD 的散射中心模型的基础上，属性散射中心模型增加了对散射中心幅度与散射中心类型、雷达观测方位关系的描述，该模型包含两个幅度的描述函数：指数衰减函数和 sinc 函数，分别对应局部型散射中心 (LSC) 和分布型散射中心 (DSC)。DSC 主要包括平面反射、柱面反射等；LSC 主要指角绕射、边缘绕射等。属性散射中心模型的数学表达式如下 (编入本书时稍有调整)：

$$\begin{aligned}E^{\mathrm{s}}(\xi,f)=&\sum_{i=1}^{N}A_i\left(\frac{\mathrm{j}f}{f_{\mathrm{c}}}\right)^{\alpha_i}\exp\left[\mathrm{j}2k\left(\boldsymbol{r}_i\cdot\hat{\boldsymbol{r}}_{\mathrm{los}}(\xi)\right)\right]\\&\cdot\exp\left(-2\pi f\gamma_i\left|\sin\xi-\tilde{\xi}_i\right|\right)\mathrm{sinc}\left(kL_i\sin\left(\xi-\bar{\xi}_i\right)\right)\end{aligned} \tag{4.3.3}$$

其中，$\gamma_i(\geqslant 0)$ 为局部型散射中心的幅度衰减因子；$\tilde{\xi}_i$ 为局部散射中心方位的主散射方向；L_i 表示分布型散射中心的长度，对于局部型散射中心，$L_i=0$；$\bar{\xi}_i$ 表示散射中心的可观测角度。

4. 滑动散射中心模型

滑动型散射中心 (SSC) 的主要散射机理为曲面的镜面反射和曲面绕射。由曲面的镜面反射所形成的 SSC 幅度较强，呈现出与 LSC 和 DSC 不同的特点。由于目标表面法向，随着入射方向的改变，有效反射位置也会改变，所以散射中心的等效位置会在表面滑动。基于减小空气阻力和隐身方法的考虑，飞行器往往被设计为流线型结构，因此滑动散射中心成为该类目标常见的散射中心。滑动型散射中心模型，见下式 (编入本书时稍有调整)：

$$E^{\mathrm{s}}(\xi, f; \vartheta) = \sum_{i=1}^{N} A_i \left(\frac{\mathrm{j}f}{f_{\mathrm{c}}}\right)^{\alpha} \exp\left(\mathrm{j}2k\left(\boldsymbol{r}_i(\xi) \cdot \hat{\boldsymbol{r}}_{\mathrm{los}}(\xi)\right)\right) \tag{4.3.4}$$

式中，A_i 为幅度依赖项，在高频区可以近似表示为 $A_i = \sqrt{c_1(\xi)\, c_2(\xi)}$，这里 $c_1(\xi), c_2(\xi)$ 为反射点处曲面的曲率；$\boldsymbol{r}_i(\xi)$ 为滑动散射中心的位置矢量，相关数值可通过以下方程组获得：

$$\begin{cases} F(x_i, y_i, z_i) = 0 \\ \hat{\boldsymbol{n}}(x_i, y_i, z_i) \times \hat{\boldsymbol{r}}_{\mathrm{los}} = 0 \end{cases} \tag{4.3.5}$$

其中，$F(\cdot)$ 为目标表面方程；$\hat{\boldsymbol{n}}(x_i, y_i, z_i)$ 为表面某点的法向量，仅当雷达视向与表面法向重合时，该点为反射点位置也即滑动型散射中心位置。

当曲面的几何参数未知时，基于模型的参数估计方法 (MBPE) 的基本原理，可采用有理多项式形式对幅度起伏的描述 A_s，见 (4.3.6) 式。相比于常见的泰勒展开型多项式，该多项式形式能够近似描述具有极点和奇异点的复杂方程的变化趋势，且在同样的计算量下，有理多项式的估计误差小于普通多项式。

$$A_s = \frac{\displaystyle\sum_{i=0}^{n} P_i \xi^i}{\displaystyle\sum_{i=0}^{m-1} Q_i \xi^i + \xi^m} \tag{4.3.6}$$

上述 SSC 模型中，有理多项式系数需要通过最优匹配估计而获得。m 和 n 分别为 $\boldsymbol{P} = \begin{bmatrix} P_1 & P_2 & \cdots & P_n \end{bmatrix}$ 和 $\boldsymbol{Q} = \begin{bmatrix} P_1 & P_2 & \cdots & P_n \end{bmatrix}$ 的多项式阶数。对于给定的 $m+n$ 值，当 $m=n$ 或 $|m-n|=1$ 时能够获得最佳的近似结果。随着 m 和 n 值的增大，有理多项式的复杂度也随之增加，虽然理论上能够获得更高精度的近似结果，但同样意味着更大的计算量以及参数估计时间，也会导致陷入局部最优的风险。因此，针对不同散射中心幅度变化的复杂程度，有理多项式阶数的选择需要多次尝试以确定最佳数值。

4.3.2 介质目标的散射中心模型

由于介质目标比相同几何结构的金属目标包含更多的散射成分，而且散射机理也存在差异，所以基于金属目标散射机理建立的模型并不适用于介质目标。目前介质目标的散射中心研究结果还不是十分完善，针对介质球、介质薄板和薄涂层等典型结构有了初步的研究。

基于 1.1.4 节可知，介质球的散射中心主要包括：FASC、RASC、GSC 和 ISSC，下面给出模型表示。介质薄板和薄涂层目标的散射中心模型可参考文献 [32] 和文献 [33]。

1. FASC

根据 (1.1.31) 式，FASC 幅度可以表示如下：

$$A = -\frac{R_{12}}{2}\left(1 - \mathrm{j}ka\left(1 - \frac{\mathrm{j}}{3ka}\right)\right) \cdot \frac{\cos\phi}{\mathrm{j}k} \tag{4.3.7}$$

其中，$R_{12} = -(m-1)/(m+1)$，为电磁波从真空垂直入射到球面上的反射系数，这里 $m = \sqrt{\varepsilon_{\mathrm{r}}}$；$\phi$ 表示散射方向与入射方向的夹角，当 $\phi = \pi$ 时表示后向观测。

高频条件下，ka 较大，上式可以近似为：$A \approx -R_{12}a/2$。FASC 散射中心的数学模型为

$$E_{\mathrm{F}}^{\mathrm{s}} = R_{12}\frac{a}{2}\exp\left(2\mathrm{j}k\boldsymbol{r}_{\mathrm{F}} \cdot \hat{\boldsymbol{r}}_{\mathrm{los}}\right) \tag{4.3.8}$$

其中，$\boldsymbol{r}_{\mathrm{F}}$ 表示电磁波最先达到的球体局部表面位置矢量，即 FASC 的位置矢量，如图 1.1.17 所示。当球体的中心为坐标系原点时，$\boldsymbol{r}_{\mathrm{F}} = a\hat{\boldsymbol{r}}$。

2. RASC

依据 (1.1.39) 式，RASC 散射中心数学模型可表示为

$$E_{\mathrm{R}}^{\mathrm{s}} = \sum_{q=2,4,6,\cdots}^{\infty} \frac{a}{2}T_{12}R_{21}^{2p-1}T_{21}\mathrm{j}^{q}\exp\left(2\mathrm{j}k\boldsymbol{r}_{\mathrm{R}} \cdot \hat{\boldsymbol{r}}_{\mathrm{los}}\right)\exp\left[-\mathrm{j}2ka\left(qm-1\right)\right] \tag{4.3.9}$$

其中，$T_{12} = \dfrac{2}{m+1}$，$T_{21} = \dfrac{2m}{m+1}$ 分别为电磁波从真空垂直入射到球面上的折射系数、从球内垂直入射到真空的折射系数；$\boldsymbol{r}_{\mathrm{R}}$ 表示 RASC 的位置矢量，当球体的中心为坐标系原点时，$\boldsymbol{r}_{\mathrm{R}} = a(1-pm)\hat{\boldsymbol{r}}$。

3. GSC

依据 (1.1.32) 式，GSC 的幅度项可表示为

$$A_N = \frac{\cos\phi}{k}\sqrt{\frac{\pi}{b}}\sin\alpha_{\mathrm{G}}\cos\alpha_{\mathrm{G}}\left(ka\right)^2\left(-1\right)^N Q\left(\alpha_{\mathrm{G}}\right) \tag{4.3.10}$$

其中，$b = \dfrac{x}{2}f''\left(\alpha_{\mathrm{G}}\right)$，$Q\left(\cdot\right)$ 见 (1.1.33) 式。$Q\left(\cdot\right)$ 可进一步表示为

$$Q\left(\alpha\right) = \frac{1}{2} \cdot T_{12}^{\perp} \cdot T_{21}^{\perp} \cdot \left(R_{21}^{\perp}\right)^{p-1} - \frac{1}{2} \cdot T_{12}^{\parallel} \cdot T_{21}^{\parallel} \cdot \left(R_{21}^{\parallel}\right)^{p-1} \tag{4.3.11}$$

其中，$T_{12}^{\perp} = \dfrac{2\cos\alpha}{n\cos\beta + \cos\alpha}$，$T_{21}^{\perp} = \dfrac{2n\cos\beta}{n\cos\beta + \cos\alpha}$，$R_{21}^{\perp} = \dfrac{n\cos\beta - \cos\alpha}{n\cos\beta + \cos\alpha}$，$T_{12}^{\parallel} = \dfrac{2\cos\alpha}{\cos\beta + n\cos\alpha}$，$T_{21}^{\parallel} = \dfrac{2n\cos\beta}{\cos\beta + n\cos\alpha}$，$R_{21}^{\parallel} = \dfrac{\cos\beta - n\cos\alpha}{\cos\beta + n\cos\alpha}$，分别是垂直极化

和平行极化电磁波从真空入射到球面上时的折射系数及从球内入射到真空时的折射系数、反射系数。则 GSC 散射中心的数学模型可表示为

$$E_{\mathrm{G}}^{\mathrm{s}} = \sum_{p,N} \mathrm{j}^{p-1} A_N \exp\left[\mathrm{j}kaf\left(\alpha_{\mathrm{G}}\right)\right] = \sum_{p,N} \mathrm{j}^{p-1} A_N \exp\left(2\mathrm{j}k\boldsymbol{r}_{\mathrm{G}} \cdot \hat{\boldsymbol{r}}_{\mathrm{los}}\right) \tag{4.3.12}$$

其中，$f(\cdot)$ 见 (1.1.34) 式。当球体的中心为坐标系原点时，$\boldsymbol{r}_{\mathrm{G}} = -(\cos\alpha - mp\cos\beta)\cdot\hat{\boldsymbol{r}}_{\mathrm{los}}$。需要注意的是，只有特定 p 和 N 能满足 GSC 的形成条件。

4. ISSC

内表面爬行波的定向的幅度描述非常复杂，见 (1.1.41) 式。ISSC 幅度随在球面爬行的距离越长，则衰减越大，文献 [32] 从定性描述角度给出了一个简单的指数衰减形式，如 (4.3.13) 式。假设在球内的反射系数为 δ，则 ISSC 散射中心的幅度项可以表述为

$$A_{N,p} = A_0 \delta^{p-1} \exp\left(-\gamma \frac{L_{\mathrm{creep}}}{\lambda}\right) \tag{4.3.13}$$

其中，$L_{\mathrm{creep}} = a(2N-1)\pi - pa(\pi - 2\beta_s)$ 为电磁波的爬行距离，这里 β_s 为掠入射的折射角；δ 为球内表面的反射系数；A_0 和 γ 是待估参数。

考虑到 ISSC 的等效传播路程包括了表面爬行路径和介质内部的弦长路径 (详见 1.1.4 节)，如 (4.3.14) 式所示，因此 ISSC 的散射中心的数学模型可表示为 (4.3.15) 式。

$$L = a\left\{(2N-1)\pi - p\left[(\pi - 2\beta_l) - 2n\cos\beta\right]\right\} \tag{4.3.14}$$

$$E_{\mathrm{IS}}^{\mathrm{s}} = \sum_{p,N} A_p \exp\left(2\mathrm{j}k\boldsymbol{r}_{\mathrm{I}} \cdot \hat{\boldsymbol{r}}_{\mathrm{los}}\right) \tag{4.3.15}$$

其中，$\boldsymbol{r}_{\mathrm{I}} = -L\hat{\boldsymbol{r}}_{\mathrm{los}}$。

4.4 散射中心的类型

为了清晰说明散射中心的属性特点，依据散射中心幅度和位置的方位依赖性将复杂目标的散射中心分为三类：局部型散射中心 (LSC)，分布型散射中心 (DSC) 和滑动型散射中心 (SSC)。以下分别就三类散射中心的成因、属性特点以及数学模型进行介绍。

4.4.1 局部型散射中心

局部型散射中心的形成机理通常为尖顶绕射，其散射机理见 2.1.6 节。该类散射中心位置固定，可观察角度范围较宽，而且幅度随观察角度起伏缓慢，与理

想散射中心最相似。此类散射中心符合传统的散射中心定义，也是早期点目标模型的延续和发展。此类散射中心对于提取目标尺寸和运动参数等具有重要应用价值。

该类散射中心模型表示如下：

$$E^{\mathrm{s}}(f,\xi)=A\left(f,\xi\right)\exp\left(\mathrm{j}2k\boldsymbol{r}_i\cdot\hat{\boldsymbol{r}}_{\mathrm{los}}\right) \tag{4.4.1}$$

式中，$A\left(f,\xi\right)$ 为散射中心的幅度项。局部散射中心幅度虽然较小，但优势起伏变化比较复杂，一般可用两种数学模型对其进行描述。第一种较为简单，利用衰减指数模型来描述，见 (4.4.2) 式。第二种是采用多项式描述方位依赖性，如有理多项式，见 (4.3.6) 式。多项式适用于精度要求较高的场合，然而高精度的代价是模型复杂度的增大。

$$A\left(f,\xi\right)=A_0\left(\mathrm{j}\frac{f}{f_{\mathrm{c}}}\right)^{-1}\exp\left(-2\pi f\gamma\left|\sin\xi\right|\right) \tag{4.4.2}$$

其中，A_0 和 γ 为未知参数 (正实数)，需要通过最优估计而获得 (详见 4.5.1 节)。

4.4.2 分布型散射中心

分布型散射中心的散射机理多为平面、单曲面反射和直棱边绕射，其散射机理见 2.1.1 节、2.1.2 节和 2.1.4 节。从散射机理可知，分布型散射中心可观测的角度范围较窄，散射中心呈扩展性分布在目标上，因此在雷达回波中形成时间上的“快闪”，而在呈现空间上为分布型的散射中心。研究发现，锥体目标侧面上的爬行波绕射也可形成此类散射中心 [6]。

由平面反射、单曲面反射和直棱边绕射形成的散射中心，虽然属于分布型散射中心，但是由于其散射机理的差异，其幅度特性也不同，则需要采用不同的数学模型表述。参考典型几何体的散射机理分析 (见第 2 章)，下面给出了常见几种情况下的数学模型。

✧ 矩形平面反射所形成 DSC 的幅度表示见下式：

$$A_{\mathrm{rect}}\left(f,\xi\right)=A_0ab\left(\mathrm{j}\frac{f}{f_{\mathrm{c}}}\right)^{1}\cos\theta\,\mathrm{sinc}\left(ak\sin\theta\cos\phi\right)\mathrm{sinc}\left(bk\sin\theta\sin\phi\right) \tag{4.4.3}$$

其中，矩形平面的长和宽分别为 a 和 b。平面和入射方向的相对姿态如图 1.2.1 所示。

✧ 圆盘反射所形成 DSC 的幅度表示为

$$A_{\mathrm{disc}}\left(f,\xi\right)=A_0\pi a^2\left(\mathrm{j}\frac{f}{f_{\mathrm{c}}}\right)^{1}\frac{\mathrm{J}_1\left(2ka\sin\theta\right)}{\tan\theta} \tag{4.4.4}$$

其中，圆盘半径为 a；$\mathrm{J}_1(\cdot)$ 为第一类贝塞尔函数。圆盘和入射方向的相对姿态如图 1.2.4 所示。

✧ 柱面反射所形成 DSC 的幅度表示为

$$A_{\text{cyli}}(f,\xi)=A_0\left(\mathrm{j}\frac{f}{f_{\mathrm{c}}}\right)^{0.5}l\sqrt{a\sin\theta}\,\mathrm{sinc}\left(kl\cos\theta\right) \tag{4.4.5}$$

其中，圆柱高度为 l；截面半径为 a。圆柱和入射方向的相对姿态如图 1.2.9 所示。

✧ 锥面反射所形成 DSC 的幅度表示为

$$A_{\text{cone}}(f,\xi)=A_0\left(\mathrm{j}\frac{f}{f_{\mathrm{c}}}\right)^{0.5}\sqrt{R\sin\gamma\frac{\tan(\theta-\gamma)}{\sqrt{\sin\theta}}} \tag{4.4.6}$$

其中，圆锥侧面母线长度为 R；γ 为半锥角。圆锥和入射方向的相对姿态如图 1.2.12 所示。

✧ 直棱边绕射 DSC 的幅度表示为 (平行极化)

$$A_{\text{edge}}(f,\xi)=A_0\left(\mathrm{j}\frac{f}{f_{\mathrm{c}}}\right)^{0}L\,\mathrm{sinc}(k\cos\theta L)\left[\mathit{\Gamma}(\phi)+\mathit{\Gamma}(N\pi-\phi)\right] \tag{4.4.7}$$

$$\mathit{\Gamma}(k,\phi)=\frac{\sin\phi U(\pi-\phi)}{\cos\phi+\mu}+\frac{\dfrac{1}{N}\sin\left(\dfrac{\phi}{N}\right)}{\cos\left(\dfrac{\pi-\alpha}{N}\right)-\cos\left(\dfrac{\phi}{N}\right)} \tag{4.4.8}$$

其中，棱边长度为 L；$N=2-\alpha/\pi$，这里 α 为内劈角；$U(\cdot)$ 为单位阶跃函数；$\mu=\cos\alpha$。直棱边和入射方向的相对姿态如图 2.1.2 所示。

4.4.3 滑动型散射中心

滑动型散射中心的主要散射机理包括双曲面反射和曲棱边绕射，其散射机理分别见 2.1.3 节和 2.1.5 节。虽然同为滑动型散射中心，但双曲面反射和曲棱边绕射所形成的散射中心在散射幅度的频率和方位依赖性上存在显著差异，在数学建模时要区别对待。下文给出了一些典型结构 SSC 的幅度特性描述。

✧ 双曲面反射所形成的 SSC 的幅度表示为

$$A_{\text{double-curv}}(f,\xi)=A_0\sqrt{c_1(\xi)\,c_2(\xi)} \tag{4.4.9}$$

其中，$c_{1,2}(\xi)$ 表示在雷达入射方位角 ξ 下双曲面有效反射点处的表面曲率。例如，球体和类椭球体反射所形成的 SSC 的幅度表示分别见 (4.4.10) 式和 (4.4.11) 式。

$$A_{\text{sphere}}(f,\xi)=A_0a \tag{4.4.10}$$

其中，a 为球体半径；$A_0 \approx 1/2$。

$$A_{\text{ellip}}(f,\xi) = A_0 \frac{abc}{a^2 \sin^2\theta \cos^2\phi + b^2 \sin^2\theta \sin^2\phi + c^2 \cos^2\theta} \tag{4.4.11}$$

其中，a、b、c 分别为类椭球三个正交轴的半径。类椭球和入射线的相对姿态如图 3.1.1 所示。

✧ 曲棱边 (如圆锥的底面边缘) 形成的 SSC 的幅度表示为

$$\begin{aligned} A_{\text{edge-curv}}(f,\xi) = {} & A_0 \left(\mathrm{j}\frac{f}{f_\mathrm{c}}\right)^{-0.5} \frac{\sqrt{a}\sin\dfrac{\pi}{N}}{N\sqrt{\sin\theta}} \\ & \cdot \left[\left(\cos\frac{\pi}{N} - 1\right)^{-1} \mp \left(\cos\frac{\pi}{N} - \cos\frac{\pi+2\theta}{N}\right)^{-1}\right] \end{aligned} \tag{4.4.12}$$

其中，$N = 2 - \alpha/\pi$，这里的 α 为构成曲边的两个面的夹角。当电场与入射面平行时，上式“$\mp$”符号取“$-$”，否则取“$+$”。曲棱边与雷达视线的关系如图 2.1.4 所示。

4.5 散射中心的分析方法

散射中心分析的目的是获得散射中心的位置分布、散射幅度、相位、极化特征等，服务于雷达回波信号处理过程及结果分析。本节重点介绍散射中心分析的两类方法。

第一类为机理分析法：依据目标的几何结构，结合典型几何机构的散射机理 (如平面反射、单曲面反射、双曲面反射、直棱边绕射、曲棱边绕射、尖顶绕射等)，预估散射中心位置、幅度描述的函数形式，之后再依据计算或测量得到的总场数据将模型中未知参量估计得出。该类方法通过逆向估计获得散射中心的贡献，因此被归类为逆向方法。

第二类为数值分析法：直接依据高频近似法 (如弹跳射线法、几何绕射理论、边缘电磁流法等)，分别计算得到平面反射、曲面反射、直棱边绕射、曲棱边绕射等对应散射成分的散射场，再依据此结果，拟合得到散射中心模型。高频近似法存在精度限制问题，为了提高散射中心建模的精度，还可采用全波数值法代替高频近似法，通过将全波法计算得到的等效电磁流分区，再基于各分区的散射场数值结果，最后拟合得到散射中心模型。该类方法通过正向计算获得散射中心的贡献，因此常被归类为正向方法。

相比于数值分析法，机理分析法优势在于可以利用射线理论方便地预估散射中心的位置，然而散射幅度需要从计算或测量得到的总场中估计得到，因此幅度的精度受到估计算法以及各散射中心成分相互干扰的影响。数值分析法的优势在于直接获得散射成分的散射场数据，而不是借助于总场数据进行参数估计。通过合理分区以及采用全波法计算，可以获得较为精确的幅度数值结果，但是散射中心位置需要从各分区散射回波中提取或利用机理分析法预估。下文详细介绍这两种方法。

4.5.1 机理分析法

机理分析法适用于由典型几何结构 (如平面、单曲面、双曲面、直棱边、曲棱边、尖顶) 构成的扩展目标，如弹头 (忽略细微结构、腔体、介质材料)、飞机等。我们以扩展翼无人机为例，介绍机理分析法的散射中心建模过程。无人机的几何结构如图 4.5.1 所示。

图 4.5.1 无人机的几何结构

➢ 第一步：基于几何结构和散射机理预估散射中心类型及位置。

依据飞机的几何外形以及典型几何体的散射机理，预估出可能出现的散射中心及位置。对这些散射中心进行分类和标记，如图 4.5.2 所示。例如：平面结构对应 DSC；单曲面结构对应 DSC；直棱边结构对应 DSC；尖顶结构对应 LSC；双曲面结构对应 SSC；曲棱边结构对应 SSC。各典型结构、散射中心类型、分布方式、等效位置，如表 4.5.1 所示。依据几何结构和散射机理预估得到的散射中心类型及位置分布，如图 4.5.2 所示。

➢ 第二步：选取合适的散射中心数学模型。

依据各散射中心对应的散射机理，选取适合的散射幅度函数，即频率和方位依赖函数。各散射中心类型及其频率、方位依赖函数，如表 4.5.2 所示。

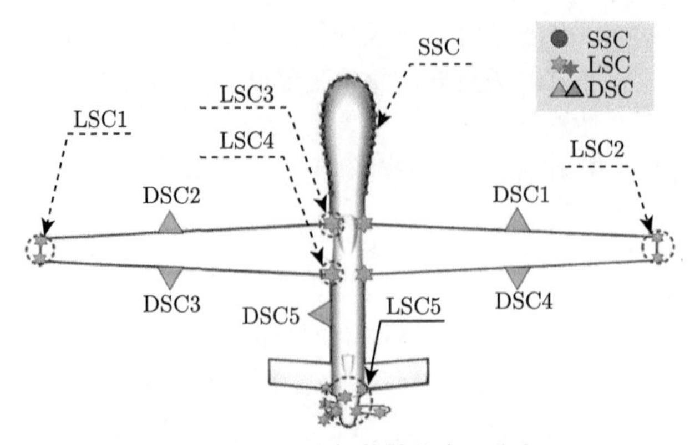

图 4.5.2　无人机的散射中心分布

表 4.5.1　各散射中心的等效位置分布

类型	散射中心位置
LSC	尖顶　小圆顶
DSC	平面　单曲面　直棱边
SSC	曲棱边　双曲面

表 4.5.2　各散射中心类型及其频率、方位依赖函数

几何结构	散射机理	散射中心类型	依赖关系 $A(f,\xi)$
矩形平面	镜面反射	DSC	$\left(\mathrm{j}\dfrac{f}{f_c}\right)^{1}\cos\theta\,\mathrm{sinc}\,(ak\sin\theta\cos\phi)\,\mathrm{sinc}\,(bk\sin\theta\sin\phi)$
圆形平面	镜面反射	DSC	$\left(\mathrm{j}\dfrac{f}{f_c}\right)^{1}\mathrm{J}_1\,(2ka\sin\theta)\arctan\theta$
圆柱面	镜面反射	DSC	$\left(\mathrm{j}\dfrac{f}{f_c}\right)^{0.5}\sqrt{\sin\theta}\,\mathrm{sinc}\,(kl\cos\theta)$
圆锥面	镜面反射	DSC	$\left(\mathrm{j}\dfrac{f}{f_c}\right)^{0.5}\tan(\theta-\gamma)\sin^{-0.5}\theta$
直棱边	绕射	DSC	$\mathrm{sinc}(k\cos\theta L)\,[\Gamma(\phi)+\Gamma(N\pi-\phi)]$
双曲面	反射	SSC	$\sqrt{r_1(\xi)\,r_2(\xi)}$，或当曲率半径参数未知时，可采用多项式描述
曲棱边	绕射	SSC	$\left(\mathrm{j}\dfrac{f}{f_c}\right)^{-0.5}\sin^{-0.5}\theta\left[\left(\cos\dfrac{\pi}{n}-1\right)^{-1}\mp\left(\cos\dfrac{\pi}{n}-\cos\dfrac{\pi+2\theta}{n}\right)^{-1}\right]$
尖顶	绕射	LSC	散射场幅度随方位无变化或近似为缓慢的指数形式：$\left(\mathrm{j}\dfrac{f}{f_c}\right)^{-\alpha}\exp\left[-\beta\lvert\xi-\xi_0\rvert\right]$

则目标整体散射场可表示为

$$E^{\mathrm{s}}(f,\xi)=\sum_{i=1}^{N}A_i^0A_i\left(f,\xi\right)\exp\left(\mathrm{j}2k\boldsymbol{r}_i\cdot\hat{\boldsymbol{r}}_{\mathrm{los}}\right) \tag{4.5.1}$$

其中，A_i^0 为复常数，表示第 i 个散射中心的幅度，需要估计得到。

建立好上述模型后，在参数估计之前，需要检查各散射中心预估位置的正确性。检验方法理论上需采用三维成像，实际上采用不同观测角度下的二维高分辨雷达图像、一维距离像历程图或者单频回波的时间–多普勒图 (时频像) 即可。由于时频像所需的数据量很少，仅需单频扫角回波数据，所以常被优先采用。其判断散射中心位置的原理如下。

目标转动时 (或者目标不动，雷达绕目标本地坐标系中心沿圆周轨迹观测)，其散射中心的多普勒频率可表示为

$$f_{\mathrm{D}i}\left(t\right)=\frac{2f}{c}\frac{\mathrm{d}\left(\hat{\boldsymbol{r}}_{\mathrm{los}}\cdot\boldsymbol{r}_i\right)}{\mathrm{d}t}=-\frac{2}{\lambda}r_i\sin\zeta\frac{\mathrm{d}\zeta}{\mathrm{d}t}+\frac{2}{\lambda}\cos\zeta\frac{\mathrm{d}r_i}{\mathrm{d}t} \tag{4.5.2}$$

其中，$\hat{\boldsymbol{r}}_{\mathrm{los}}\cdot\boldsymbol{r}_i=r_i\cos\zeta$。当目标匀速转动时，$\zeta=\omega t$，此时多普勒频率可表示为

$$f_{\mathrm{D}i}\left(t\right)=-\frac{2}{\lambda}r_i\omega\sin\zeta+\frac{2}{\lambda}\cos\zeta\frac{\mathrm{d}r_i}{\mathrm{d}t} \tag{4.5.3}$$

当散射中心固定在目标上时，$\mathrm{d}r_i/\mathrm{d}t=0$，由式 (4.5.3) 可知，多普勒曲线呈正弦曲线形式。当散射中心位置随观测方位变化在目标上滑动时，多普勒曲线不再是正弦变化形式。需要注意的是，多普勒曲线可以反映出散射中心位置沿视线方向投影的变化，而不是散射中心的三维空间位置。为了验证其三维位置的准确性，需要采用不同视线方向下的多普勒频率。此外，需要注意的是，多普勒频率反映的是投影距离的变化率，而非距离变化的绝对值。当需要确定散射中心的绝对位置时，需要依据测距结果进行标定。

图 4.5.3 和图 4.5.4 分别给出了全波法计算回波的时频像和预估散射中心位置的多普勒频率曲线。从图中可以看出，时频像中较为明显的多普勒频率特征与预估散射中心的多普勒频率曲线吻合很好。时频像中大多数多普勒频率特征与多普勒频率曲线相比是不完整的、断续的，仅在部分角度范围内出现，这是由散射中心幅度的方位依赖性和遮挡问题所致。虽然如此，仍可以利用时频像中多普勒频率特征与多普勒频率曲线的相似程度检验位置预估的可靠性。

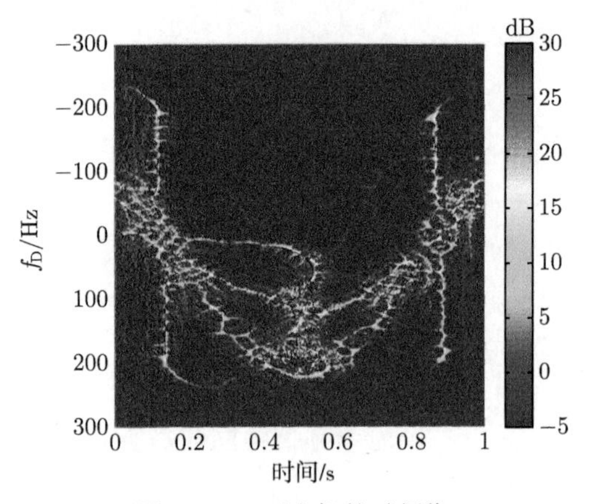

图 4.5.3　无人机的时频像

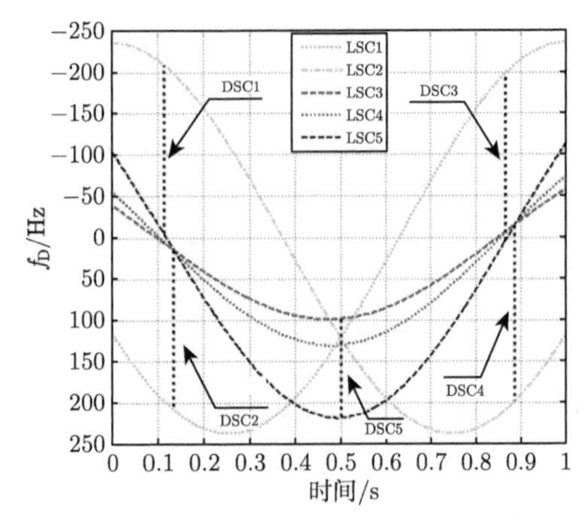

图 4.5.4　无人机预估散射中心位置的多普勒频率曲线

➢ 第三步：利用计算或测量得到的目标散射场数据，估计散射中心依赖函数中的待定参数。

参数提取方法分为两大类：非参量方法和参量方法。非参量方法是指不通过建立散射中心模型，直接采用算法从雷达图像中估计散射中心幅度参数，该方法常用采用点目标模型。点目标成像后为尖脉冲，图像显示为亮点，因此可以从高分辨率雷达图像中提取投影位置和幅度。然而，正如之前所述，目标的散射中心具有复杂的属性，其中方位依赖性对成像结果影响最大。此外，复杂目标散射中心数目较多，各散射中心在雷达图像中相互交叠，也不利于直接提取参量。

参量方法是指通过建立带属性的散射中心模型，采用多维参数估计方法提取散射中心参数。目前常采用的参量估计方法为最优估计法。最优估计法的原理是，建立最优匹配的适应度函数即目标函数，再按照位置、类型、散射幅度等各分离变量对散射中心模型的各参数解耦合。为了得到精度较高的估计值，此类算法需要通过循环迭代的方式来优化，计算复杂度高。常用的算法有：遗传算法、粒子群算法等。此类方法要求设定的模型必须能正确地表述实际问题，选择的目标函数必须保证可搜索得到最优解。该方法的不足在于，必须已知正确的数学模型、恰当地选取目标函数、待定参数数目少，否则容易陷入局部最优解。

下面介绍用 MATLAB Optimization 工具箱使用遗传算法估计散射中心模型参数的过程。首选，在 App 选项卡启动 Optimization 工具。在 Solver 中可以选择不同的求解器和算法，ga-Genetic Algorithm。在优化问题描述中可以设置适应度函数 (fitness function)，即目标函数。

遗传算法应用的关键在于目标函数的构造。首先，需要明确散射中心参数最优的含义，即最优参数下散射中心模型所描述的回波与目标的真实回波达到最佳逼近。依据不同的应用需求，该最优条件又可描述为：散射中心模型所模拟的回波与真实回波 (或回波后处理结果) 达到最佳逼近。常见的目标函数构造常采用如下方式：一维数据最优匹配，如 RCS(均方根) 误差最小、一维距离像相似度最高；二维图像相似度最高，如 SAR 或 ISAR 雷达图像、时频像、一维距离像历程图等。依据不同的雷达功能，也可采用相应的后处理输出形式，如角闪烁线偏差等。值得一提的是，角闪烁线偏差的模拟对散射中心参数的敏感度最高，因此对散射中心参数估计的精度要求最为严苛。上述目标函数构造中，一维或二维成像结果可以较为直观地反映出散射中心的位置、幅度、类型等信息，因此目前常用于构造目标函数，这样散射中心参数估计的最优问题转换为图像最优匹配问题。

基于图像灰度相关的匹配方法有最小误差法和相关系数法，前者强调两幅图像之间的差别程度，后者强调两幅图像之间的相似程度。最小误差法的思想是计算两幅图像的均方根误差最小：

$$\varepsilon(\vartheta)=\sum_{m=1}^{M}\sum_{n=1}^{N}\sqrt{S_{\vartheta}^{2}(m,n)-S_{r}^{2}(m,n)} \tag{4.5.4}$$

其中，$M\times N$ 为图像大小；ϑ 为散射中心参数集，如幅度参数、频率依赖参数、分布长度参数等；S_{ϑ} 为散射中心模型模拟回波的成像结果 (灰度)；S_r 为目标真实回波的成像结果 (灰度)。当 ε 为最小值时，即得 ϑ 估计结果。该算法原理简单，但该算法中图像的每一点对匹配结果作出的贡献相同，易受个别点噪声等因素的影响。

相关系数法的思想是计算两幅图像的相关系数：

$$R(\vartheta) = \frac{\sum_{m=1}^{M}\sum_{n=1}^{N}(S_{\vartheta}(m,n)-\bar{S}_{\vartheta})(S_r(m,n)-\bar{S}_r)}{\sqrt{\sum_{m=1}^{M}\sum_{n=1}^{N}(S_{\vartheta}(m,n)-\bar{S}_{\vartheta})^2 \cdot \sum_{m=1}^{M}\sum_{n=1}^{N}(S_r(m,n)-\bar{S}_r)^2}} \tag{4.5.5}$$

式中，

$$\bar{S}_{\vartheta} = \frac{1}{MN}\sum_{m=1}^{M}\sum_{n=1}^{N}S_{\vartheta}(m,n) \tag{4.5.6}$$

$$\bar{S}_r = \frac{1}{MN}\sum_{m=1}^{M}\sum_{n=1}^{N}S_r(m,n) \tag{4.5.7}$$

相关系数 R 在 $[-1\ 1]$，衡量两幅图像的相似性。当相关系数取得最大值时，即得 ϑ 估计结果。Optimization 工具中的目标函数约定为 0 最优。因此, 上述两种匹配方法的目标函数可以表示为

$$\mathrm{OF} = \varepsilon(\vartheta) \tag{4.5.8}$$

$$\mathrm{OF} = -R(\vartheta) + 1 \tag{4.5.9}$$

则此时的目标函数值越接近 0，代表相关系数越接近 1，两幅图的相似程度越高。经多次仿真实验发现，对图形进行匹配优化要处理大量的图像特征信息，速度较慢。在一幅雷达图像中，若有效的图像特征较少 (如散射中心稀疏的情况)，在匹配初期，我们可以先提取图像中有效特征，只对这些特征图像进行匹配，这样可以加快匹配速度。但毕竟这些特征上的信息量有限，匹配后期还是应该要将目标函数变成全图的匹配优化，才能得到理想的结果。

4.5.2 数值分析法

数值分析法可以分为基于高频近似法的数值分析法和基于严格方法的数值分析法。前者通常对于由大尺度结构的光滑表面和棱边构成的目标非常有效，而对于存在较多小尺度结构的目标 (尖顶、缝隙、不规则边缘、腔体等)，或者散射中心建模要求较高的场合，则需要采用基于严格方法的数值分析法。本节仍以无人机为例，介绍散射中心的数值分析法。

基于高频近似法的分析方法，简单易行，可以概括为三步：① 几何结构分解，将目标的复杂结构分解为面、边；② 散射场计算，利用弹跳射线法、PO 或 GO 计算面的反射成分，利用 GTD 或物理绕射理论 (PTD) 方法计算边缘绕射成分；③ 散射中心数学模型拟合，即利用计算得到的各部分的散射场数值结果进行函数拟合，得到散射中心的数学模型。感兴趣的读者可参考文献 [7]，[24]，[25]。

本节重点介绍基于严格方法的散射中心数值分析法。

➢ 第一步：几何结构分解。

第一步与基于高频近似法的分析方法相似，先将目标的复杂结构分解。严格方法考虑的几何结构更为丰富，包括面、边以及小尺度不可分辨结构。面又细分为平面、单曲面、双曲面，边也再细分为曲边、直边。如图 4.5.5 所示。

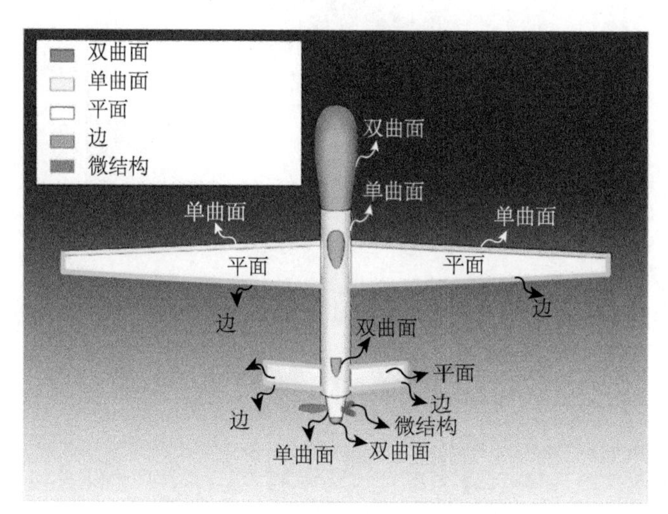

图 4.5.5 无人机的几何结构分解

本书采用了多层快速多极子方法计算等效面电流，无人机上等效面电流幅度和相位分布分别见图 4.5.6 和图 4.5.7。入射波频率为 1GHz，入射方向为 $\theta = \pi/2; \phi = \pi/6$，VV 极化。

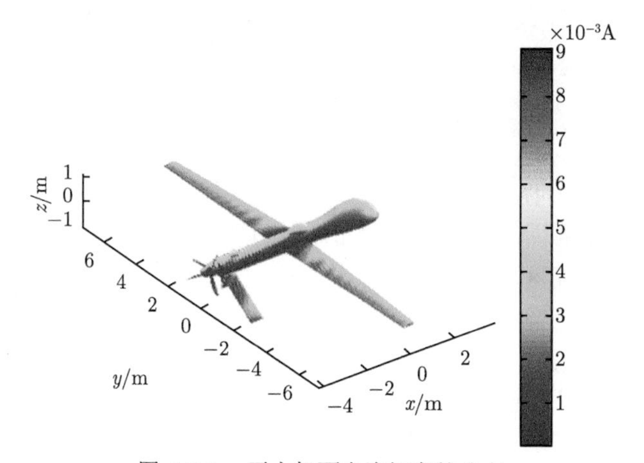

图 4.5.6 无人机面电流幅度的分布

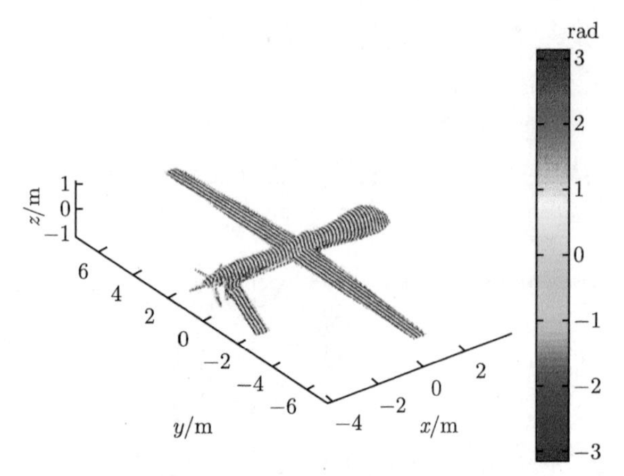

图 4.5.7　无人机面电流相位的分布

➢ 第二步：针对不同的几何结构，参照散射机理 (或散射中心类型) 对电流进行分区。

具体分区方法如下所述。

✧ 局部型散射中心 (LSC)

对于尖顶结构，其分区设为以顶点为中心，距离中心为波长以内的电流区域。分区示意图如图 4.5.8 所示。

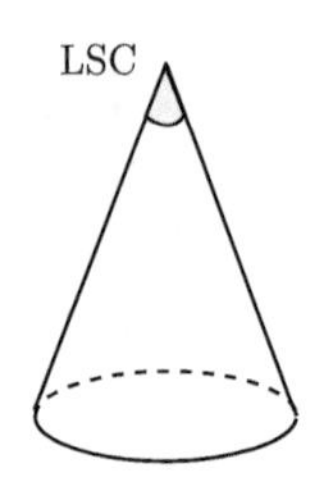

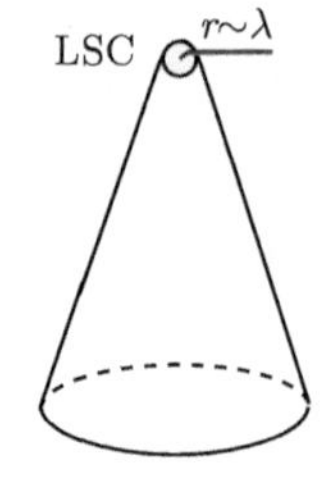

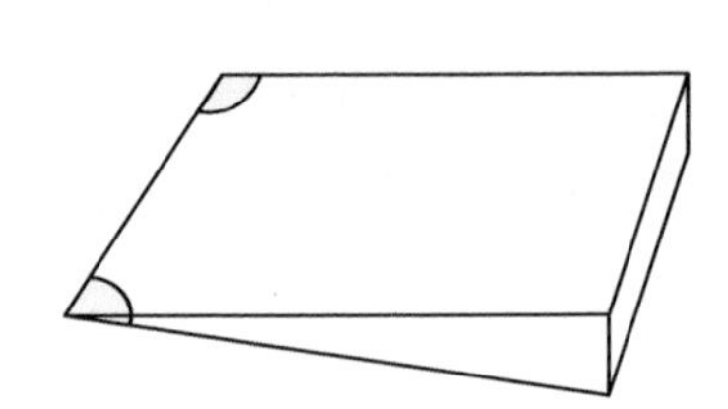

图 4.5.8　LSC 分区示意图

✧ 分布型散射中心 (DSC)

对于平面、单曲面反射形成的分布型散射中心 (记为 DSCS)，其分区设为整个单曲面区域除边缘区域的部分；对于直棱边绕射形成的分布型散射中心 (记为 DSCE)，其分区设为除尖顶区域，距棱边为十分之一波长的条带内的电流。分区示意图如图 4.5.9 所示。

✧ 滑动型散射中心 (SSC)

对于双曲面反射形成的 SSC，其分区为去除边缘分区部分的表面；对于曲棱边绕射形成的 SSC，其分区为整个边缘电流所在区域。分区示意图如图 4.5.10 所示。依据入射方向也可进一步分为照明部分和阴影部分，这两部分电流形成不同的 SSC。对于光滑曲面，由于阴影区分区所形成散射中心的幅度远小于照明区情况，所以在散射中心建模时常忽略不计。而对于曲边缘，在频率情况下，阴影区分区所形成散射中心在雷达图像中仍可见，因此需要在建模时考虑。散射中心建模需要考虑不同观测角度，从而每一个观测角度都要分割照明区和阴影区，非常复杂，因此可以不做分割。虽然一个分区内有可能包含了两个散射中心的贡献，但因为数目少，所以可以通过简单的成像处理将散射中心分离。

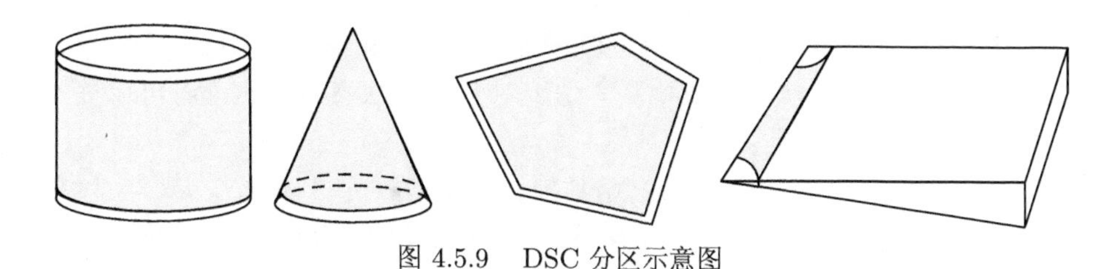

图 4.5.9 DSC 分区示意图

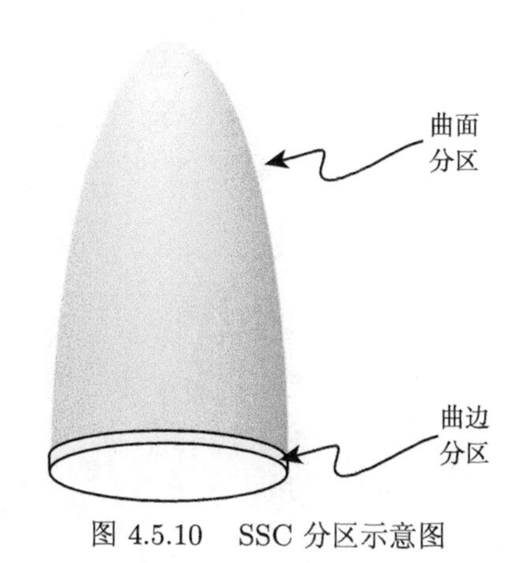

图 4.5.10 SSC 分区示意图

➢ 第三步：依据各分区的电流，分别计算其散射场。

已知电流后，利用如下积分公式，计算散射场：

$$\boldsymbol{E}_n^{\mathrm{s}} = -\mathrm{j}\omega\mu \int \left[\boldsymbol{J}(\boldsymbol{r}') + \frac{1}{k^2}\nabla\left(\nabla' \cdot \boldsymbol{J}(\boldsymbol{r}')\right)\right] G\left(\boldsymbol{r}, \boldsymbol{r}'\right) \mathrm{d}s_n' \tag{4.5.10}$$

其中，$\boldsymbol{r}$ 为场点位置矢量 (其方向可由视线方向 $\hat{\boldsymbol{r}}_{\mathrm{los}}$ 表示)；$\boldsymbol{r}'$ 为本地坐标系中电流源的位置矢量；$G\left(\boldsymbol{r}, \boldsymbol{r}'\right) = \mathrm{e}^{-\mathrm{j}k|\boldsymbol{r}-\boldsymbol{r}'|}/(4\pi\left|\boldsymbol{r} - \boldsymbol{r}'\right|)$。

对于大多数分区，分区内电流的散射场可等效为一个散射中心的贡献，表示如下：

$$\boldsymbol{E}_i^{\mathrm{s}} \approx \frac{\mathrm{e}^{-\mathrm{j}kr}}{4\pi r} A\left(\hat{\boldsymbol{r}}_{\mathrm{los}}, k\right) \mathrm{e}^{\mathrm{j}2k\boldsymbol{r}_i \cdot \hat{\boldsymbol{r}}_{\mathrm{los}}} \tag{4.5.11}$$

其中，$A\left(\hat{\boldsymbol{r}}_{\mathrm{los}}, k\right)$ 为散射中心的幅度依赖函数，仅包含常数相位项，与观测方向和频率有关；$\boldsymbol{r}_i$ 为等效散射中心的位置矢量。

➢ 第四步：依据各分区散射场，提取散射中心的模型参数。

等效散射中心的位置一般通过机理分析预估，再通过成像结果进行修正。分区电流的回波成分所包含的散射中心单一或较少，其图像特征一般不受其他散射中心干扰，因此从时频像结果中可以较精确估计出位置信息，例如使用寻找极值点或霍夫 (Hough) 变换等图像检测方法，对预估方法感兴趣的读者可以参考文献 [26]。

幅度特性数据 $A_i \approx \left|\boldsymbol{E}_n^{\mathrm{s}}\right|$，经过函数拟合可获得解析 $A\left(\hat{\boldsymbol{r}}_{\mathrm{los}}, k\right)$ 表示。函数拟合结果可以验证基于散射机理分析得到的散射中心模型的适用性，并提出必要的修正，以满足较高的仿真精度要求。

这里分别采用上述机理分析法和数值分析法，建立了无人机目标的散射中心模型。模型仿真得到的 RCS 结果与全波法结果的对比，如图 4.5.11 和图 4.5.12 所示。机理分析法获得的 RCS 与全波法相比，均方根误差为 4.5dB，数值分析法结果与全波法相比，均方根误差为 3.9dB。

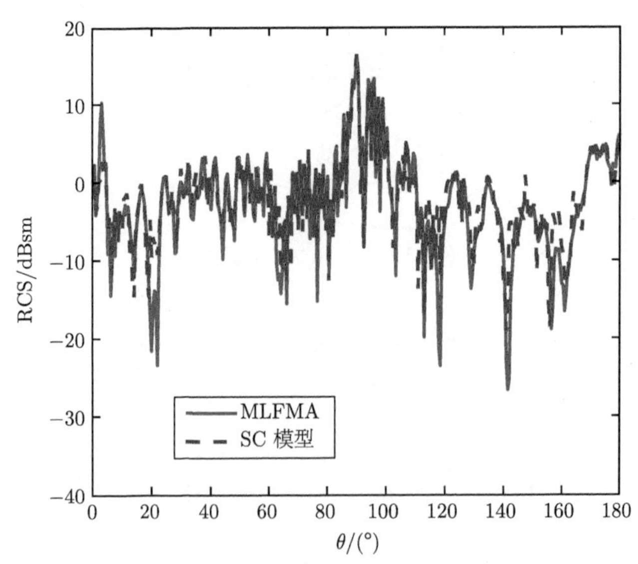

图 4.5.11　机理分析法所得模型 RCS 与全波法计算结果比较

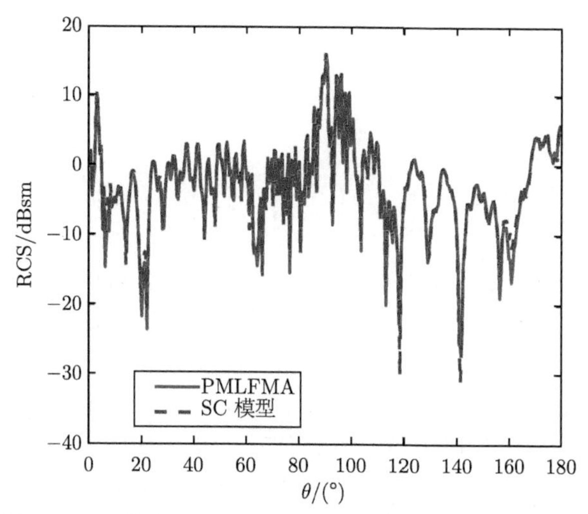

图 4.5.12 数值分析法所得 RCS 与全波法计算结果比较

4.6 散射中心的图像特征

不同类型的散射中心与其相应的几何结构紧密相关，在雷达图像中表现出不同的图像特征，因此散射中心成为分析和解释雷达图像特征的有效手段。本节主要介绍不同类型散射中心在雷达图像 (如时频像、一维距离像、二维雷达图像) 中所表现的图像特征。

4.6.1 时频像

1. 联合时频变换方法

联合时频变换 (joint time-frequency transform) 方法可以把时域信号变换到时间–频率二维域上，展示出信号的时变频率信息。

当目标转动时，各不同位置的散射中心的多普勒频率变化规律各不相同，通过联合时频变换可将其对应信号成分在时间域进行分离，进而获得时频像特征与散射中心之间的对应关系，实现多散射中心的分离，以便于后处理，如参数估计、特征识别等。

时频变换主要分为两类，即线性时频变换和二次 (也称为双线性) 时频变换。其中线性时频变换主要有:短时傅里叶变换 (short-time Fourier transform, STFT)、Gabor 变换、小波变换等。二次时频变换主要包括 Wigner-Ville 变换 (WVD)、Cohen 类变换等 [34–36]。这些时频变换方法都有各自的特点和局限性，以下主要介绍 STFT、WVD 和 Cohen 类方法的基本原理和优缺点。

短时傅里叶变换的实质是假设信号在一个很短的时间间隔内是平稳的，通过对原始信号加窗，并且移动窗函数，分段进行傅里叶变换，从而显示信号频谱在时间域上的变化。

$$\mathrm{STFT}\,(t,f)=\int s\,(\tau)\,w\,(\tau-t)\exp\left(-\mathrm{j}2\pi f\tau\right)\mathrm{d}\tau \tag{4.6.1}$$

其中，$s\,(\cdot)$ 为信号；$w\,(\cdot)$ 为短时窗函数。STFT 的分辨率由窗口的大小决定。

在 STFT 中，时间域的高分辨率意味着频率域的低分辨率，同理，频率域的高分辨率意味着时间域的低分辨率。故该变换方法很难同时实现时间和频率维的高分辨率。为了克服分辨率限制，双线性时频变换方法被提出。

WVD 是二次时频变换中最基本也是应用最多的一种时频分布。WVD 定义为原始信号自相关函数的傅里叶变换。WVD 在所有时频变换表示方法中具有最高的分辨率，但是它存在一个很大缺点，就是存在交叉项干扰。交叉项在时频图上具有较明显的特征，却不存在实际的物理意义，这对时频像特征分析造成了严重干扰。

$$\mathrm{WVD}(t,f)=\int s\left(t+\frac{\tau}{2}\right)s^{*}\left(t-\frac{\tau}{2}\right)\exp(-\mathrm{j}2\pi f\tau)\mathrm{d}\tau \tag{4.6.2}$$

为了解决交叉项干扰问题，在后续又出现了利用滤波的方法减小交叉项的干扰。带有线性滤波器的 WVD 属于 Cohen 类。

$$\mathrm{Cohen}(t,f)=\iint s\left(t+\frac{\tau}{2}\right)s^{*}\left(t-\frac{\tau}{2}\right)\varPhi\,(t-u,\tau)\exp(-\mathrm{j}2\pi f\tau)\mathrm{d}u\mathrm{d}\tau \tag{4.6.3}$$

其中，$\varPhi\,(t,\tau)$ 为低通滤波器。$\varPhi\,(t,\tau)$ 的傅里叶变换称为核函数。Cohen 类包含很多不同核函数的方法，如伪 WVD(PWVD)、平滑 WVD(SWVD)、平滑伪 WVD (SPWVD) 以及修正伪平滑 WVD(RSPWVD) 等。上述时频变换方法都已形成了成熟的工具，如 MATLAB 的时频工具箱 [37]，可以自由下载使用。

以下分别采用 STFT、Gabor 变换、SPWVD 和 RSPWVD 对类似于 F22 外形的飞机目标的单色波圆周观测回波进行了时频变换。频率为 1.5GHz，观测圆周面为飞机翼展所在的面，从头向至尾向连续观测。各方法的时频变换结果如图 4.6.1 所示。

从图 4.6.1 可见，RSPWVD 的图像分辨率比 STFT 和 Gabor 变换的结果更高，且时频曲线相对于 RSPWVD 又保持了多普勒频率成分的完整性，这对于准确获取时频曲线特征、参数提取具有重要意义，因此在目标散射回波时频分析中常常采用。

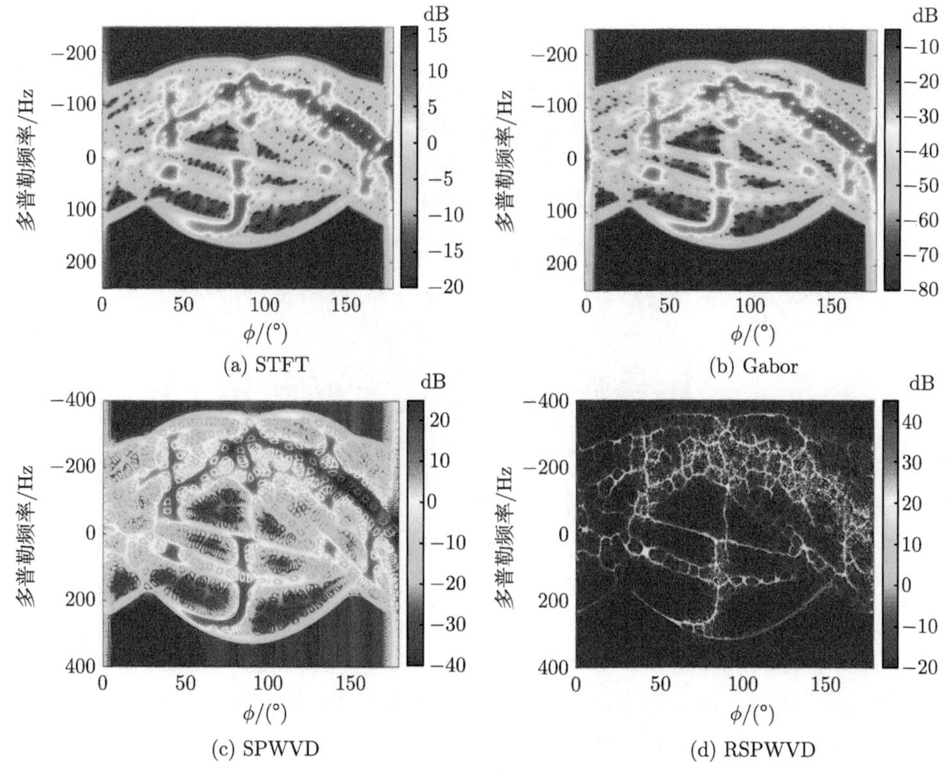

图 4.6.1 时频变换结果

2. 不同类型散射中心的时频像特征

时频像由连续角度观测的单频回波进行联合时频变换获得，因此时频像特征主要由散射中心的方位依赖性所决定。局部型散射中心 (LSC)、分布型散射中心 (DSC) 以及滑动型散射中心 (SSC) 的时频像特征存在明显差异，清晰认识这些差异将有利于散射中心类型识别和参数估计。

- **局部型散射中心 (LSC)**

如前所述，局部型散射中心一般出现于目标的几何不连续处，其可见角度范围较广，位置一般可认为固定于某一较小的区域内。由于这种属性特点，在宽带雷达成像中其往往被视为最重要的散射中心特征，从而可采用多种图像特征提取方法对其提取属性特征并反演目标几何特征。在时频图像中，散射中心的时频像特征即其多普勒频率随时间的变化特征，可由 (4.5.2) 式表示。由于局部型散射中心位置固定，所以 $\mathrm{d}r_i/\mathrm{d}t=0$，因此，当 $\zeta(t)=\omega t$ 均匀变化时，$f_{\mathrm{D}i}$ 随时间呈现为正弦形式。在均匀圆周观测的回波时频像中，局部型散射中心呈现为正弦曲线，曲线的亮度反映的是散射中心的散射幅度强度，其位置如图 4.6.2 所示。

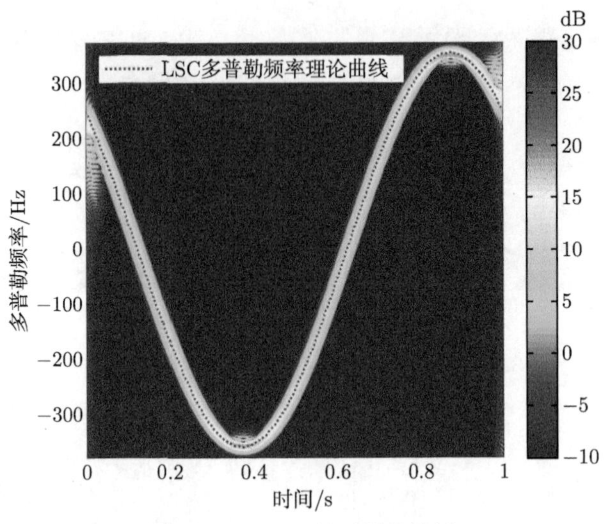

图 4.6.2　LSC 的时频像特征

由于遮挡，实际目标的 LSC 在一些角度下并不能被观测到，因此表现为部分或断续的正弦曲线。LSC 的时频像特征是由散射中心的位置以及幅度的方位依赖特性所共同决定的。这里以图 4.6.3(a) 弹头类目标为例，给出了该目标在 yOz 面内均匀旋转 $0^\circ \sim 175^\circ$ 时的时频像特征 (图 4.6.3(b))，$\theta = \omega t, t = 0 \sim 1\text{s}, \omega = 3\text{rad/s}$。图中 LSC1 为位于尖顶的局部型散射中心，仅在 $0^\circ \sim 93^\circ$ 明显可见。

- **分布型散射中心 (DSC)**

分布型散射中心幅度的方位依赖函数中通常包含 $\text{sinc}\left[kL_i \sin\left(\xi - \xi_i\right)\right]$，其中 ξ_i 为该散射中心可见时的特殊雷达方位角度，L_i 为该散射中心的分布长度。以图 4.6.3 中弹头圆柱侧面反射所形成的 DSC 为例，阐述分布型散射中心的时频像特征。圆柱侧面反射所形成的 DSC 分布在入射射线和圆柱轴线构成的平面与柱面的交线上，记该散射中心的两端点分别为 A 和 B 点，则构成该散射中心的散射点均匀分布于线段 $\overline{AB}$ 上。入射波的入射角为 $\xi(\theta, \phi)$，根据 GTD 的基本原理，当入射波与机翼边缘垂直时，即 $\hat{\boldsymbol{r}}_{\text{los}} \cdot \overline{AB} = 0$ 时，能产生较强的单曲面反射，此时该散射中心可以被观察到。因此，在时频像中，DSC 呈现为竖线 (或窄条) 分布，多普勒频率的范围与散射中心的分布长度存在线性对应关系。

在图 4.6.3 的坐标系设置下，A 和 B 点的位置矢量为 $\boldsymbol{r}_A = (0, r_0, z_a)$，$\boldsymbol{r}_B = (0, r_0, z_b)$。$\hat{\boldsymbol{r}}_{\text{los}} = \sin\theta \hat{\boldsymbol{y}} + \cos\theta \hat{\boldsymbol{z}}$，则这两端点的多普勒频率为 $(\theta = \omega t)$

$$f_{\text{D}}^{A}(\theta) = \frac{2f}{c} \frac{\mathrm{d}\left(\hat{\boldsymbol{r}}_{\text{los}} \cdot \boldsymbol{r}_A\right)}{\mathrm{d}t} = -\frac{2}{\lambda}\omega\left(\sin\theta r_0 + \cos\theta z_a\right) \tag{4.6.4}$$

$$f_{\text{D}}^{B}(\theta) = \frac{2f}{c} \frac{\mathrm{d}\left(\hat{\boldsymbol{r}}_{\text{los}} \cdot \boldsymbol{r}_B\right)}{\mathrm{d}t} = -\frac{2}{\lambda}\omega\left(\sin\theta r_0 + \cos\theta z_b\right) \tag{4.6.5}$$

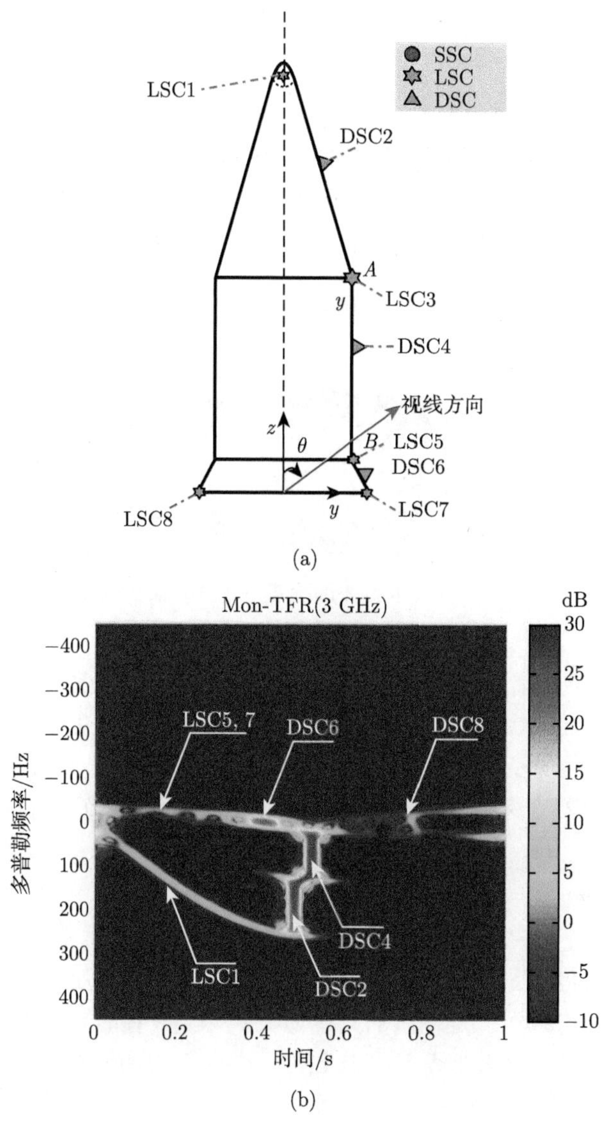

图 4.6.3 弹头散射中心分布及时频像特征

因此分布于 $\overline{AB}$ 长度上的 DSC 的多普勒频率带宽为

$$B_{f_{\rm D}} = \frac{2}{\lambda}\omega L_{AB}\left|\cos\theta\right| \tag{4.6.6}$$

该 DSC 仅在 $\hat{\boldsymbol{r}}_{\rm los}\cdot\overline{AB}=0$ 的窄角度范围内出现，此时 $B_{f_{\rm D}}=2\omega L_{AB}/\lambda$，多普勒频率范围与分布长度之间呈线性相关。因此，DSC 在时频像中分布型散

射中心表现为与分布长度正相关的竖直亮线，分布长度越长则亮线长度越长，如图 4.6.3(b) 所示。

• **滑动型散射中心 (SSC)**

隐身飞行器，如飞机的流线型头部，往往能够观察到较强的滑动型散射中心，该类散射中心是隐身飞行器的重要散射中心之一。下面以无人机头部为例，阐述 SSC 的时频像特征。滑动型散射中心形成原理如图 4.6.4 所示。

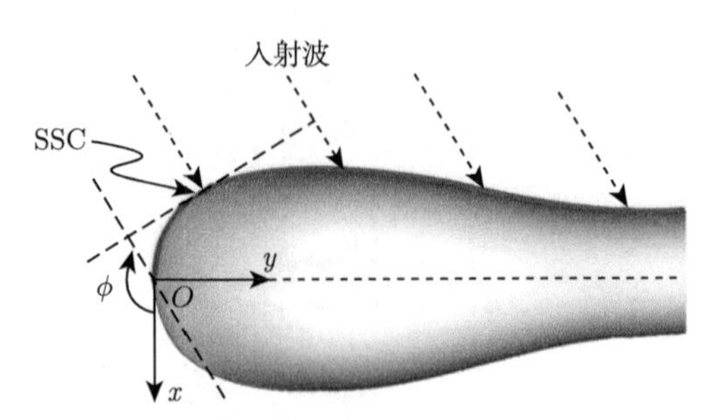

图 4.6.4　无人机头部滑动型散射中心形成原理

由图 4.6.4 可见，雷达视线方向改变，造成曲面的有效反射点位置变化，形成滑动型散射中心。除雷达视向的变化导致目标产生多普勒频率外，SSC 位置与目标之间的相对位置变化会导致多普勒频率的改变，因此 SSC 的时频像特征与 LSC 存在差异。若定义 SSC 的位置矢量为 $\boldsymbol{r}_i = x_i\hat{\boldsymbol{x}} + y_i\hat{\boldsymbol{y}} + z_i\hat{\boldsymbol{z}}$，则其多普勒频率可表述为

$$f_{\mathrm{Ds}} = \frac{2f}{c}\frac{\mathrm{d}\left(\hat{\boldsymbol{r}}_{\mathrm{los}} \cdot \boldsymbol{r}_i\right)}{\mathrm{d}t} = \frac{2}{\lambda}\omega\frac{\mathrm{d}\rho_s}{\mathrm{d}\theta} \tag{4.6.7}$$

式中，ρ_s 为 SSC 的径向距离，由滑动型散射中心的位置确定。

可见，SSC 可以在一定范围的角度内被观测到，在时频像中表现为多普勒频率随时间的变化，但变化曲线不同于 LSC，并非正弦曲线。例如无人机飞机头部的 SSC 的时频像特征，如图 4.6.3 所示。

为了便于对比不同散射中心类型的时频像特征，下文给出了六种典型结构体的时频像特征 [38]。六种几何结构如图 4.6.5 所示。各目标的时频像以及包含的各类散射中心特征如图 4.6.6 所示，时频像特征总结见表 4.6.1。

对于球体 (设圆心为本地坐标系原点)，由于旋转对称性，虽然其散射中心位置在球表面滑动，但是其散射场不随方位变化，散射中心的径向距离不变，因此时频像必然呈现为直线。圆锥尖顶的 LSC 呈现为正弦曲线，锥面的 DSC 呈现为竖直亮线。半椭球的滑动型散射中心呈现为非正弦曲线。圆柱面的 DSC 呈现为竖直亮线。圆柱底面边缘绕射形成的散射中心在俯仰面内观测时可视为局部型散

射中心，因此呈现为正弦曲线。圆台顶由于直径较小，其分布型散射中心竖直分布长度较小，因此呈现为亮点。对于三角反射器，由于三个面之间多次反射，形成多个 DSC 连续出现的情况，因此呈现为块状分布。

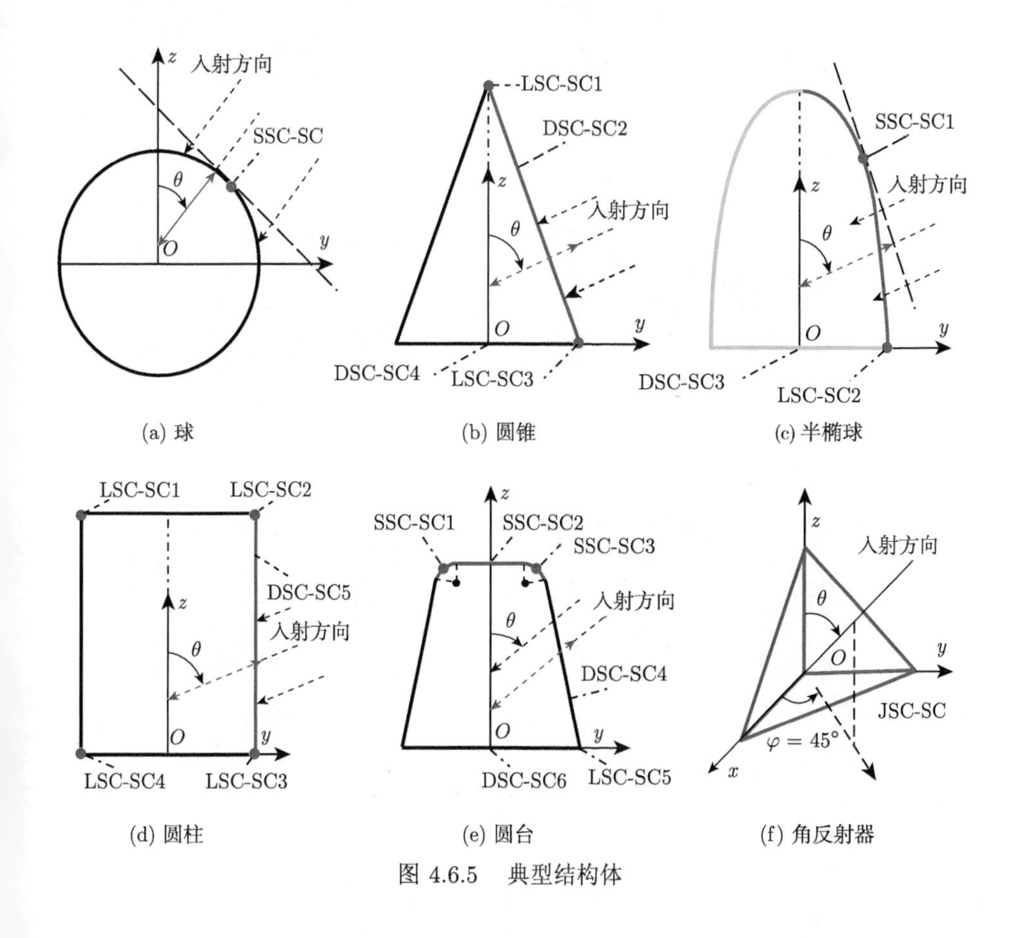

(a) 球 (b) 圆锥 (c) 半椭球

(d) 圆柱 (e) 圆台 (f) 角反射器

图 4.6.5 典型结构体

由上述时频像可知，散射中心在时频像中的特征按照方位依赖性可分为连续性和非连续性特征两类。连续性特征是指随着雷达视线的移动在较大角度范围内都能观察到的散射中心，如 LSC 和 SSC。非连续性特征是指在时频像中表现为竖条状、块状 (或点状) 等区域的散射中心，如大平面反射形成的 DSC、小平面形成的 DSC 以及角反射器结构等。各类散射中心时频像特征 (均匀采样圆周观测) 与目标几何结构特点的对应关系，总结归纳如表 4.6.2 所示。通过对时频像特征的解读可以直接了解目标的几何结构信息，对于雷达目标识别具有重要的应用价值。

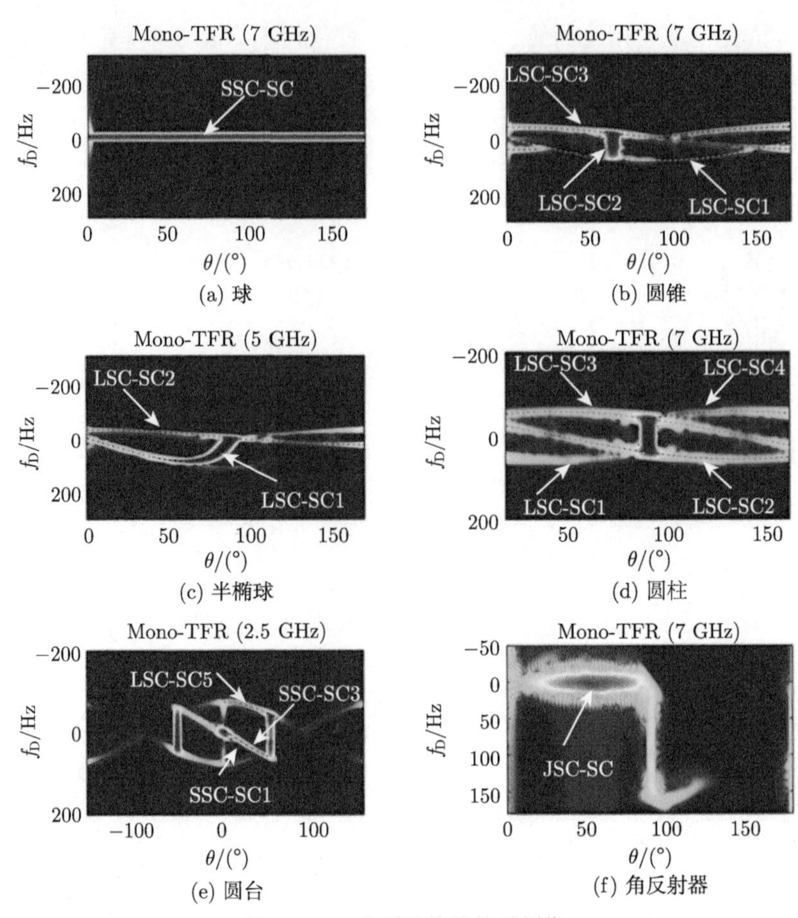

(a) 球　(b) 圆锥　(c) 半椭球　(d) 圆柱　(e) 圆台　(f) 角反射器

图 4.6.6　典型结构体的时频像

表 4.6.1　散射中心的时频像特征

目标	散射中心类型	散射机理	时频像特征
球	SSC-SC1	球面反射	$f_D = 0$ 的横线 (球心在坐标原点)；正弦曲线 (球心不在坐标原点)
圆锥	LSC-SC1	锥顶绕射	正弦曲线
	DSC-SC2	单曲面反射	竖直亮线
	LSC-SC3	棱边绕射	正弦曲线
	DSC-SC4	平面强反射	竖直亮线
半椭球	SSC-SC1	双曲面反射	连续非正弦曲线
圆柱	LSC-SC1	棱边绕射	正弦曲线
	LSC-SC5	单曲面反射	竖直亮线
圆台	SSC-SC1	球面反射	正弦曲线 (球心不在坐标点)
	DSC-SC2	平面反射	亮点
	DSC-SC4	单曲面反射	竖直亮线
角反射器	JSC-SC	腔体内部多次反射	块状亮区

表 4.6.2 时频像特征与目标几何结构特点的对应关系

时频像特征	目标几何结构
正弦曲线	尖顶或球体表面 (球心不在坐标原点)
非正弦曲线	曲率变化的双曲面、曲棱边
点、块	尺寸较小的平面、角反射器结构
竖线	单曲面、平面或直棱边

4.6.2 一维距离像历程图

根据一维距离像的成像原理，散射中心在一维距离像中表现为在径向特殊位置出现尖峰，这些尖峰的位置反映了相应散射中心在雷达视向上的位置分布。一维距离像历程图表现了连续雷达观察角下的各散射中心沿径向的排布情况，横轴表示时间或观测角度，纵轴表示径向位置。

无人机目标的一维距离像历程图如图 4.6.7 所示。通过全波算法计算获得宽带散射数据，然后通过傅里叶变换获得该图像。相关的参数如下：入射波频率为 0.5 ~1.5 GHz，频率间隔为 5 MHz，故径向分辨率为 0.15 m。雷达观察方位角 ϕ 从 $-120°$ 连续变化至 120°(历时 1s)，角度间隔为 0.5°，俯仰角 θ 保持 90° 不变，极化方式为 HH。图中对散射中心的图像特征进行了对应标注。

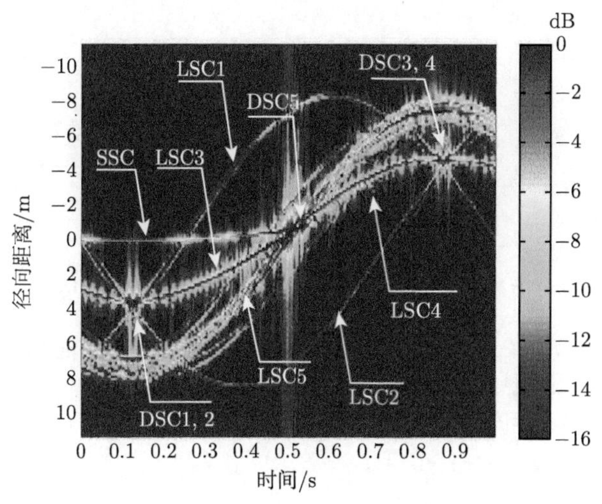

图 4.6.7 无人机目标一维距离像历程图

在一维距离像历程图中，DSC 仅能够在较窄的雷达视角下可见，而且扩展分布的散射中心具有相同的径向位置，因此 DSC 在一维距离像历程图中表现为强亮点，如机翼前缘和后棱对应的 DSC1、DSC2(散射中心标注见图 4.5.2)。LSC 和 SSC 可见角度范围较大，故其图像特征表现为连续变化的亮线，其中 LSC 的径向距离变化曲线为正弦曲线，如机翼顶点对应的 LSC1。由于 SSC 位置滑动，呈现为非正弦的曲线，如飞机头部对应的 SSC。SSC 的径向距离变化曲线则反映了相应的曲面轮廓的几何特征。由于 DSC 的几何结构的端点多为 LSC 的位置，如机翼边缘端点等，故这些 DSC 呈现的亮点往往位于几何结构的端点 LSC 对应曲线的交汇处，如 DCS1 位于 LSC1 和 LSC3 的交汇处。各类散射中心的一维距离像特征 (均匀采样圆周观测) 与目标几何结构特点的对应关系，总结归纳如表 4.6.3 所述。

表 4.6.3 时频像特征与目标几何结构特点的对应关系

一维距离像特征	目标几何结构
正弦曲线	尖顶或球体表面 (球心不在坐标原点)
非正弦曲线	曲率变化的双曲面、曲棱边
点	单曲面、平面或直棱边

4.6.3 二维 ISAR 图像

ISAR 的成像原理为脉冲压缩和方位聚焦，图像反映了复杂目标上各散射中心在径向和方位向上的分布情况，因此能够直观地展示目标上各散射中心的位置 [39]。本小节对无人机目标的 ISAR 像进行了展示和分析，成像的方法为理想的转台目标成像，通过全波计算仿真获取其远场宽带散射数据，经过二维插值将数据转换至空间频率域，然后通过二维快速傅里叶变换 (FFT) 将其转换至距离–方位二维图像域 [40]。

散射中心的 ISAR 图像特征主要由其频率依赖性和方位依赖性决定，为便于描述，入射俯仰角 θ 保持 90° 不变，仅改变方位角 ϕ，则可得 ISAR 图像表达式 $I(x,y)$，如 (4.6.8) 式所示。

$$I(x,y)=\iint E(k_x,k_y)\exp(\mathrm{j}2\pi k_x x)\exp(\mathrm{j}2\pi k_y y)\,\mathrm{d}k_x\mathrm{d}k_y \tag{4.6.8}$$

式中，$k_x=k\cos\phi$，$k_y=k\sin\phi$，分别为入射波数在 x 轴和 y 轴方向的投影；$E(k_x,k_y)$ 为散射中心的散射场，散射中心在 xOy 平面的坐标为 $\boldsymbol{r}_{\mathrm{s}}=(x(\phi),y(\phi))$。对于 LSC 和 DSC 类型而言，散射中心位置均为固定值。对于 SSC，散射中心位置为方位角 ϕ 的函数。下面取三类散射中心模型，分别如 (4.6.9) 式所示，展示不同散射中心 ISAR 图像特征。

$$E(k_x,k_y)=\begin{cases}1, & \text{LSC}\\ \operatorname{sinc}[kL\sin(\phi-\pi/2)], & \text{DSC}\\ A_{\mathrm{s}}(\phi)\exp(2\mathrm{j}k\hat{\boldsymbol{r}}_{\mathrm{los}}\cdot\boldsymbol{r}_{\mathrm{s}}), & \text{SSC}\end{cases} \tag{4.6.9}$$

式中，$L=0.5$，$A_{\mathrm{s}}(\phi)=\dfrac{1+\phi^2+0.3\phi^3}{0.5\phi^3+\phi^4}$；$\boldsymbol{r}_{\mathrm{s}}$ 可通过散射中心模型表达式推导获

得，所取的曲面轮廓方程为 $F(x,y)=y+83.4x^4-74.5x^3+24.7x^2-0.6x-2.6$。此处结合实际成像过程, 取方位角范围 30°，极化方式为 HH，可得三类散射中心的 ISAR 图像。为更直观地展示三者的不同，此处将图像进行三维展示，如图 4.6.8 所示。

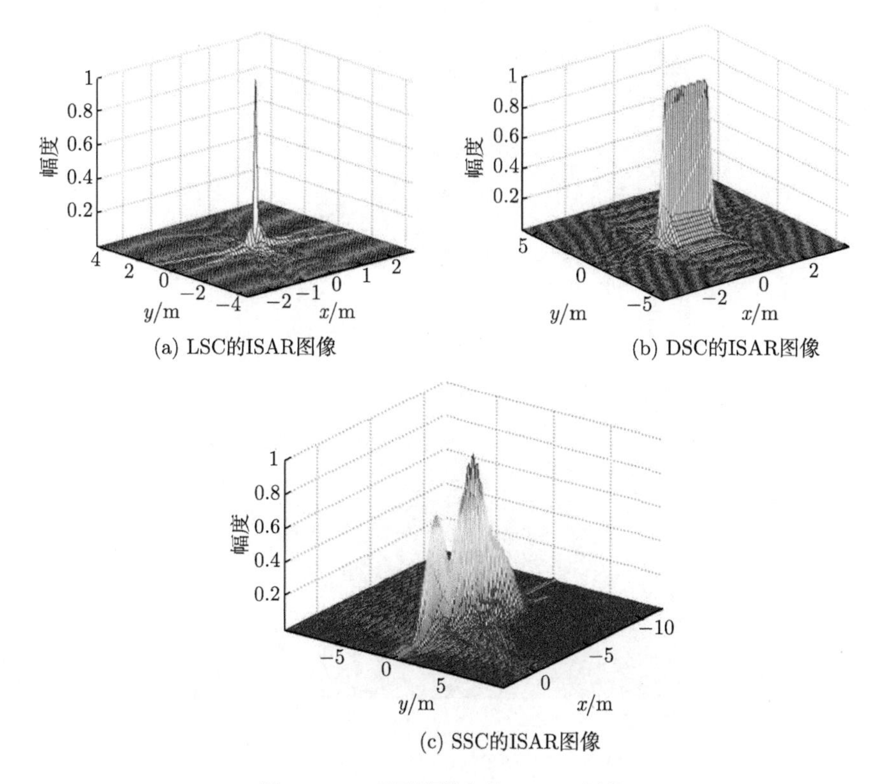

(a) LSC的ISAR图像

(b) DSC的ISAR图像

(c) SSC的ISAR图像

图 4.6.8 不同散射中的 ISAR 图像

由图 4.6.8 可见，不同类型散射中心的 ISAR 图像特征反映了相应的几何结构。对于 LSC，其图像特征为固定位置的亮点，这也是 ISAR 图像中最常见的特征，在传统的散射中心参数提取方法中，通过极值点检测可直接提取目标散射中心位置和幅度参数。对于 DSC，由于其散射中心方位依赖函数为 sinc 函数的形式，所以沿方位维的 FFT 结果呈现线段形式，线段亮度均匀，其长度由 DSC 的分布长度决定。而不同于前两者，SSC 的图像特征则表现为曲线形式，曲线的亮度变化相对复杂。对于窄角度成像，仅能展现局部曲线的特征，而且图像分辨率有限，因此 SSC 呈现为不规则的块状。

无人机目标的不同观测角度范围的 ISAR 成像结果, 分别如图 4.6.9(a)~(c) 所示。宽角度成像范围为 240°，$\theta=90°$，$\phi=-120°\sim120°$，角度间隔均为

0.15°；较窄角度成像范围为 30°，$\theta = 90°$，$\phi = -105° \sim -75°$，以及 $\theta = 90°$，$\phi = -90° \sim -60°$，入射波频率范围是 0.5~1.5 GHz，频率间隔为 5 MHz。

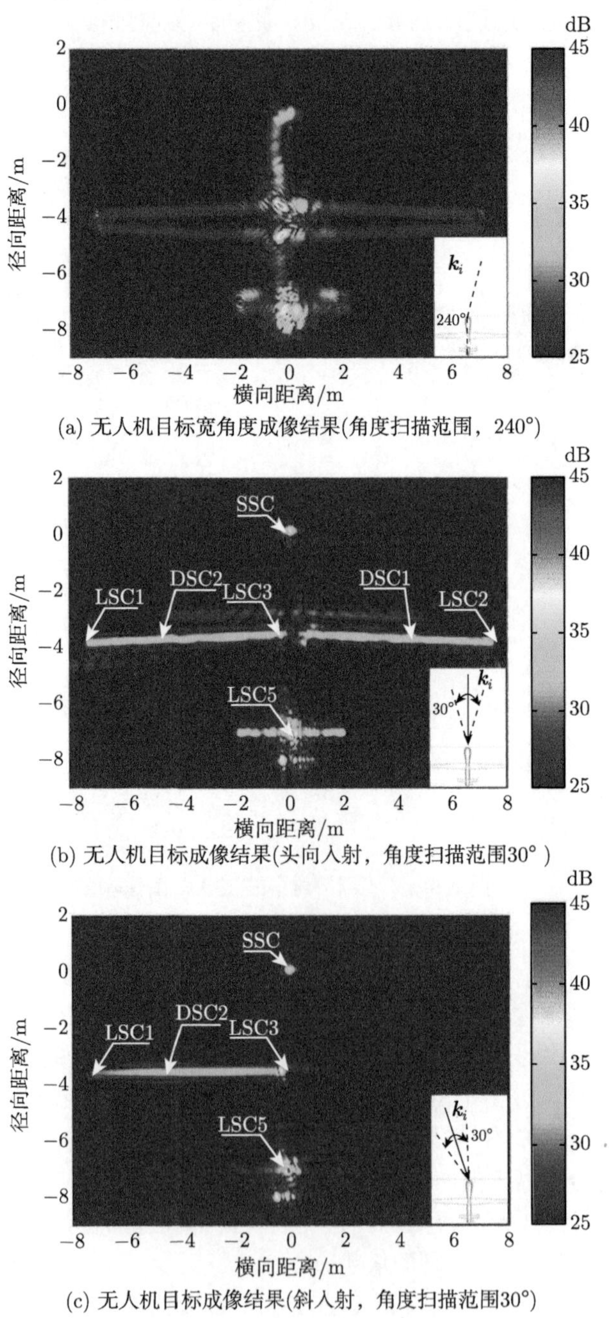

(a) 无人机目标宽角度成像结果(角度扫描范围，240°)

(b) 无人机目标成像结果(头向入射，角度扫描范围30°)

(c) 无人机目标成像结果(斜入射，角度扫描范围30°)

图 4.6.9　无人机目标 ISAR 成像结果

由图 4.6.9(a)、(b) 可见，DSC1 和 DSC2 均可在图像中直观展示，而由于 DSC 的特殊观察角度，在图 4.6.9(c) 中，仅 DSC2 可见。图 4.6.9(a) 中，大角度的成像结果能够在一定程度上还原 SSC 所代表的无人机头部的曲面形状，而在图 4.6.9(b)、(c) 中，由于成像角度范围较小，所以横向分辨率不足以直观展示 SSC 的几何形状。

各类散射中心的时频像、一维距离像、距离–方位雷达图像特征总结，见表 4.6.4。

表 4.6.4 各类散射中心的雷达图像特征

散射中心类型	强度	位置	时频像特征	一维距离像特征	二维雷达图像特征
LSC	弱	固定于几何不连续处	正弦曲线	正弦曲线	亮点
SSC	较强	在光滑表面或曲边随观测方向滑动	非正弦曲线	非正弦曲线	曲线或块区域②
DSC	强	分布于整个平面、单曲面母线 (观测方向和轴线构成面与单曲面的交线)、直棱边①	垂直线	强亮点	亮线或块区域③

注：① 可以等效于平面、单曲面母线 (观测方向和轴线构成面与单曲面的交线) 或直边的几何中心；
② 当雷达观测角度范围较小时，SSC 呈现为不规则的块；
③ 当分布尺寸较小时，DSC 呈现为不规则的块。

参 考 文 献

[1] 黄培康, 殷红成, 许小剑. 雷达目标特性 [M]. 北京：电子工业出版社，2005: 230.

[2] 盛新庆. 电磁理论、计算、应用 [M]. 北京：高等教育出版社，2015: 272.

[3] Kell J B. Geometry theory of diffraction [J]. J. Opt. Soc. Amer., 1962, 52(1): 116-130.

[4] Qu Q U, Guo K Y, Sheng, X Q. An accurate bistatic scattering center model for extended cone-shaped targets[J]. IEEE Transactions on Antennas and Propagation, 2014, 62(10): 5209-5218.

[5] Qu Q U, Guo K Y, Sheng, X Q. Scattering centers induced by creeping waves on streamlined cone-shaped targets in bistatic mode [J]. IEEE Antennas and Wireless Propagation Letters, 2015, 14: 462-465.

[6] Qu Q U, Guo K Y, Sheng, X Q. Scattering centers induced by creeping waves on cone-shaped targets in bistatic mode[J]. IEEE Transactions on Antennas & Propagation, 2015, 63(7): 3257-3262.

[7] Zhao X T，Guo K Y，Chen Y X，et al. Traveling wave scattering center model and its applications to ISAR imaging [J]. IEEE Transactions on Antennas and Propagation, 2020, 69(4): 2437-2442.

[8] Hurst M, Mittra R. Scattering center analysis via Prony's method[J]. IEEE Transactions on Antennas & Propagation, 1987, 35(8): 986-988.

[9] Potter L C, Chiang D M, Garriere R, et al. A GTD-based parametric model for radar scattering[J]. IEEE Transactions on Antennas and Propagation, 1995, 43(10): 1058-1067.

[10] McClure M, Qiu R C, Carin L. On the superresolution identification of observables from swept-frequency scattering data[J]. IEEE Transactions on Antennas & Propagation, 1997, 45(4): 631-641.

[11] Potter L C, Moses R L. Attributed scattering centers for SAR ATR[J]. IEEE Transactions on Image Processing, 1997, 6(1): 79-91.

[12] Rigling B D, Moses R L. GTD-based scattering models for bistatic SAR[J]. Proceedings of SPIE—The International Society for Optical Engineering, 2004.

[13] He Y, He S Y, Zhang Y H, et al. A Forward Approach to Establish Parametric Scattering Center Models for Known Complex Radar Targets Applied to SAR ATR[J]. IEEE Transactions on Antennas and Propagation, 2014, 62(12): 6192-6205.

[14] 邢笑宇, 闫华, 殷红成, 等. 镜面–镜面耦合散射中心的频率依赖特性分析 [J]. 制导与引信, 2014, 35(2): 39-43.

[15] Yan H, Li S, Li H, et al. Monostatic GTD model for double scattering due to specular reflections or edge diffractions[J]. 2018 IEEE International Conference on Computational Electromagnetics (ICCEM), 2018.

[16] Gerry M J, Potter L C, Gupta I J, et al. A parametric model for synthetic aperture radar measurements[J]. IEEE Transactions on Antennas and Propagation, 1999, 47(7): 1179-1188.

[17] Jackson J A, Rigling B D, Moses R L. Canonical scattering feature models for 3D and bistatic SAR[J]. IEEE Transactions on Aerospace & Electronics Systems, 2010, 46(2): 525-541.

[18] Jackson J A. Analytic physical optics solution for bistatic, 3D scattering from a dihedral corner reflector[J]. IEEE Transactions on Antennas and Propagation, 2012, 60(3): 1486-1495.

[19] Guo K Y, Li Q F, Sheng X Q, et al. Sliding scattering center model for extended streamlined targets[J]. Progress in Electromagnetics Research, 2013, 139: 499-516.

[20] Li Y C, Jin Y Q. Target decomposition and recognition from wide-angle SAR imaging based on a Gaussian amplitude-phase model [J]. Science China (Information Sciences), 2017, 6(60): 212-224.

[21] Zhao X T, Guo K Y, Sheng X Q. High accuracy scattering center modeling based on PO and PTD [J]. Radio engineering, 2018, 27(3): 753-761.

[22] Zhao X T, Guo K Y, Sheng X Q. Modifications on parametric models for distributed scattering centres on surfaces with arbitrary shapes[J]. IET Radar, Sonar & Navigation, 2019, 13(4).

[23] Ma L, Liu J, Wang T, et al. Micro-Doppler characteristics of sliding-type scattering center on rotationally symmetric target[J]. Science China Information Sciences, 2011, 54(9): 1957.

[24] O′Donnell A N, Burkholder R J. High-frequency asymptotic solution for the electromagnetic scattering from a small groove around a conical or cylindrical surface[J]. IEEE Transactions on Antennas and Propagation, 2013, 61(2):1003-1008.

[25] Xiao G L, Guo K Y, Sheng X Q. Parametric scattering center modeling for a conducting deep cavity[J]. IEEE Antennas and Wireless Propagation Letters, 2021, 20(8): 1419-1423.

[26] Guo K Y, Han X Z, Sheng X Q. Scattering center models of backscattering waves by dielectric spheroid objects[J]. Optics Express, 2018, 26(4): 5060.

[27] Yan H, Yin H C, Li S, et al. 3D rotation representation of multiple reflections and parametric model for bistatic scattering from arbitrary multiplate structure[J]. IEEE Transactions on Antennas & Propagation, 2019: 67(7): 4777-4791.

[28] 代大海, 王雪松, 肖顺平. 基于相干极化 GTD 模型的散射中心提取新方法 [J]. 系统工程与电子技术, 2007, (7): 1057-1061.

[29] 代大海, 王雪松, 肖顺平. 基于二维 CP-GTD 模型的全极化 ISAR 超分辨成像 [J]. 自然科学进展, 2007, 17(10): 1439-1448.

[30] Dai D H. Fully polarized scattering center extraction and parameter estimation: P-MUSIC algorithm[J]. Signal Processing, 2007, 23(6): 1-4.

[31] Carriere R, Moses R L. High resolution radar target modeling using a modified Prony estimator[J]. IEEE Transactions on Antennas & Propagation, 1992, 40(1): 13-18.

[32] Guo K Y, Han X Z, Wu B Y, et al. Parametric scattering center model for canonical and composite dielectric objects[J]. IEEE Transactions on Antennas and Propagation, 2020, 68(4): 3068-3079.

[33] 肖光亮. 复杂结构与材料目标的散射中心建模 [D]. 北京：北京理工大学，2021.

[34] Chen V C, Hao L. Time-Frequency Transforms for Radar Imaging and Signal Analysis[M]. Boston, London: Artech House, 2002.

[35] Nicholas W, Hao L. Radar signature analysis using a joint time-frequency distribution based on compressed sensing [J]. IEEE Transactions on Antennas & Propagation, 2014, 62(2): 755-763.

[36] Ram S S, Hao L. Application of the reassigned joint time-frequency transform to wideband scattering from waveguide cavities [J]. IEEE Antennas & Wireless Propagation Letters, 2007, 6: 580-583.

[37] Time-Frequency toolbox [EB/OL]. Http://ftfb.nongnu.org.

[38] 郭琨毅, 牛童瑶, 屈泉酉, 等. 散射中心的时频像特征研究 [J]. 电子与信息学报, 2016, 38(2): 478-485.

[39] Ozdemir C. Inverse synthetic aperture radar imaging with MATLAB algorithms [J]. Microwave Journal, 2012, 60(10): 5191-5200.

[40] Guo K Y, Qu Q Y, Sheng X Q. Geometry reconstruction based on attributes of scattering centers by using time-frequency representations [J]. IEEE Transactions on Antennas and Propagation, 2016, 64(2): 708-720.

第 5 章 散射中心在雷达技术中的应用

目标回波可以由目标散射中心模型的散射场近似逼近，因此散射中心模型最直接的应用为雷达目标回波模拟。由于散射中心的属性与目标的几何结构密切相关，所以通过散射中心模型可以从雷达回波或雷达成像结果中反演出目标的物理参数，这使得散射中心模型在雷达目标识别、雷达图像特征解译等领域具有更重要的应用价值。本章将示范散射中心模型在雷达技术的应用实例。

5.1 目标几何结构重构

通过雷达目标散射回波信息重构得到目标几何结构，是雷达目标侦测、隐匿武器检查以及雷达目标识别等领域的重点基础问题。目前，几何重构一般通过求解逆散射问题或成像的方法实现。由于不同类型的散射中心与其相应的几何结构紧密相连，且在雷达图像中表现出互不相同的特征，所以，通过估计散射中心的属性参数实现目标几何重构也成为一种行之有效的方法。下文主要介绍通过散射中心的时频像特征进行目标几何特征提取以及几何重构的方法 [1]。该方法不同于传统宽带成像方法，仅需单频雷达回波即可实现，因此所需数据量小，而且分辨率不受带宽限制。

5.1.1 散射中心时频像特征与几何结构的关联

由于位置分布和方位依赖性不同，从而当目标相对于雷达转动时，时频像中各类散射中心各具特点，这些特点也反映了目标的不同几何特征。以最常见的三类散射中心为例，下文介绍时频像特征与几何结构的具体联系。

1. *局部型目标散射中心* (LSC)

如前所述，局部型散射中心一般出现于目标的几何不连续处，其可见角度范围较广，位置一般可认为固定于某一较小的区域内。由于这种属性特点，从而在宽带雷达成像中其往往被视为最重要的散射中心特征，可采用多种图像特征提取方法对其提取属性特征并反演目标几何特征。

依据 (4.5.3) 式，LSC 的多普勒频率 $f_{\mathrm{D}i}(t)$ 可表示为

$$f_{\mathrm{D}i}(t) = -\frac{2}{\lambda} r_i \omega \sin\zeta \tag{5.1.1}$$

式中，ζ 为 $\hat{\boldsymbol{r}}_{\mathrm{los}}$ 与 $\boldsymbol{r}_i$ 之间的夹角，其中 $\hat{\boldsymbol{r}}_{\mathrm{los}}$ 为雷达视向单位矢量，$\boldsymbol{r}_i$ 为该局部散射中心的位置矢量；r_i 为 $\boldsymbol{r}_i$ 的模值；$\hat{\boldsymbol{r}}_{\mathrm{los}}\cdot\boldsymbol{r}_i$ 表示径向距离，也即其散射中心的一维距离像 (RP) 中的位置。

由 (5.1.1) 式可见，$f_{\mathrm{D}i}$ 随着 ζ 的变化而呈现正弦曲线的变化形式。若多普勒频率变化曲线从时频图中得到精确提取，则利用所提取的 $f_{\mathrm{D}i}$ 曲线，局部散射中心的位置矢量可通过下式进行估计：

$$r_i=-\frac{\lambda}{2}\frac{f_{\mathrm{D}i}}{\omega\sin\zeta} \tag{5.1.2}$$

利用正弦霍夫变换 [2] 或一维–二维/三维散射映射图 (OTSM)[1] 进而获取该类散射中心的位置。文献 [1] 是对一维距离像历程图进行变换，变换的原理为，位置固定的散射中心在任意雷达视向上的投影点位置可以形成一个圆形。散射中心的可见角度范围越大，则形成的球面越完整，易于通过圆霍夫 (circle Hough) 变换方法提取该图像特征。对目标时频像也可以进行类似 OTSM 变换，推导过程如下所述。

定义局部散射中心在目标中心坐标系中的位置坐标为 (x_i,y_i,z_i)，雷达观测方向的空间角为 (θ,ϕ)，则 $\hat{\boldsymbol{r}}_{\mathrm{los}}\cdot\boldsymbol{r}_i=x_i\sin\theta\cos\phi+y_i\sin\theta\sin\phi+z_i\cos\theta$。设目标的旋转平面位于 xOy 平面，雷达观测方向的俯仰角 θ 为常数，此处不妨令 $\theta=90^\circ$，$\phi=\omega t$，则 $\hat{\boldsymbol{r}}_{\mathrm{los}}\cdot\boldsymbol{r}_i=x_i\cos\phi+y_i\sin\phi$，(5.1.1) 式可转化为如下形式：

$$f_{\mathrm{D}i}(t)=\frac{2}{\lambda}\frac{\mathrm{d}\left(x_i\cos\phi+y_i\sin\phi\right)}{\mathrm{d}t}=\frac{2}{\lambda}\omega\left(-x_i\sin\phi+y_i\cos\phi\right) \tag{5.1.3}$$

定义 $f_{\mathrm{D}i}(t)$ 投影至二维 OTSM 圆图上的坐标为 (x_i',y_i')，具体表示为

$$x_i'=f_{\mathrm{D}i}\cos\phi=\kappa\left(-x_i\sin\phi\cos\phi+y_i\cos^2\phi\right) \tag{5.1.4}$$

$$y_i'=f_{\mathrm{D}i}\sin\phi=\kappa\left(-x_i\sin^2\phi+y_i\cos\phi\sin\phi\right) \tag{5.1.5}$$

其中，$\kappa=2\omega/\lambda$。通过下式不难验证，在 OTSM 图像中，(x_i',y_i') 的变化轨迹为以 $(y_i\kappa/2,-x_i\kappa/2)$ 为圆心的圆：

$$\left(x_i'-\frac{y_i}{2}\kappa\right)^2+\left(y_i'+\frac{x_i}{2}\kappa\right)^2=\kappa^2\left(\frac{y_i^2}{4}+\frac{x_i^2}{4}\right) \tag{5.1.6}$$

因此，通过圆霍夫变换检测得到圆心坐标后，即可获得 LSC 的位置坐标。为了图像显示的直观性，可以对 OTSM 图进行如下变换：矩阵转置，然后尺度变换 (原图横坐标放缩 $-2/\kappa$ 倍，纵坐标放缩 $2/\kappa$ 倍)，则变换后 $(x_i'',y_i'')=(x_i,y_i)$。

图 5.1.1 展示了一个局部型散射中心 ($x_i = 0, y_i = 2$) 的时频图像以及经过上述变换后的 OTSM 图形，相应的理论曲线同时展示于相应的图形中。

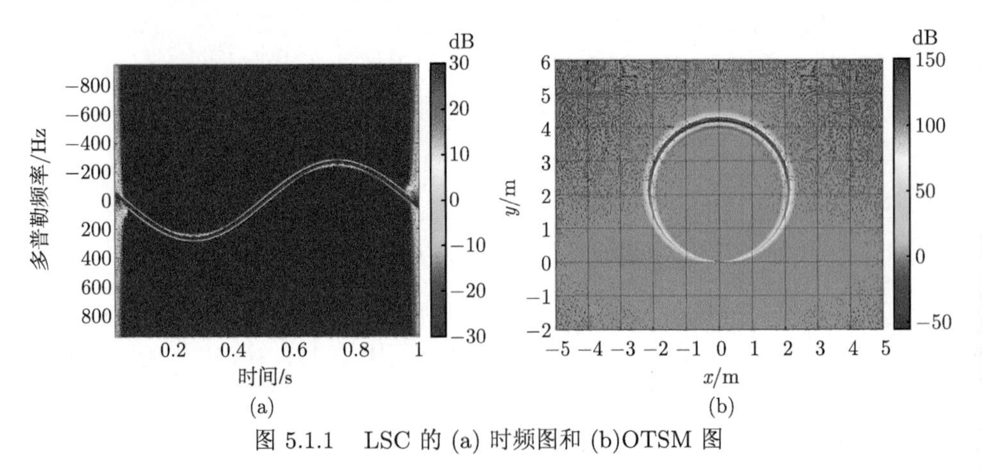

图 5.1.1　LSC 的 (a) 时频图和 (b)OTSM 图

由图 5.1.1 可见，LSC 的时频曲线表现为明显的正弦曲线特征，经过变换后的时频曲线为圆形，该圆的圆心 ($x_i'' = 0, y_i'' = 2$)，即为散射中心的位置。

2. 分布型目标散射中心 (DSC)

分布型散射中心的时频像特征非常明显，呈现为高亮的垂直线，可以直接通过竖直亮线出现的角度和长度确定平面 (或单曲面、直棱边) 的几何尺寸，见 (4.6.2) 式。在 OTSM 图中，时频像特征可以直接反映 DSC 的倾斜角、分布长度信息。以下以两典型的分布型散射中心 DSC1 和 DSC2 为例，展示 OTSM 图像特征 (图 5.1.2)。两散射中心长度参数 L_i 分别为 2m 和 6m，两散射中心位置分别为 $(2, 0, 1)$ 和 $(0, 0, 0)$，两散射中心可观察雷达方位角分别为 $\theta_1 = 45^\circ$ 和 $\theta_2 = 180^\circ$。

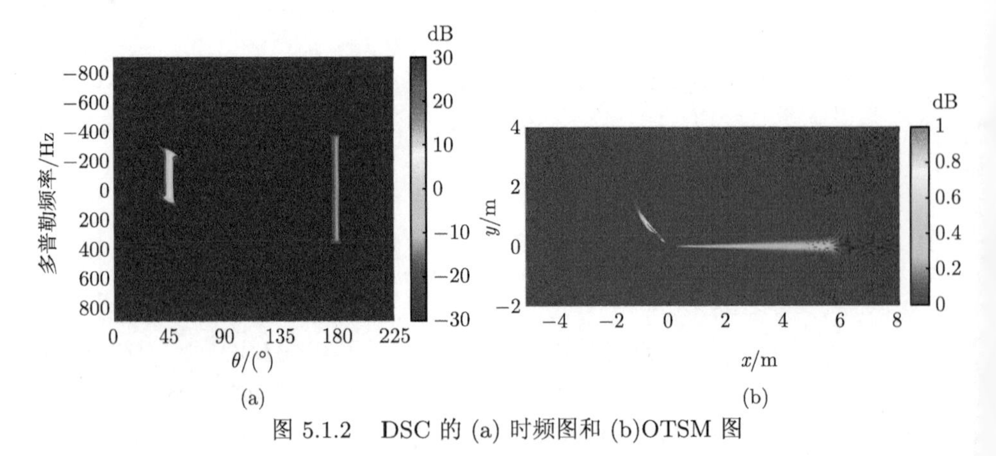

图 5.1.2　DSC 的 (a) 时频图和 (b)OTSM 图

由图 5.1.2 可见，在时频图清晰地展示了两个 DSC 的出现角度和长度。在 OTSM 图中，两个 DSC 的图像特征仍为直线，直线的倾角反映了可观测的角度，长度直观地反映了两散射中心几何结构的长度。

3. 滑动型目标散射中心 (SSC)

滑动型散射中心一般由曲面反射和曲边绕射所形成, 当雷达观测角度改变时，局部反射点或有效绕射点位置也相应改变，因此可以依据时频像或雷达二维像中 SSC 的特征，重构出曲面或曲边的轮廓。本书重点关注由曲面反射形成的滑动散射中心。以下以某无人机头部滑动散射中心为例，阐述该类散射中心的时频像特征与相应几何结构的关系。无人机目标头部滑动型散射中心见图 4.6.4。除雷达视向的变化导致 SSC 的多普勒频率变化外，SSC 位置与目标之间的相对位置变化也会导致其多普勒频率的改变，因此 SSC 的多普勒特征比 LSC 复杂。定义该目标头部曲面方程为 $F(x,y,z)=0$，其法向矢量为 $\hat{\boldsymbol{n}}(x,y,z)$，故 SSC 的位置 (x_i,y_i,z_i) 可通过如下方程组求解获得：

$$\begin{cases} F(x,y,z)=0 \\ \hat{\boldsymbol{n}}(x,y,z)\times\hat{\boldsymbol{r}}_{\text{los}}=0 \end{cases} \tag{5.1.7}$$

例如，一般飞行器的流线型曲面方程 (如抛物线或椭圆方程) 可以分段采用不同的二次方程描述。$F(x,y,z)$ 可表示为二次方程形式：

$$F(x,y,z)=a_1x^2+a_2y^2+a_3xy+a_4=0 \tag{5.1.8}$$

通过 (5.1.7) 式求解得到的 SSC 的位置矢量记为 $\boldsymbol{r}_s=x_s\hat{\boldsymbol{x}}+y_s\hat{\boldsymbol{y}}+z_s\hat{\boldsymbol{z}}$。随着观测角度的变化，$\boldsymbol{r}_s$ 在表面上移动，其轨迹即为目标的轮廓。由 $\boldsymbol{r}_s$ 可进一步推导得到多普勒频率的参数化方程。为了方便表示，设观测角度为：$\theta=90^\circ$，$\phi=\omega t$。则 SSC 的位置对应的多普勒频率可表示为

$$f_{\text{D}s}(\theta)=\frac{2f}{c}\frac{\text{d}(\hat{\boldsymbol{r}}_{\text{los}}\cdot\boldsymbol{r}_s)}{\text{d}t}=\frac{2}{\lambda}\omega(x_s\cos\phi+y_s\sin\phi) \tag{5.1.9}$$

从回波的时频图中，可以提取 $f_{\text{D}s}(\theta)$ 的数据。通过多普勒频率的参数化方程与提取数据的拟合，可以估计得到表面的几何轮廓方程的参数 $(a_n,n=1,2,3,4)$。

5.1.2 利用散射中心模型实现目标几何重构

依据 5.1.1 节内容我们知道了散射中心的时频像特征与目标的几何结构之间的对应关系。为了实现对目标几何的重构，首先需要目标的大致外形从而确定散射中心的类型，并建立数学模型；然后再利用目标回波中多普勒频率特征，对散

射中心的数学模型参数进行匹配估计，最终获得几何外形信息。通常备受关注的雷达目标，其大致形状可通过公开发表的文献以及网络资源获取，然而其精确的几何结构和细节特征往往未知。本小节以无人机目标为例 (图 4.5.1)，介绍依据已知的大致外形以及雷达回波情况下，如何利用散射中心模型实现目标几何轮廓的精确反演。

如图 4.5.2 所示，无人机上的 LSC 广泛分布于目标几何不连续处，包括机翼尖顶、翼身连接处、侧翼边缘以及机身表面的不连续处等。在某些复杂小尺寸结构上，由于多个散射中心位置较为接近，在图像分辨单元内，故在这些散射中心用一个散射中心代替表示。例如：无人机目标的 LSC5 用于表示其尾部复杂分布的散射中心，其位置被定位于这些散射中心的几何中心，用于指代其共同的散射结果。DSC 主要由其机翼边缘以及机身反射而形成，无人机目标的机翼很长，其前缘单曲面反射和后缘直边绕射形成的 DSC 非常明显。SSC 为其头部以及头部和机身连接处的曲面反射而形成。

通过角度扫描获得无人机的散射回波，经时频变换获得时频像，再由 OTSM 变换获得最终图像。在该图像域中，LSC 呈现为圆形，而 DSC 为直线，通过圆霍夫变换可提取圆弧中心，线性霍夫变换可提取直线的长度和倾角，从而获得 LSC 和 DSC 的位置与分布信息，也就是尖顶位置，以及直边、单曲面的长度和姿态信息。四个 DSC 的可观察角度分别为：$\theta_i = 90°$，$\phi_1 = -\phi_4 = -92.6°$，$\phi_2 = -\phi_3 = -87.4°$，$\phi_5 = 0°$，故可以推知无人机目标的后掠角为 $(\phi_2 - \phi_1)/2 = 2.6°$，前掠角为 $(\phi_4 - \phi_3)/2 = 2.6°$，而机翼和机身的长度可通过 OTSM 图形直接推知，分别约为 6.89 m 和 4.28 m。

在平视扫角观测时 $(\theta_i = 90°, \phi = 0° \sim 180°)$，无人机头部 SSC 的运动轨迹为相应曲面上的轮廓曲线，如图 5.1.3(a) 所示。依据飞行器流线型曲面设计，飞机头部的曲面可划分为三段，其轮廓曲线为 Curve 1、Curve 2 和 Curve 3，这三段轮廓曲线可采用椭圆曲线方程描述。为了精确地反演目标的轮廓信息，目标时频像中提取得到的 SSC 多普勒频率变化曲线也相应划分为三段，如图 5.1.3(b) 所示。

Curve 1 和 Curve 2 分别为流线型目标设计中的头部和尾部，其分界点为与 y 轴平行的直线和目标头部的切点；Curve 3 为机头曲线与机身之间的过渡段。以下以 Curve 1 为例，阐述由多普勒曲线重构目标真实轮廓的实现方法。Curve 1 曲线方程如下式：

$$\begin{cases} x_s = a\cos\alpha + b + \delta\sin\theta_y \\ y_s = p\sin\alpha + d + \delta\cos\theta_y \end{cases} \tag{5.1.10}$$

式中，a 和 p 分别为椭圆曲线的短轴和长轴；b 和 d 分别为其在 x 轴方向和 y 轴方向上的平移量；δ 为 SSC 的径向距离相关的参量，与散射中心的多普勒频率无关；α 为该椭圆曲线的离心角，其为连接雷达视向和该椭圆曲线方程的关键参数；θ_y 为雷达视向与 y 轴之间的夹角，可表示为

$$\theta_y = \arccos(\sin\theta\sin\phi) \tag{5.1.11}$$

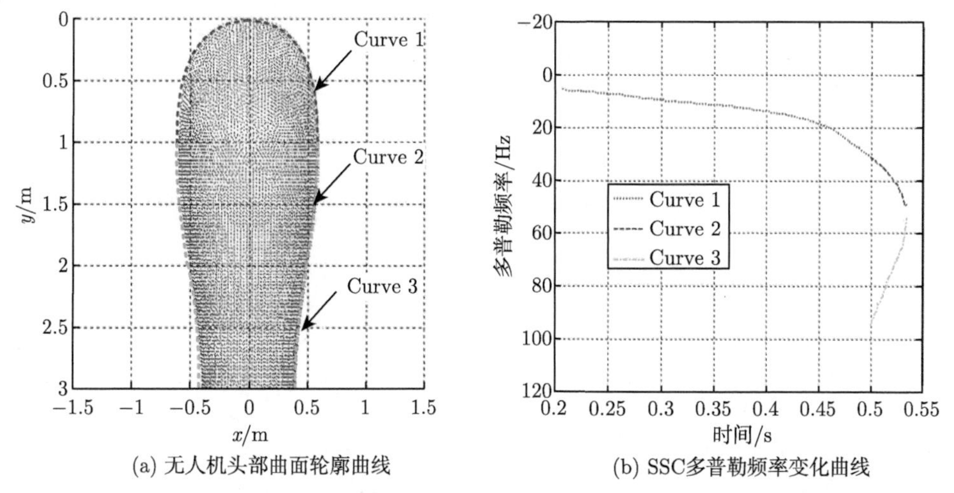

(a) 无人机头部曲面轮廓曲线 (b) SSC多普勒频率变化曲线

图 5.1.3 无人机目标头部曲面轮廓曲线以及所提取的 SSC 多普勒频率变化曲线

定义椭圆曲线切线的斜率为 η，根据 SSC 的产生机理，即曲面反射机理，该参数表达式及其推导式如下：

$$\eta = \frac{\mathrm{d}y}{\mathrm{d}x} = -\frac{p}{a}\mathrm{arccot}\alpha = \tan(\pi - \theta_y) \tag{5.1.12}$$

通过 (5.1.12) 式可推导得到离心角 α 的表达式如下：

$$\alpha = \mathrm{arccot}\left(\frac{a}{p}\tan\theta_y\right) \tag{5.1.13}$$

将 (5.1.11) 式和 (5.1.13) 式代入 (5.1.10) 式，即可得到含有雷达入射方向参数的 SSC 位置方程。基于该位置表示，可进一步推导得到径向距离 ρ_s 的参数化方程，以及多普勒频率 f_{D} 的参数化方程。

通过回波的时频像可以提取得到多普勒频率曲线，基于该数据以及 f_{D} 的参数化方程，可以估计得到 Curve 1 的几何参数 (a, b, p, d)。经过参数估计后的 f_{D} 和 ρ_s 曲线拟合结果分别如图 5.1.4(a) 和 (b) 所示。将几何参数的估计结果代入曲线的参数表达式 (5.1.10) 可重构得到 Curve 1，重构曲线与其真实曲线形状的对比如图 5.1.4(c) 所示。

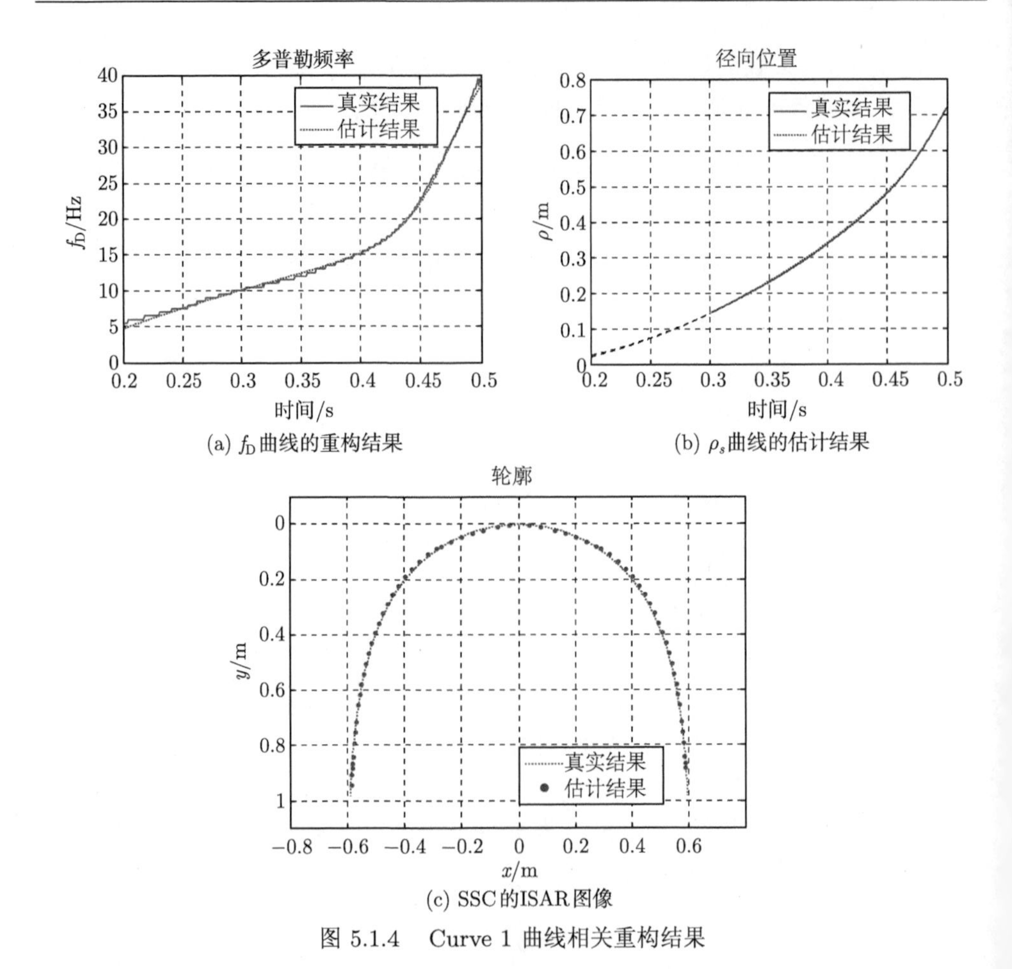

(a) f_D 曲线的重构结果 (b) ρ_s 曲线的估计结果

(c) SSC 的ISAR图像

图 5.1.4 Curve 1 曲线相关重构结果

在获取曲面二维轮廓后，通过改变扫描角度重新获得时频图像，重复上述过程，可进一步获取其三维曲面结构。当观察角度为 $\theta = \psi$ 时，SSC 的位置变化曲线轨迹相应改变，如图 5.1.5 所示，此时 SSC 在某时刻的空间位置通过极坐标 (ρ, ψ, y) 表示，各参量的表达通过方程组 (5.1.14) 表述。

$$\begin{cases} \rho = a\cos\alpha + b + \delta\sin\theta_y \\ \psi = \arctan\left(\cos\theta/(\sin\theta\cos\phi)\right) \\ y = c\sin\alpha + d + \delta\cos\theta_y \end{cases} \tag{5.1.14}$$

通过取不同雷达俯仰角 $\theta = 30°, 45°, \cdots, 150°$ 下观察的散射数据，采用前文所述的重构方法，对各散射点轨迹曲线也即曲面轮廓线进行重构，可得结果如图 5.1.6 所示，红色曲线为重构结果，蓝色点云为无人机头部的真实几何结构。

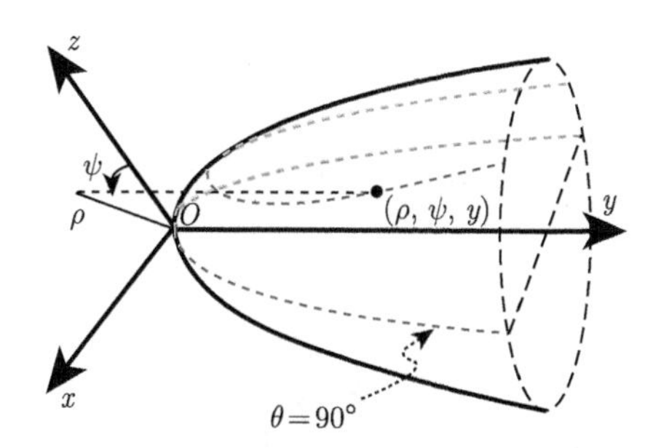

图 5.1.5 一般观察角度下 SSC 位置变化曲线的示意图

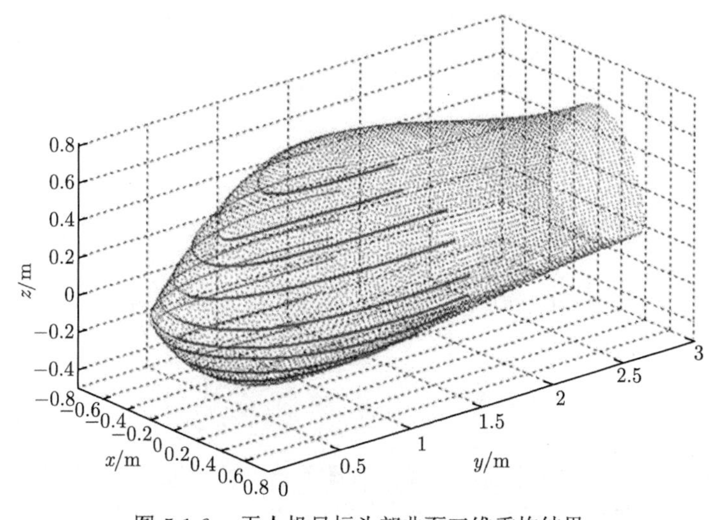

图 5.1.6 无人机目标头部曲面三维重构结果

结合通过 LSC 和 DSC 所获得的目标几何特征，可得到无人机目标的综合重构结果，如图 5.1.7 所示。利用散射中心以及时频特性，可反演获得目标较为精确的几何特征，不仅包括目标的尺寸特征 (如飞机目标的翼展和机身长度)、主要几何结构特征 (如目标上各几何不连续处的位置和后掠角等)，还包括部分结构的精确细节特征 (如曲面部分的精确三维结构)。经统计，通过上述方法获取的目标几何特征相对于无人机真实几何尺寸的平均误差约为 0.011 m；而对于头部曲面三维重构的误差小于 0.008 m。而通过 HRRP 图像特征以及 ISAR 的图像特征提取目标几何特征的方法，其提取精度则主要受到其成像分辨率限制，在相同频段 (L 波段) 且带宽为 1GHz 的情况下，横向分辨率约为 0.15 m，而纵向分辨率在相同观察范围 (240°) 下约为 0.072 m，可见基于时频像特征的几何重构方法对于目标几何尺寸恢复，尤其是目标曲面几何特征的恢复的精度更高。然而目标一维以及二维成像技术在雷达应用领域已实现了广泛的应用，其技术成熟度较高、抗噪性好，且成像结果直观、明确，这是本书所提几何重构方法尚不具备的优势。该方法可作为目标高分辨成像方法的辅助，充分利用已知的散射中心信息和回波信息反演目标的几何信息。

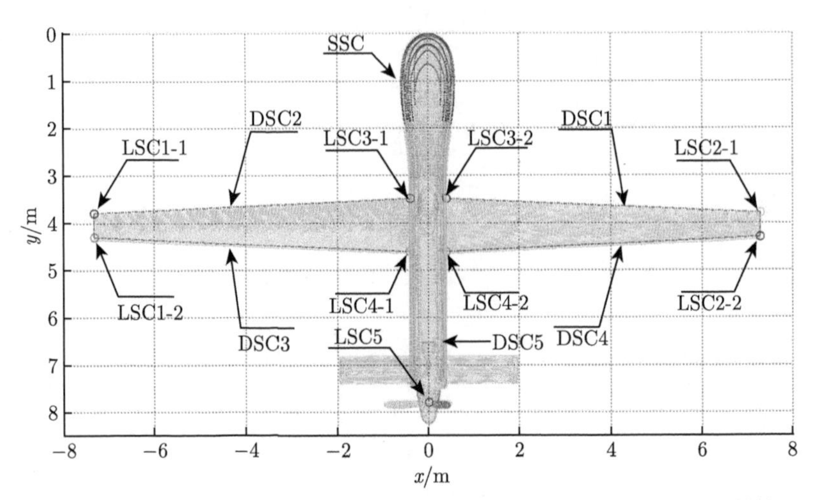

图 5.1.7　无人机目标的几何重构结果 (灰色点云为无人机的真实几何结构)

5.2　脱靶量测量

在脱靶量估计中，雷达接收天线一般设置于靶标附近，当目标与靶标较远时，可以将其近似成点目标进行处理。然而当目标与靶标相对较近时，散射回波表现出很强的体效应，此时不能将目标散射回波视为一个散射点的贡献。本节结合弹头类目标的散射中心模型分析，介绍基于目标体散射中心模型的脱靶量估计方法。上述方法的估计结果均与传统的脱靶量估计方法进行了比较，展现出较高的估计精度。

5.2.1　脱靶量估计基本原理

脱靶量的基本含义是指弹头目标飞过靶标过程中与靶标的最小距离 [7]，该概念后来延伸出标量脱靶量和矢量脱靶量，前者即脱靶量的基本概念，而后者不仅包括标量脱靶量，还有目标与靶标遭遇过程的相对运动轨迹和相对速度矢量。脱靶量的估计方法又可分为通过多普勒频率的估计方法以及通过窄脉冲的估计方法，前者易于克服目标低空或地面、海面飞行时的杂波影响并易于实现大脱靶量估计，因此获得了更广泛的应用。

由于弹头目标与靶标的交会过程中，目标的多普勒频率随时间的变化规律由导弹与靶标的相对速度和标量脱靶量等共同决定。脱靶量参数不同，多普勒频率–时间曲线的变化规律也不相同，故只需测得该交会过程中目标多普勒频率–时间曲线，通过拟合该曲线，即可获得标量脱靶量以及目标与靶标的相对速度，上述过程为脱靶量估计方法的基本原理。以一匀速直线飞行的弹头目标为例，本小节具体说明该估计方法，弹靶交会的过程如图 5.2.1 所示。

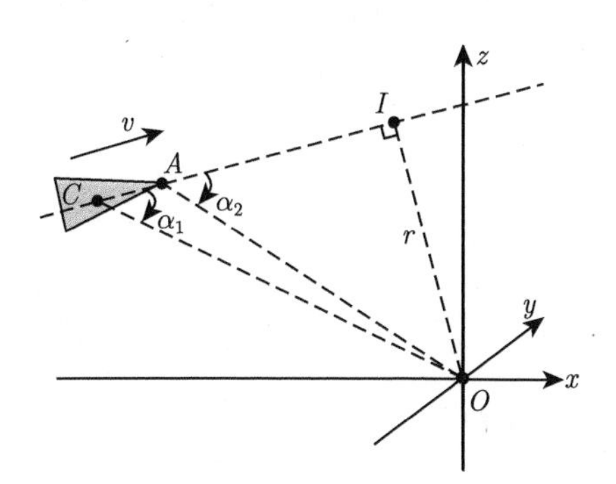

图 5.2.1 弹头目标与靶标遭遇过程示意图

图 5.2.1 中，设目标以速度 v 匀速飞过靶点 O，以靶点为坐标原点建立空间参照坐标系 (x, y, z)。定义弹靶交会于 I 点 (脱靶点)，两者之间的最小距离即标量脱靶量，记为 r。定义时间零点为过脱靶点 I 的时刻。目标质心记为 C 点，顶点记为 A 点。目标飞行轨迹与两点和靶点之间连线的夹角分别记作 α_1 和 α_2。若视目标为一点目标，位于 C 点，则目标的多普勒频率随时间的变化曲线可表述如下：

$$f_{\mathrm{D1}} = -\frac{2v}{\lambda}\cos\alpha_1 = -\frac{2}{\lambda}\frac{v^2 t}{\sqrt{(vt)^2 + r^2}} \tag{5.2.1}$$

由上式可知，若入射频率保持不变，则 C 点的多普勒频率主要由目标飞行速度 v 以及脱靶量 r 所决定。为说明 v 和 r 变量对 f_{D1} 的影响，这里仿真得到了不同参数设定下的理论多普勒频率曲线，如图 5.2.2 所示。入射频率 $f = 3$ GHz，目标飞行速度幅度改变时，多普勒频率曲线的变化见图 5.2.2 (a)；标量脱靶量改变时，多普勒频率曲线的变化见图 5.2.2 (b)。

对比图 5.2.2(a) 和 (b) 可见，当 C 点处于弹靶交会段时，其多普勒频率的正负发生转变，此时速度越大和标量脱靶量越小，则变化率越大。传统的脱靶量估计方法通过提取目标多普勒曲线估计值 $\hat{f}_{\mathrm{D1}}(t)$，然后通过拟合公式 (5.2.1) 中的理论曲线，获得在点目标假设下的目标标量脱靶量 r 和飞行速度 v。标量脱靶量的最小二乘估计如下：

$$(\hat{r}, \hat{v}) = \underset{r,v}{\mathrm{argmin}} \sum \left[\hat{f}_{\mathrm{D1}}(t) - f_{\mathrm{D1}}(t)\right]^2 \tag{5.2.2}$$

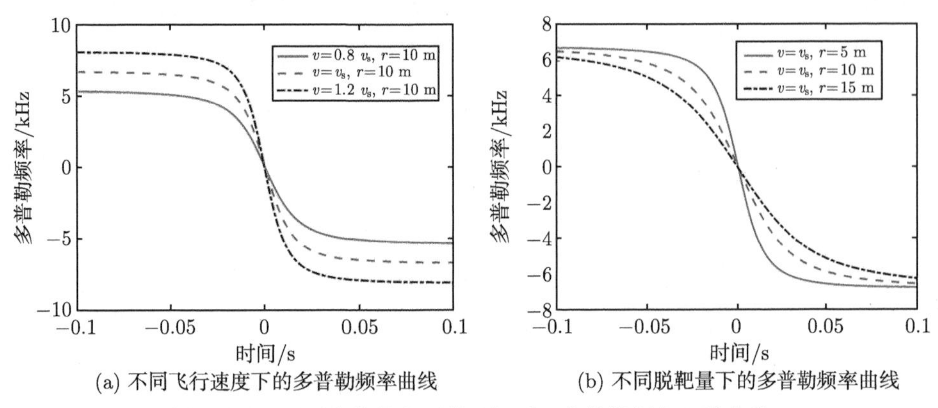

(a) 不同飞行速度下的多普勒频率曲线　　(b) 不同脱靶量下的多普勒频率曲线

图 5.2.2　不同参数设定下的目标质心多普勒频率理论曲线

多普勒频率一般通过时频变换和极值点提取而获得 [5,6]。首先，将目标的回波信号变换到时频域，通过提取时频图每个时刻下最强灰度值对应的频率值，获得多普频率曲线。在所提取的多普勒曲线中，由噪声引起的估计“野值”，可通过小波变换的方法进行消除 [7]。传统的多普勒频率参数提取过程中通常将最强散射点的位置作为目标的位置，然而在实际回波接收过程中，随着目标与靶标距离的逐渐减小，目标回波表现出很强的体散射特征，具体体现为多散射点效应，弹体不能再被视为理想点目标。目标上最强散射点的位置将会随目标与雷达之间相对姿态的变化而改变，这也会产生多普勒频率曲线估计的野值，实测数据表明，该问题在目标飞过脱靶点的时刻表现得尤为突出，这将对多普勒频率曲线拟合以及参数估计造成误差，而这种误差仅通过平滑曲线是不能被彻底消除的。针对上述问题，下文将介绍基于目标体散射中心模型的脱靶量估计方法 [8,9]，有效解决体散射效应对脱靶量测量引入的问题。

5.2.2　弹头类目标散射中心

为具体阐述该方法，这里选取两类具有代表性的弹头几何模型，先分析其散射中心分布特点，并建立散射中心模型。这里将两类弹头目标简称为目标 1、目标 2，其几何结构分别如图 5.2.3 (a), (b) 所示。目标 1 为锥体、柱体和锥台的组合体，底面边缘为台阶状的棱边型结构；目标 2 为典型的流线型圆锥体弹头结构，其侧面曲线方程可通过四阶方程进行描述 ((5.2.3) 式)，各目标的几何结构以及坐标指向如图 5.2.3 所示。目标 1 的几何参数：$r_1 = 0.15\text{m}, r_2 = 0.4\text{m}, r_3 = 0.5\text{m}, h_1 = 1.986\text{m}, h_2 = 1.8\text{m}, h_3 = 0.275\text{m}$；目标 2 的几何参数：$r_1 = 0.55\text{m}, h_1 = 2.6\text{m}$。

$$z = -83.39y^4 + 74.5158y^3 - 24.7709y^2 + 0.6063y + 2.59, \quad y \in [0\text{m}, 0.55\text{m}] \tag{5.2.3}$$

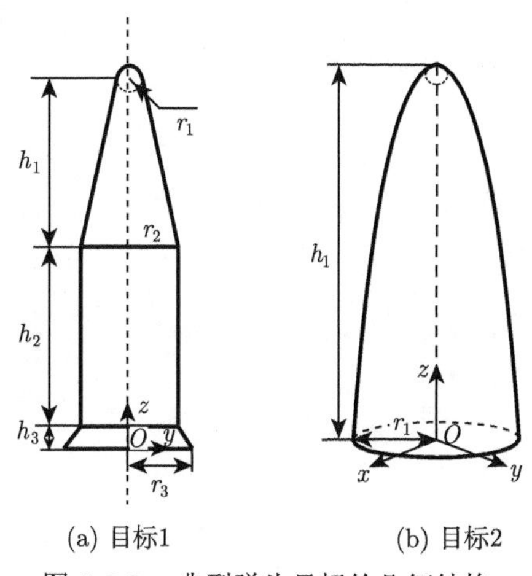

(a) 目标1 (b) 目标2

图 5.2.3 典型弹头目标的几何结构

基于弹头类目标的几何结构可以预知各弹头的散射中心及其类型，如图 5.2.4 所示，由于目标多为旋转对称体，则仅需建立二维散射中心模型，故设置 $\theta = 0° \sim 180°$，ϕ 可取任意值，这里设 $\phi = 180°$。依据散射中心类型可以选取相应的数学模型，见表 5.2.1 和表 5.2.2。(注：该仿真仅关注于时频图像特征的相似度。为了简化，分布型散射中心都采用了 sinc 函数形式。)

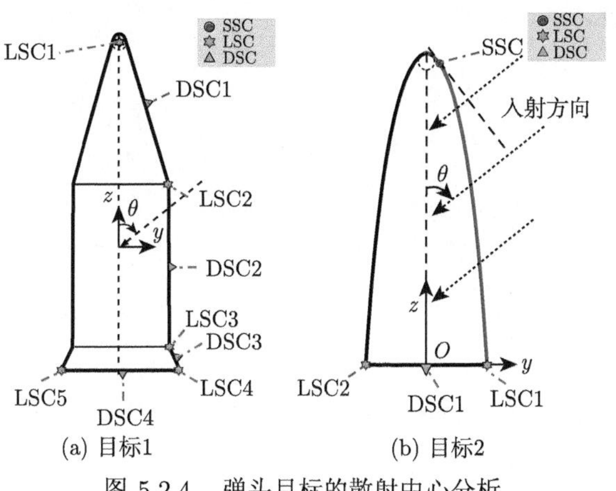

(a) 目标1 (b) 目标2

图 5.2.4 弹头目标的散射中心分析

表 5.2.1 目标 1 的散射中心模型

散射中心	散射中心模型	散射中心参数
LSC1	$A_1 W_1(\theta)\exp(\mathrm{j}2k\boldsymbol{r}'_1\cdot\hat{\boldsymbol{r}}_{\mathrm{los}})$	$\boldsymbol{r}'_1=[0,0,h_1+h_2+h_3]$; $W_1(\theta)=\mathrm{fir1}(\theta,[0,\pi/2])$; A_1 为待估参数
LSC2	$A_2\left(\frac{\mathrm{j}f}{f_{\mathrm{c}}}\right)^{-0.5}W_2(\theta)\exp(-\beta_2\lvert\sin(\theta-\theta_2)\rvert)$ $\cdot\exp(\mathrm{j}2k\boldsymbol{r}'_2\cdot\hat{\boldsymbol{r}}_{\mathrm{los}})$	$\boldsymbol{r}'_2=[0,r_2,h_2+h_3]$; $W_2(\theta)=\mathrm{fir1}(\theta,[0,\pi])$; A_2,θ_2,β_2 为待估参数
LSC3	$A_3\left(\frac{\mathrm{j}f}{f_{\mathrm{c}}}\right)^{-0.5}W_3(\theta)\exp(-\beta_3\lvert\sin(\theta-\theta_3)\rvert)$ $\cdot\exp(\mathrm{j}2k\boldsymbol{r}'_3\cdot\hat{\boldsymbol{r}}_{\mathrm{los}})$	$\boldsymbol{r}'_3=[0,r_2,h_3]$; $W_3(\theta)=\mathrm{fir1}(\theta,[0,\pi])$; A_3,θ_3,β_3 为待估常数
LSC4	$A_4\left(\frac{\mathrm{j}f}{f_{\mathrm{c}}}\right)^{-0.5}W_4(\theta)\exp(-\beta_4\lvert\sin(\theta-\theta_4)\rvert)$ $\cdot\exp(\mathrm{j}2k\boldsymbol{r}'_4\cdot\hat{\boldsymbol{r}}_{\mathrm{los}})$	$\boldsymbol{r}'_4=[0,r_3,0]$; $W_4(\theta)=\mathrm{fir1}(\theta,[0,\pi])$; A_4,θ_4,β_4 为待估参数
LSC5	$A_5\left(\frac{\mathrm{j}f}{f_{\mathrm{c}}}\right)^{-0.5}W_5(\theta)\exp(-\beta_5\lvert\sin(\theta-\theta_5)\rvert)$ $\cdot\exp(\mathrm{j}2k\boldsymbol{r}'_5\cdot\hat{\boldsymbol{r}}_{\mathrm{los}})$	$\boldsymbol{r}'_5=[0,-r_3,0]$; $W_5(\theta)=\mathrm{fir1}(\theta,[\pi/2,\pi])$; A_5,θ_5,β_5 为待估参数
DSC1	$B_1\left(\frac{\mathrm{j}f}{f_{\mathrm{c}}}\right)^{0.5}W_{\mathrm{d}1}(\theta)\,\mathrm{sinc}\,[2kL_1\sin[\theta-\theta_{\mathrm{d}1}]]$ $\cdot\exp(\mathrm{j}2k\boldsymbol{r}'_{\mathrm{d}1}\cdot\hat{\boldsymbol{r}}_{\mathrm{los}})$	$\boldsymbol{r}'_{\mathrm{d}1}=\left[0,\frac{r_2}{2},\frac{h_1}{2}+h_2+h_3\right]$; $L_1=\sqrt{h_1^2+r_2^2}$; $\theta_{\mathrm{d}1}=\arctan\left[\frac{h_1}{r_2}\right]$; $W_{\mathrm{d}1}(\theta)=\mathrm{fir1}(\theta,[\theta_{\mathrm{d}1}-\pi/2,$ $\theta_{\mathrm{d}1}+\pi/2])$; B_1 为待估参数
DSC2	$B_2\left(\frac{\mathrm{j}f}{f_{\mathrm{c}}}\right)^{0.5}W_{\mathrm{d}2}(\theta)\,\mathrm{sinc}\left[2kL_2\sin\left(\theta-\frac{\pi}{2}\right)\right]$ $\cdot\exp(\mathrm{j}2k\boldsymbol{r}'_{\mathrm{d}2}\cdot\hat{\boldsymbol{r}}_{\mathrm{los}})$	$\boldsymbol{r}'_{\mathrm{d}2}=\left[0,r_2,h_3+\frac{h_2}{2}\right]$; $W_{\mathrm{d}2}(\theta)=\mathrm{fir1}(\theta,[0,\pi/2])$; $L_2=h_2$; B_2 为待估参数
DSC3	$B_3\left(\frac{\mathrm{j}f}{f_{\mathrm{c}}}\right)^{0.5}W_{\mathrm{d}3}(\theta)\,\mathrm{sinc}\,[2kL_3\sin(\theta-\theta_{\mathrm{d}3})]$ $\cdot\exp(\mathrm{j}2k\boldsymbol{r}'_{\mathrm{d}3}\cdot\hat{\boldsymbol{r}}_{\mathrm{los}})$	$\boldsymbol{r}'_{\mathrm{d}3}=\left[0,\frac{(r_3+r_2)}{2},\frac{h_3}{2}\right]$; $W_{\mathrm{d}3}(\theta)=\mathrm{fir1}(\theta,[\theta_{\mathrm{d}3}-\pi/2,$ $\theta_{\mathrm{d}3}+\pi/2])$; $\theta_{\mathrm{d}3}=\arctan\left[\frac{h_3}{r_3-r_2}\right]$; $L_6=\sqrt{h_3^2+(r_3-r_2)^2}$; B_3 为待估参数
DSC4	$B_4\left(\frac{\mathrm{j}f}{f_{\mathrm{c}}}\right)^{1}W_{\mathrm{d}4}(\theta)\,\mathrm{sinc}\,[2kL_4\sin(\theta-\pi)]$ $\cdot\exp(\mathrm{j}2k\boldsymbol{r}'_{\mathrm{d}4}\cdot\hat{\boldsymbol{r}}_{\mathrm{los}})$	$\boldsymbol{r}'_{\mathrm{d}4}=[0,-r_3,0]$; $W_{\mathrm{d}4}(\theta)=\mathrm{fir1}(\theta,[\pi/2,3\pi/2])$; B_4 为待估参数

表 5.2.2 目标 2 的散射中心模型

散射中心	散射中心模型	散射中心参数
LSC1	$A_1\left(\frac{\mathrm{j}f}{f_{\mathrm{c}}}\right)^{-0.5} W_1(\theta)\exp\left(-\beta_1\left\|\sin(\theta-\theta_1)\right\|\right)$ $\cdot\exp\left(\mathrm{j}2k\boldsymbol{r}_1'\cdot\hat{\boldsymbol{r}}_{\mathrm{los}}\right)$	$\boldsymbol{r}_1'=[0,r_1,0]$; $W_1(\theta)=\mathrm{fir1}(\theta,[\pi/2,\pi])$; A_1,θ_1,β_1 为待估参数
LSC2	$A_2\left(\frac{\mathrm{j}f}{f_{\mathrm{c}}}\right)^{-0.5} W_2(\theta)\exp\left(-\beta_2\left\|\sin(\theta-\theta_2)\right\|\right)$ $\cdot\exp\left(\mathrm{j}2k\boldsymbol{r}_2'\cdot\hat{\boldsymbol{r}}_{\mathrm{los}}\right)$	$\boldsymbol{r}_2'=[0,-r_1,0]$; $W_2(\theta)=\mathrm{fir1}(\theta,[\pi/2,\pi])$; A_2,θ_2,β_2 为待估常数
SSC1	$A_3(\theta)\exp\left(\mathrm{j}2k\boldsymbol{r}_3'(\theta)\cdot\hat{\boldsymbol{r}}_{\mathrm{los}}\right)$	$A_4=\sum_{n=1}^{5}a_n\theta^{n-1}$，$a_n$ 为待估参数; $\boldsymbol{r}_4'$ 可以依据轮廓方程和雷达视线方向求解得到 (详见 2.1.3 节)
DCS1	$A_4\left(\frac{\mathrm{j}f}{f_{\mathrm{c}}}\right)^{1} W_4(\theta)\,\mathrm{sinc}\left(kL_4\sin(\theta-\pi)\right)$ $\cdot\exp\left(\mathrm{j}2k\boldsymbol{r}_4'\cdot\hat{\boldsymbol{r}}_{\mathrm{los}}\right)$	$\boldsymbol{r}_4'=[0,0,0]$; $W_4(\theta)=\mathrm{fir1}(\theta,[\pi/2,\pi])$; A_4 为待估常数

上述模型参数估计方法可采用遗传算法或粒子群方法。定义全波算法计算所得目标散射回波数据仿真时频图为 TFRo，散射中心模型时频图为 TFRe, 选取目标函数为 OF1：y=RMSE(TFRo−TFRe)，OF1 中，RMSE(·) 为求取图像均方根误差的运算；以及 OF2：$y=1-$Corrcoef (TFRo−TFRe)，OF2 中，Corrcoef (·) 为求取两时频图像相关系数的运算。通过综合两目标函数下的最佳估计结果，获得的两目标时频图像相关系数分别为 0.95 和 0.89。最终估计结果对比图如图 5.2.5 和图 5.2.6 所示，两图同时对不同时频像特征所对应的散射中心进行了标注。

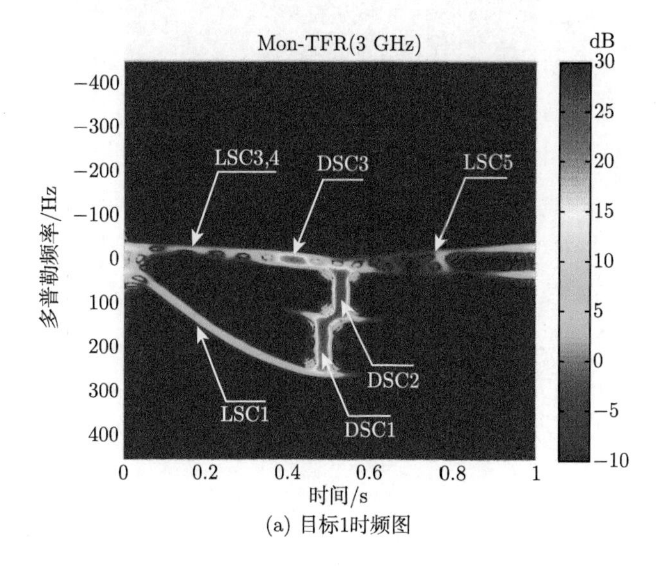

(a) 目标1时频图

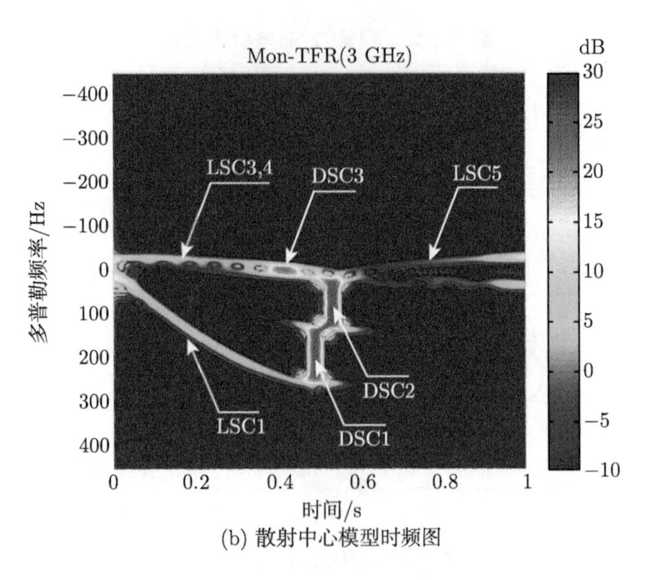

(b) 散射中心模型时频图

图 5.2.5　目标 1 及其散射中心模型时频图

由图 5.2.5 和图 5.2.6 可见，两目标散射中心模型能够对目标的散射回波进行精确的描述，且形成相似度较高的时频图像。该散射中心模型的准确性为脱靶量的估计精度提供了重要保障。

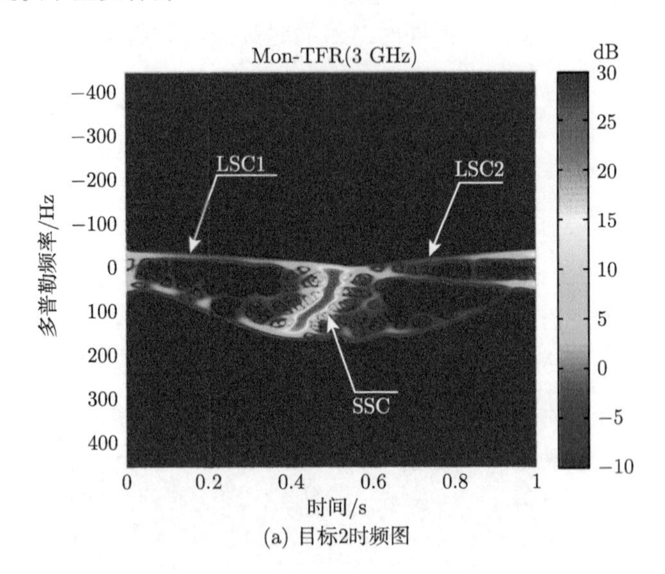

(a) 目标2时频图

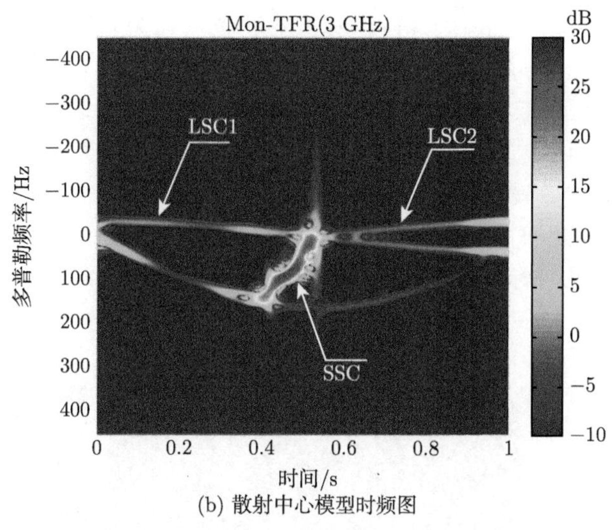

(b) 散射中心模型时频图

图 5.2.6 目标 2 及其散射中心模型时频图

5.2.3 基于弹头目标体散射中心模型的脱靶量估计方法

该脱靶量估计方法将不采用所提取的多普勒频率曲线作为拟合对象，而是直接以目标脱靶量和飞行速度作为未知参数，通过将散射中心模型仿真获得的目标飞过靶点过程的时频图与目标真实的时频图像进行图像匹配，估计获得脱靶量和速度参数。由于目标时频像中包含了在观察过程中可能产生的所有散射中心的时频信息，故该方法有效消除了多散射点效应在传统脱靶量估计方法中所引入的影响。该方法的估计精度主要取决于所建立的体散射中心模型的精度，以及参数估计算法的精度。

下面给出该算法的具体应用过程。设置目标的飞行过程为匀加速运动，加速度设为 a。由两个目标散射中心模型，可以模拟得到目标的散射回波：

$$
\begin{aligned}
E_{\text{echo}}(\xi, f) &= E_{\text{s}}(\xi, f)\exp(-2\mathrm{j}kR) \\
&= \left[\sum_{i=1}^{N} E_{\text{LSC}i}(\xi, f) + \sum_{j=1}^{M} E_{\text{DSC}j}(\xi, f)\right] \\
&\quad \cdot \exp\left(-2\mathrm{j}k\sqrt{\left(v_0 t + \frac{1}{2}at^2\right)^2 + r^2}\right)
\end{aligned} \tag{5.2.4}
$$

式中，$\xi(\theta, \phi)$ 为雷达方位角；f 为入射波频率；v_0 为目标在该飞行过程中的初速度；$E_{\text{LSC}i}$ 和 $E_{\text{DSC}j}$ 分别为 LSC 和 DSC 的散射场贡献，见表 5.2.1 和表 5.2.2。定义目标中心坐标系如图 5.2.1 所示，R 为其原点与雷达之间的距离，并定义目标过脱靶点 I 的时刻为时间零点。

以目标飞过脱靶点的瞬时速度 v 以及脱靶量 r 作为未知参数，通过时频变换即可获取 E_{echo} 的时频图 TFRe。而通过全波法计算目标飞行过程的散射回波，对其进行时频变换可获取其时频图 TFRo。以两时频像相似度最高为目标函数，通过遗传算法可估计参数 v 和 r。

仿真的初始参数设置如下：脱靶量 $r = 9$ m，目标加速度 $a = 100$ m/s^2，目标飞过脱靶点的瞬时速度为两倍声速，即 $v = 680$ m/s。信号的信噪比设置为 SNR=15dB。两目标全波法计算结果的时频图像如图 5.2.7(a) 和图 5.2.8(a) 所

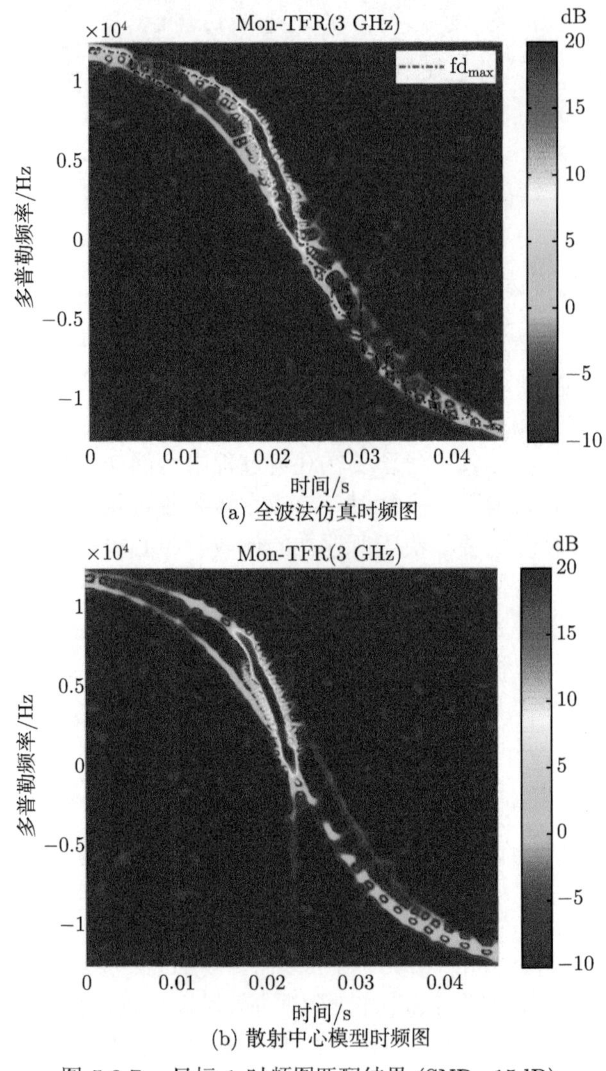

(a) 全波法仿真时频图

(b) 散射中心模型时频图

图 5.2.7　目标 1 时频图匹配结果 (SNR=15dB)

示。将最优估计得到的参数代入 (2.5.4) 式，获得的模拟回波的时频像如图 5.2.7(b) 和图 5.2.8(b) 所示。为了与传统方法对比，通过极值点提取获得的两目标最强散射点的时频曲线 ($\mathrm{fd}_{\max}$) 在图 5.2.7(a) 和图 5.2.8(a) 中给出。

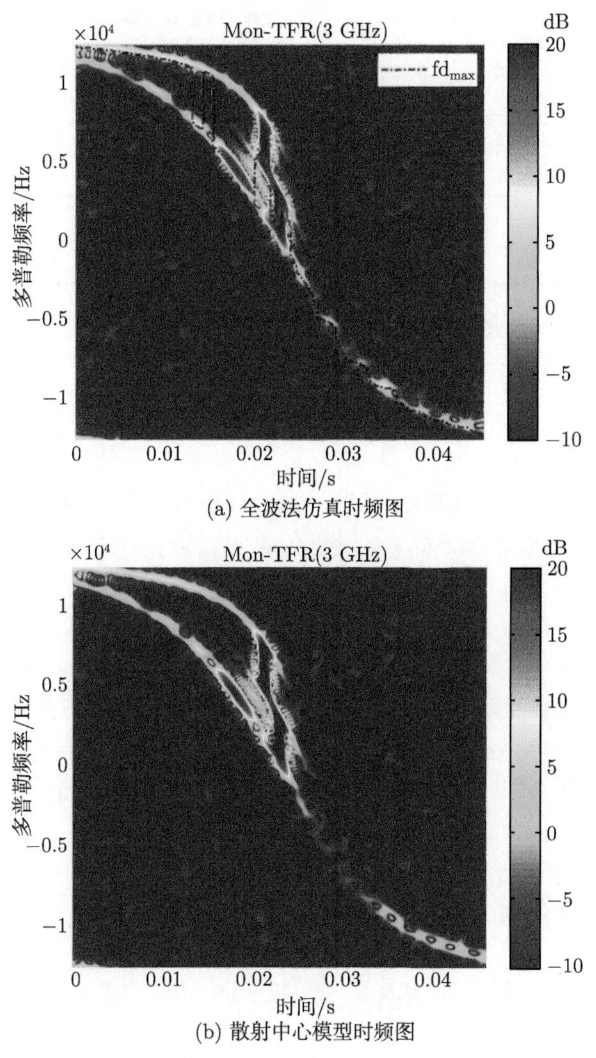

(a) 全波法仿真时频图

(b) 散射中心模型时频图

图 5.2.8 目标 2 时频图匹配结果 (SNR=15dB)

该方法在不同信噪比 (SNR=5dB，10dB，15dB，20dB) 下两目标的脱靶量 r 和瞬时速度 v 的估计结果 (分别记作 r_n 和 v_n)，如表 5.2.3 和表 5.2.4 所示；并对比展示了传统脱靶量估计方法的参数估计结果，即通过拟合 $\mathrm{fd}_{\max}$ 曲线获取的 r 和 v 的估计值 (分别记作 r_t 和 v_t)。两表同时对比展示了两方法的相对估计误差，

分别记作 ε_{rn}、ε_{vn} 和 ε_{rt}、ε_{tn}。由两表结果可知，利用整体散射中心模型的脱靶量估计方法具有较强的稳定性和抗噪声能力，在信噪比较低时，如 SNR=5dB 时，对 r 和 v 的相对估计误差也小于 10%。

表 5.2.3 目标 1 脱靶量估计结果

SNR	r_n/m	ε_{rn}	v_n/(m/s)	ε_{vn}	r_t/m	ε_{rt}	v_t/(m/s)	ε_{tn}
5	8.2	8.82%	619.85	8.8%	11.99	33.30%	775.92	14.11%
10	8.55	4.97%	646.02	4.9%	6.88	23.54%	651.99	4.12%
15	8.86	1.52%	669.46	1.55%	7.53	16.25%	655.53	3.65%
20	8.99	0.11%	679.24	0.11%	8.42	6.42%	704.41	3.59%

表 5.2.4 目标 2 脱靶量估计结果

SNR	r_n/m	ε_{rn}	v_n/(m/s)	ε_{vn}	r_t/m	ε_{rt}	v_t/(m/s)	ε_{tn}
5	9.87	9.68%	745.8	9.68%	5.39	40.08%	575.22	15.41%
10	8.55	4.96%	646.22	4.9%	6.02	33.00%	626.02	7.94%
15	9.36	4.04%	707.37	4.03%	6.10	32.12%	628.70	7.54%
20	9.29	3.32%	702.52	3.31%	6.46	28.22%	637.32	6.28%

由图 5.2.7(a) 和图 5.2.8(a) 可见，由于目标散射中心强度和位置的变化，散射最强点的时频曲线波动较大，这对于传统脱靶量估计方法的估计精度存在较大的影响。对比两估计方法的估计误差可见，本节介绍的脱靶量估计方法，其估计误差远小于传统方法。采用传统方法的脱靶量估计误差与瞬时速度的估计误差相比较小，这验证了上文对于脱靶量估计原理的理论分析，即目标飞行速度相比于脱靶量对多普勒频率曲线的波动更加敏感；而由于本节方法充分利用了时频图像中所有散射中心所提供的信息，故采用该方法对两者的估计误差相差很小。通过比较表 5.2.3 和表 5.2.4 可见，两估计方法对目标 2 的估计精度相比于目标 1 的略大，这是由于目标 2 上存在一个较强的滑动型散射中心，其方位依赖性相比于其他散射中心较为复杂，故其建模精度相比于其他散射中心略低，此因素在一定程度上增大了估计的误差。

5.3 雷达测角

雷达测角 (或定向) 的物理基础是电磁波在均匀介质中传播的直线性和雷达天线的方向性。最大信号法是一种粗略测量目标角位置的方法，它通过驱动天线扫掠目标，并记录信号回波的最大幅度所对应的角位置，这种方法常用于搜索雷达。该方法存在两个问题：第一，所记录的幅度数值变化仅能表述电轴偏离目标程度的增大或减小，并不能指示电轴偏离目标的确切方位，因此不能有效地驱动雷达对目标进行跟踪；第二，最大幅度一般对应波束的主瓣，其幅度随角度变化的灵敏度很小，因此依据主瓣幅度变化的测角精度很低。

跟踪雷达需要对运动中的目标进行连续的精确测角。早期，跟踪雷达多采用顺序波瓣扫描法，该方法很好地改进了最大信号法的两个问题。顺序波瓣扫描法包括波束转化法和圆锥扫描法。顺序波瓣扫描法通过四个 (或多个) 电轴偏置的波束，交替发射和接收脉冲信号，记录不同波束所接收信号的幅度。依据幅度差值和正负可以判断目标偏离等信号轴的角度和方向，将该信息反馈给雷达伺服系统，可驱动雷达实现对目标的连续跟踪。另外，幅度差随目标偏离等信号轴的角度变化非常敏感，因此这种测角方法精度较高，精度一般远小于雷达波束宽度。

顺序波瓣法存在两个问题：第一，目标散射场随距离、方位起伏会造成顺序波瓣法幅度差的附加误差；第二，由于每次测角都至少需要顺序获取四次回波信号，所以对于高机动目标而言，雷达处理数据速率会限制其跟踪能力。针对顺序波瓣扫描法的不足，1944 年美国海军实验室首次提出了单脉冲雷达的测角方案。单脉冲雷达从根本上很好地解决了波瓣转变方法的不足，是目前测角精度最高的雷达体制，其精度可达到波束宽度的 1/200 量级。单脉冲雷达同时形成多个波束，接收信号分“和通道”和“差通道”，通过单个脉冲的“差通道”与“和通道”信号比值可获得目标的角位置信息。

5.3.1 单脉冲测角原理

单脉冲测角是目前测角雷达中精度最高的一种雷达体制 [10]。一般地，目标散射特性起伏对各子波束回波引入的影响相同，因此不会对和差通道的比值造成影响。可见，与顺序波瓣扫描法相比，单脉冲雷达通过同时形成四个接收波束，避免了波束顺序扫描的数据率限制问题；通过和差通道比值而非幅度差计算空间角，避免了目标散射特性起伏所引入的误差问题。

比幅式单脉冲雷达的四个倾斜子波束的空间分布示意图见图 5.3.1，子波束的方向图相同，倾斜角度不同，分别记为 A，B，C，D。子波束的交叉点位于和波束的射束轴上，此轴又称为等信号轴。子波束方向图实际上是假定的，并不真实存在，但数学上可以如此表述，便于信号的分析。由四个子波束的方向图可方便地给出和波束方向图和差波束方向图。

单脉冲天线和差通道电压信号可表示为

$$S_{\Sigma}=\frac{1}{2}(A+B+C+D) \tag{5.3.1}$$

$$S_{\Delta\theta}=\frac{1}{2}[(C+D)-(A+B)] \tag{5.3.2}$$

$$S_{\Delta\phi}=\frac{1}{2}[(A+C)-(B+D)] \tag{5.3.3}$$

式中 A,B,C,D 分别表示四个子波束的电压。和、差通道电压信号比值可表示成

$$\varGamma_1=\frac{S_{\Delta\theta}}{S_{\Sigma}} \tag{5.3.4}$$

$$\varGamma_2=\frac{S_{\Delta\phi}}{S_{\Sigma}} \tag{5.3.5}$$

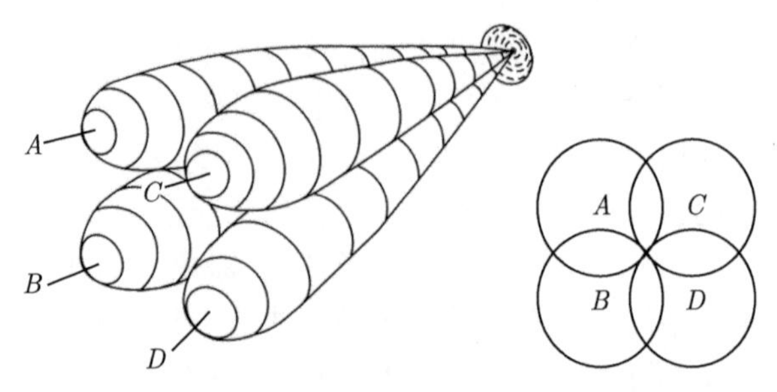

图 5.3.1 比幅式单脉冲雷达的四个倾斜子波束及其截面的交叠关系

假设四个子波束的方向图函数是一致的，都是 $f(\theta,\phi)$。四个子波束的等信号轴方向为 $(\theta_{\rm c},\phi_{\rm c})$，其主瓣方向偏离等信号轴的角度分别为 $(-\theta_0,\phi_0),(-\theta_0,-\phi_0),(\theta_0,\phi_0),(\theta_0,-\phi_0)$。目标回波方向偏离等信号轴方向的角度为 $(\Delta\theta,\Delta\phi)$，则目标回波方向偏离四个子波束主瓣方向的角度分别为 $(-\theta_0-\Delta\theta,\phi_0-\Delta\phi)$，$(-\theta_0-\Delta\theta,-\phi_0-\Delta\phi)$，$(\theta_0-\Delta\theta,\phi_0-\Delta\phi)$，$(\theta_0-\Delta\theta,-\phi_0-\Delta\phi)$。故四个子波束对应的接收信号可表示成

$$\begin{cases}f_A=f(\theta_0+\Delta\theta,\phi_0-\Delta\phi)\approx f(\theta_0,\phi_0)+\left.\dfrac{\partial f}{\partial\theta}\right|_{\theta=\theta_0}\Delta\theta+\left.\dfrac{\partial f}{\partial\phi}\right|_{\phi=\phi_0}(-\Delta\phi)\\ f_B=f(\theta_0+\Delta\theta,\phi_0+\Delta\phi)\approx f(\theta_0,\phi_0)+\left.\dfrac{\partial f}{\partial\theta}\right|_{\theta=\theta_0}\Delta\theta+\left.\dfrac{\partial f}{\partial\phi}\right|_{\phi=\phi_0}(\Delta\phi)\\ f_C=f(\theta_0-\Delta\theta,\phi_0-\Delta\phi)\approx f(\theta_0,\phi_0)+\left.\dfrac{\partial f}{\partial\theta}\right|_{\theta=\theta_0}(-\Delta\theta)+\left.\dfrac{\partial f}{\partial\phi}\right|_{\phi=\phi_0}(-\Delta\phi)\\ f_D=f(\theta_0-\Delta\theta,\varphi_0+\Delta\phi)\approx f(\theta_0,\phi_0)+\left.\dfrac{\partial f}{\partial\theta}\right|_{\theta=\theta_0}(-\Delta\theta)+\left.\dfrac{\partial f}{\partial\phi}\right|_{\phi=\phi_0}(\Delta\phi)\end{cases} \tag{5.3.6}$$

因此和通道、差通道的信号可表示成

$$
\begin{cases}
S_{\Sigma}=\dfrac{1}{2}(A+B+C+D)\approx 2f(\theta_0,\phi_0)\\
S_{\Delta\theta}=\dfrac{1}{2}\left[(C+D)-(A+B)\right]\approx -2\left.\dfrac{\partial f}{\partial\theta}\right|_{\theta=\theta_0}\Delta\theta\\
S_{\Delta\phi}=\dfrac{1}{2}\left[(A+C)-(B+D)\right]\approx -2\left.\dfrac{\partial f}{\partial\phi}\right|_{\phi=\phi_0}\Delta\phi
\end{cases}
\tag{5.3.7}
$$

由 (5.3.7) 式可以看出，目标偏离等值轴的角度 $\Delta u=(\Delta\theta,\Delta\phi)$ 与差和比 $\Gamma=\mathrm{S}_{\Delta}/\mathrm{S}_{\Sigma}$ 有线性关系，可表示为 $\Gamma\approx K\Delta u$，其中 K 称为相对差斜率，可表示成

$$
K=\left.\left[\frac{1}{f(u)}\frac{\mathrm{d}}{\mathrm{d}u}(f(u))\right]\right|_{u=u_0}
\tag{5.3.8}
$$

式中，$u=(\theta,\phi)$，$u_0=(\theta_0,\phi_0)$。

因此依据差和比值的大小和正负，可以判断目标偏离等信号轴的程度和方向。相对差斜率越大，则单脉冲测角的灵敏度就越高。实际上，雷达目标包含多个散射中心，设目标上有 n 个散射点，各散射中心幅度对观测角度的依赖函数记为 $S_i(\theta,\phi)\,(i=1,2,\cdots,n)$，可采用散射中心模拟回波。则和波束、俯仰差、方位差通道的回波可表示为

$$
\begin{cases}
S_{\Sigma}\approx 2f(\theta_0,\phi_0)\displaystyle\sum_{i}^{n}S_i(\theta,\phi)\left(\frac{\mathrm{j}f}{f_{\mathrm{c}}}\right)^{\alpha}\exp\left(\mathrm{j}2k\boldsymbol{r}_i(\theta,\phi)\cdot\hat{\boldsymbol{r}}_{\mathrm{los}}\right)\\
S_{\Delta\theta}\approx -2\left.\dfrac{\partial f}{\partial\theta}\right|_{\theta=\theta_0}\displaystyle\sum_{i}^{n}\Delta\theta_i S_i(\theta,\phi)\left(\frac{\mathrm{j}f}{f_{\mathrm{c}}}\right)^{\alpha}\exp\left(\mathrm{j}2k\boldsymbol{r}_i(\theta,\phi)\cdot\hat{\boldsymbol{r}}_{\mathrm{los}}\right)\\
S_{\Delta\phi}\approx -2\left.\dfrac{\partial f}{\partial\phi}\right|_{\phi=\phi_0}\displaystyle\sum_{i}^{n}\Delta\varphi_i S_i(\theta,\phi)\left(\frac{\mathrm{j}f}{f_{\mathrm{c}}}\right)^{\alpha}\exp\left(\mathrm{j}2k\boldsymbol{r}_i(\theta,\phi)\cdot\hat{\boldsymbol{r}}_{\mathrm{los}}\right)
\end{cases}
\tag{5.3.9}
$$

由上式可见，当目标存在多个散射中心时，测角结果并非某一个散射中心的角位置而是所有散射中心加权后的视在中心角位置，该位置有时会偏离目标本体尺寸之外，与前文所述的角闪烁现象一致。可见多散射中心引起的测角误差并非雷达技术问题，而是由目标本身的多散射中心特点所造成的。因此，提高测角精度的方法之一，就是考虑将多散射中心的回波成分分离，以达到抑制角闪烁的目的。其中，最为常用的方法为采用宽带回波，提高分辨率，将散射中心通过距离分辨而分离开来。

三个通道宽带回波经脉冲压缩处理，可输出三个高分辨距离像，此时各通道

的一维距离像输出可表示为

$$\begin{cases} \mathrm{RF}_{\Sigma} \approx 2f(\theta_0,\varphi_0)\sum_{i}^{n} S_i(\theta,\phi)\,\overline{\mathrm{RF}_i} \\ \mathrm{RF}_{\Delta\theta} \approx -2\left.\dfrac{\partial f}{\partial \theta}\right|_{\theta=\theta_0}\sum_{i}^{n}\Delta\theta_i S_i(\theta,\phi)\,\overline{\mathrm{RF}_i} \\ \mathrm{RF}_{\Delta\phi} \approx -2\left.\dfrac{\partial f}{\partial \phi}\right|_{\phi=\phi_0}\sum_{i}^{n}\Delta\varphi_i S_i(\theta,\phi)\,\overline{\mathrm{RF}_i} \end{cases} \tag{5.3.10}$$

其中，

$$\overline{\mathrm{RF}_i} = \mathrm{FFT}_f\left[\left(\frac{\mathrm{j}f}{f_{\mathrm{c}}}\right)^{\alpha}\exp\left(\mathrm{j}2k\boldsymbol{r}_i(\theta,\phi)\cdot\hat{\boldsymbol{r}}_{\mathrm{los}}\right)\right] \tag{5.3.11}$$

则测角输出结果可表示为 $(\xi=(\theta,\phi))$

$$\begin{cases} \hat{\theta} = \mathrm{Re}\left(\dfrac{\mathrm{RP}_{\Delta_\theta}(r,\xi)}{\mathrm{RP}_{\Sigma}(r,\xi)} * \dfrac{1}{K_\theta}\right) = \mathrm{Re}\left(\dfrac{\sum_{i}^{n}\Delta\theta_i S_i(\xi)\,\overline{\mathrm{RP}_i}(r,\xi)}{\sum_{i}^{n} S_i(\xi)\,\overline{\mathrm{RP}_i}(r,\xi)}\right) \\ \hat{\phi} = \mathrm{Re}\left(\dfrac{\mathrm{RP}_{\Delta\phi}(r,\xi)}{\mathrm{RP}_{\Sigma}(r,\xi)} * \dfrac{1}{K_\varphi}\right) = \mathrm{Re}\left(\dfrac{\sum_{i}^{n}\Delta\phi_i S_i(\xi)\,\overline{\mathrm{RP}_i}(r,\xi)}{\sum_{i}^{n} S_i(\xi)\,\overline{\mathrm{RP}_i}(r,\xi)}\right) \end{cases} \tag{5.3.12}$$

由 (5.3.12) 式可知，当一维距离像中各散射中心可以分辨时，每个距离单元只包含一个散射中心回波，测角输出结果为该散射中心与等信号轴的偏角 $(\Delta\theta_i, \Delta\phi_i)$。由散射中心的径向距离、等信号轴空间角，可重构出各个散射点在目标坐标系中的位置 $\boldsymbol{r}_i(\xi)$。由一定观测时间积累的测角输出结果，可以重构出目标散射中心三维分布图像 [11]。

若某个距离单元的回波是由多个散射中心贡献的，则雷达测得的目标位置是这多个散射中心等效的视在中心方向，即出现了角闪烁现象。显然，此时重构的角位置不属于任何散射中心，有可能偏出目标几何体之外，因此造成跟踪误差，甚至导致目标的丢失。为了改善此情况，一般会对一定观测方位的角闪烁起伏噪声作平均处理，以降低跟踪误差。此外，从 (5.3.12) 式可见，散射中心幅度的方位特性会对测角输出造成一定程度的影响，不同散射中心类型的属性特征对测角输出的影响情况也不同，下文将展开详细介绍。

5.3.2 不同类型单散射中心的测角结果分析

按照前文介绍的三类散射中心，即局部型、分布型和滑动型散射中心，分别介绍其测角结果。这里的测角结果采用重构处的散射中心三维位置展示，这样表示更为直观。

1. *局部型散射中心的测角结果*

局部型散射中心的位置不随着雷达视线方向的变化而改变，始终固定于目标上。此类散射中心在很大的雷达观测角度范围内均能看到，且幅度随雷达观测角度的变化起伏不大。因此在雷达一维距离像历程图 (RPH) 中为一条曲线，如图 5.3.2(a) 所示, 测角结果和三维角坐标重构结果如图 5.3.2 (b) 所示。

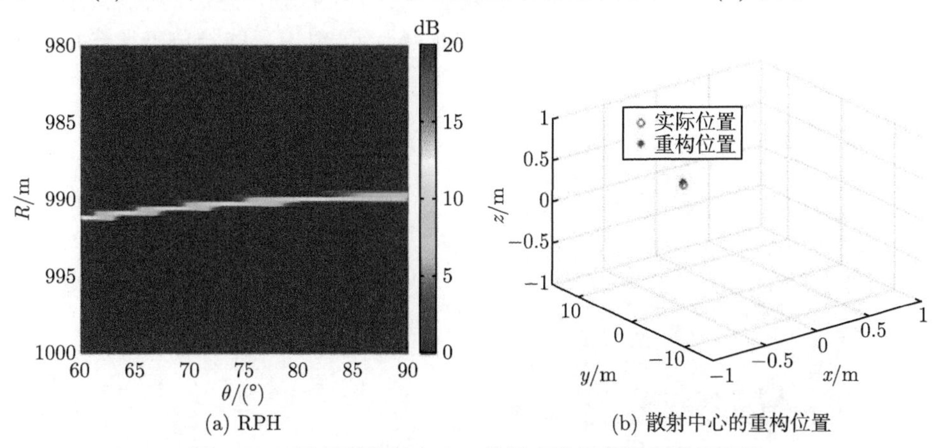

(a) RPH　　(b) 散射中心的重构位置

图 5.3.2　局部型散射中心一维距离像历程图和测角结果

仿真参数如下：雷达观测角度为 $\theta = 60° \sim 90°, \varphi = 90°$；局部散射中心在本地坐标系中的实际位置为 (0m, 10m, 0m)；雷达信号带宽为 500MHz；每个天线最大信号轴方向相对于等信号轴的倾角均为 $\theta_0 = \phi_0 = 2°$，天线方向图为 $F(\theta,\phi) = \mathrm{sinc}\sqrt{(45\theta)^2 + (45\phi)^2}$。雷达相位中心和本地坐标系原点的距离为 1km。

局部型散射中心和理想点散射中心相似，位置固定，在较大范围内均可观测到。但是，缺点是局部型散射中心的幅度相比于分布型和滑动型散射中心较弱。因此在重构该类散射中心角坐标时，只有在一定的信噪比条件下才可正确重构，而且，局部型散射中心容易受邻近强散射中心旁瓣干扰，这一情况将在 5.3.3 节详细阐述。

2. *分布型散射中心测角结果*

由前文可知，分布型散射中心具有很强的散射幅度，然而，该类散射中心仅在很窄的观测角度内被观测到，当观测角度偏离该有效观测角度时，散射回波强度迅速减小。因此，在一维距离像历程图中，该散射中心表现为强亮点，并且具有很高的旁瓣，如图 5.3.3(a) 所示。

仿真观测角度为 $\theta = 25^\circ \sim 75^\circ, \varphi = 90^\circ$，其余的雷达参数和图 5.3.2 相同。分布型散射中心的位置为 (0m,1.5m,2m)，实际分布长度为 5m，出现的观测角度为 $\bar{\xi}_i = (53^\circ, 90^\circ)$。

通过一维距离像提取散射中心时，由于分布型散射中心的旁瓣即使经过抑制也可能高于弱散射中心的强度，此时会被误认为有效的散射中心。这些散射中心的方位角度相同，但分布的距离不同，所以这些旁瓣的重构位置沿雷达实现扩展成线，且与实际分布型散射中心位置分布情况垂直，如图 5.3.3(b) 所示，其中实线为该散射中心实际位置分布。由于此类散射中心幅度很强，距离向邻近的散射中心会受到其旁瓣干扰，从而造成角闪烁现象，邻近散射中心的测角出现严重误差。

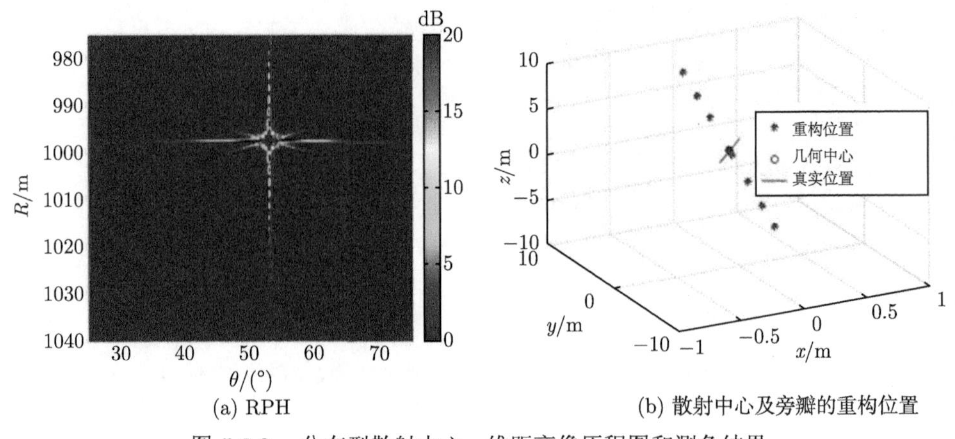

(a) RPH　　(b) 散射中心及旁瓣的重构位置

图 5.3.3　分布型散射中心一维距离像历程图和测角结果

3. 滑动型散射中心测角结果

对于滑动型散射中心，其位置随着雷达观测方位角的改变在目标光滑表面上滑动，散射中心幅度也随观测角度的变化而改变。因此，滑动散射中心强度介于分布型和局部型散射中心之间，在一维距离像中表现为亮度渐变的曲线。设滑动型散射中心随方位的变化为 $\left(0; 5\sin\theta/\sqrt{\sin\theta^2+9\cos\theta^2}; 5\cos\theta/\sqrt{\sin\theta^2+9\cos\theta^2}\right)$，一维距离像历程图如图 5.3.4(a) 所示，测角重构结果见图 5.3.4(b)。

由于散射中心在不同方位下的位置不同，所以在连续角度下的重构位置会形成一条曲线，该曲线恰好可以刻画出目标的轮廓信息。一方面，由于散射中心的位置滑动造成整体多散射中心分布中心的变化，这对精确定位是不利的；另一方面，连续的位置变化可以反演目标的轮廓，这对目标识别是有利的。因此该类散射中心的重构结果可以依据应用需求，加以合理利用。

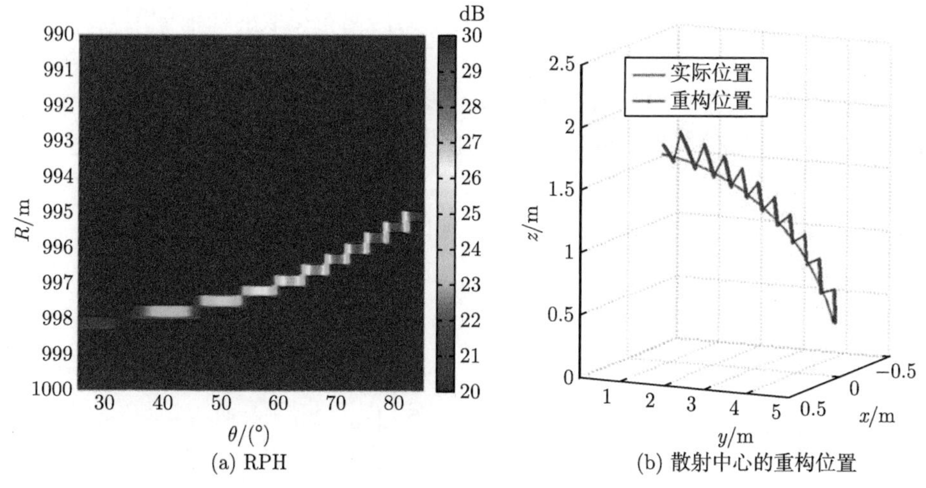

图 5.3.4 滑动型散射中心一维距离像历程图和测角结果

5.3.3 不同类型多散射中心的测角结果分析

以弹头目标为例 (5.2 节中的目标 1)，介绍多散射中心的测角重构结果。目标的宽带电磁散射回波由 5.2 节所建立的散射中心模型模拟获得，带宽为 500MHz。其和通道接收回波一维距离像历程图如图 5.3.5 所示。

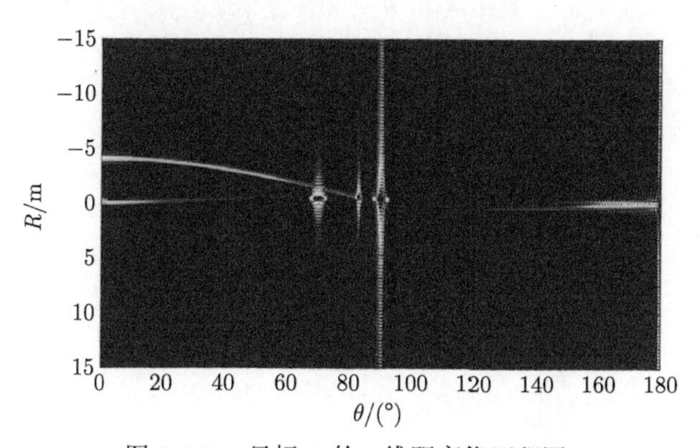

图 5.3.5 目标 1 的一维距离像历程图

当 $\theta = 90^\circ$ 时，目标的一维距离像如图 5.3.6(a) 所示，该角度下散射贡献主要来自于 DSC2。设待提取散射中心数目为 8 个，幅度阈值为 −30dB 以上，从一维距离像提取的峰值如图 5.3.6(a) 所示，这些峰值对应的重构位置如图 5.3.6(b) 所示。图中可见，DSC2 旁瓣所引入的虚假散射中心的重构位置沿直线分布。

当 $\theta = 70^\circ$ 时，弹头目标的一维距离像如图 5.3.7(a) 所示, LSC1 受到 DSC3

旁瓣的严重干扰，LSC1 的信息则丢失。从一维距离像提取的峰值如图 5.3.7(a) 所示，这些峰值对应的重构位置如图 5.3.7(b) 所示。图中可见，DSC3 旁瓣所引入的虚假散射中心的重构位置沿直线分布，此外，DSC3 和 LSC1 相互干扰形成的角闪烁，重构位置偏离了 DSC3 和 LSC1 的实际位置。

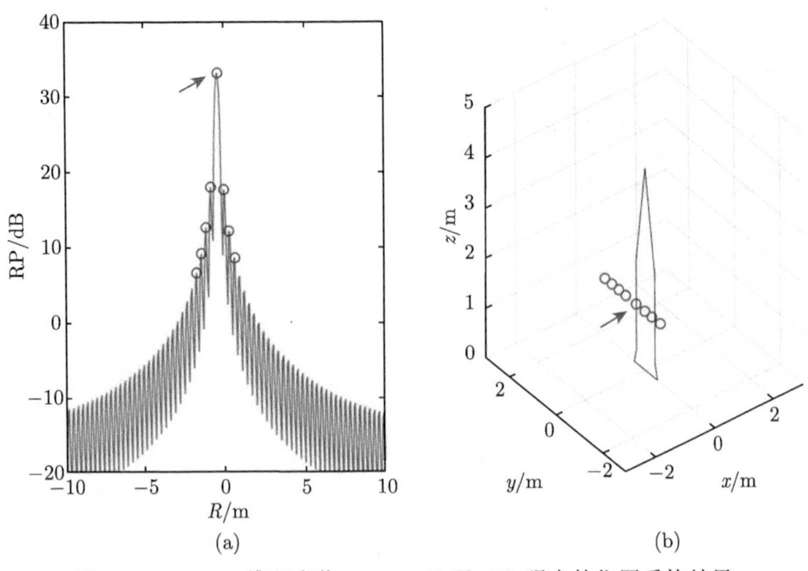

图 5.3.6　(a) 一维距离像 ($\theta = 90°$) 及 (b) 强点的位置重构结果

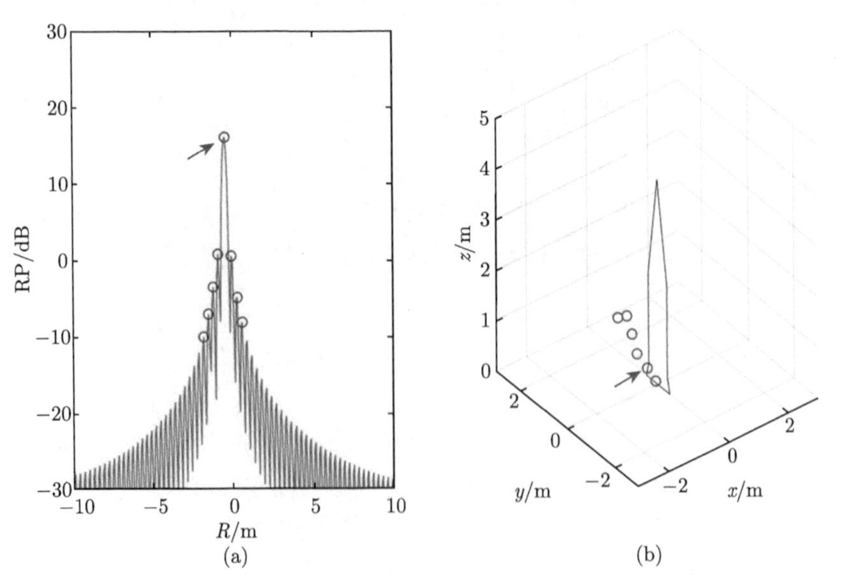

图 5.3.7　(a) 一维距离像 ($\theta = 70°$) 及 (b) 强点的位置重构结果

当连续角度范围为 $\theta = 0° \sim 90°$ 观测时，设每个角度观测下，待提取散射中心数目为 4 个，幅度阈值为 -30dB 以上，弹头目标的散射中心位置重构结果见图 5.3.8。图中 DSC1~DSC3 旁瓣造成的虚假散射中心 (实心点，DSC1 为紫色，DSC2 为绿色，DSC 为蓝色) 明显可见，红色星形代表 LSC 的重构位置以及受到 DSC 干扰后的重构位置。

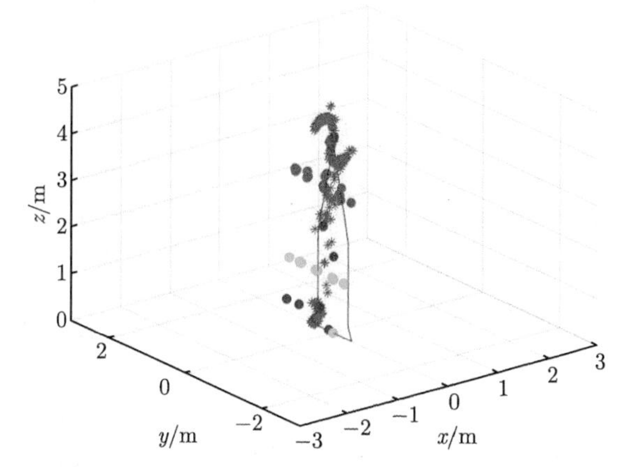

图 5.3.8 目标散射中心位置重构结果 ($\theta = 0° \sim 90°$)

在雷达测角中，目标上散射中心的重构位置分布特性对跟踪和定位非常重要。局部型散射中心和分布型散射中心位置固定，但前者幅度较小，易被噪声或其他散射中心的旁瓣干扰；而后者幅度很大，旁瓣很高，可能被视为散射中心而造成虚假重构结果，而且高旁瓣会对邻近散射中心造成干扰。滑动型散射中心的幅度介于分布型和局部型之间，测角位置不易被干扰，但其位置随观测角改变而改变。这些散射中心属性对雷达测角造成的影响分析，对于抑制角闪烁，改善和提高雷达跟踪目标的方法研究具有参考意义。不同类型散射中心以及对测角的影响，总结如表 5.3.1。

表 5.3.1 散射中心类型与重构位置的对应关系

散射中心类型	重构位置分布
局部型散射中心	散射幅度弱，易受噪声和附近散射中心的干扰
分布型散射中心	散射幅度强，距离维旁瓣较高，导致重构出多个虚假散射点，也会对附近弱散射中心造成干扰
滑动型散射中心	散射幅度较强，散射中心位置随视线变化在目标表面滑动，因此不同观测角度下重构的位置不同

5.4 半实物射频仿真

5.4.1 三元组幅度重心公式

半实物射频仿真也称为实物在回路仿真，其可以通过在微波暗室中模拟真实目标的散射场，以测试导引头系统接收到该散射场后的反应。半实物射频仿真系统通常由天线阵列墙、三轴转台以及计算机控制系统等组成，待测试的导引头系统置于三轴转台之上，如图 5.4.1 所示。天线阵列墙上规则排列着众多相同的天线辐射单元，相邻的三个单元形成一个正三角形构型，称为一个三元组。工作时，三元组同时进行馈电，三个单元辐射出相同的信号，仅幅度不同。其辐射场在空中叠加，叠加后的总场的能流方向依赖于三个单元的馈电幅度的相对大小。

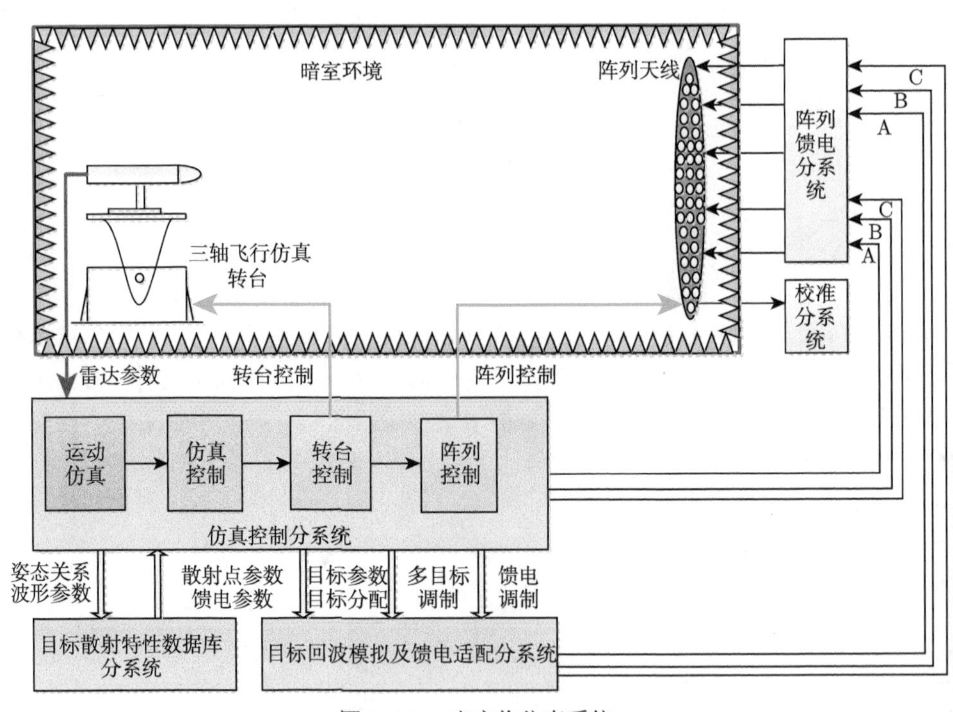

图 5.4.1 半实物仿真系统

通过计算机控制系统来调节三元组的馈电幅度，可以使三轴转台处的总辐射场与真实环境下散射源的散射场具有相同的电磁能流方向，从而在微波暗室中仿真出真实环境下从散射源方向散射回来的电磁波。对于具有多个散射中心的体目标，可以分别对每个散射中心的幅度和位置进行三元组馈电系数的计算，然后通过时序线性叠加而获得针对整个体目标的三元组辐射单元馈电系数。

三元组通过辐射场在空间中的叠加以仿真从某一方向过来的散射电磁波，其基于角闪烁原理。为了便于分析，建立如下坐标系：以转台所在位置为坐标原点，三元组几何中心与坐标原点的连线为 z 轴。x 轴平行于三元组几何中心与天线单元 1 的连线。转台与三元组的相对位置关系如图 5.4.2 所示。

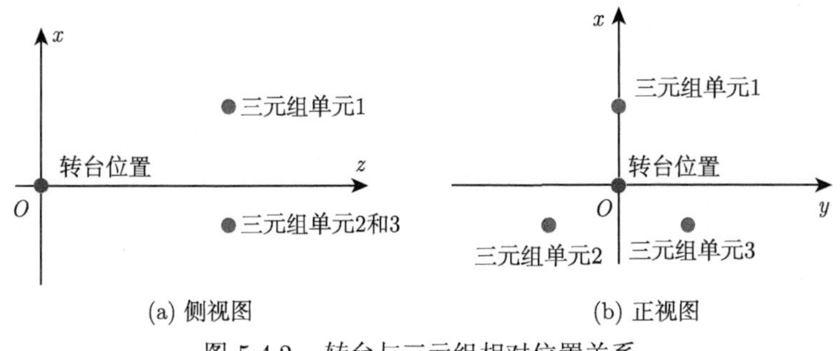

(a) 侧视图 (b) 正视图

图 5.4.2 转台与三元组相对位置关系

三元组的三个辐射单元的位置坐标为 (R,θ_i,ϕ_i)，$i=1,2,3$。则三元组各单元指向坐标原点的视线单位矢量为 $\boldsymbol{e}_i=-(\sin\theta_i\cos\phi_i,\sin\theta_i\sin\phi_i,\cos\theta_i)$。空间某点处的能流密度矢量包含了能流密度的大小和方向。根据电磁场理论，某点处的能流密度矢量等于该处的电场强度叉乘磁场强度。通常对于三元组合成场的角闪烁能流方向的计算即基于此，使用合成的电场叉乘合成的磁场。令转台处接收到三元组的第 i 个单元的电磁场为 $\boldsymbol{E}_i$、$\boldsymbol{H}_i$，则原点处的能流密度矢量为

$$\boldsymbol{S}=\sum_{i=1}^{3}\boldsymbol{E}_i\times\sum_{i=1}^{3}\boldsymbol{H}_i \tag{5.4.1}$$

不失一般性，在此考察线极化的情况。由于三个单元对应的 $\boldsymbol{e}_i$ 并不在同一个平面上，所以三个单元在原点处的极化方向不可能严格相同。假设三元组的三个辐射单元在原点处的辐射电场主要沿着 $\boldsymbol{e}_x$ 极化，则第 i 个单元在原点处的辐射场为

$$\boldsymbol{E}_i=C_iE_0\boldsymbol{e}_x+\boldsymbol{\delta}_i=C_iE_0\boldsymbol{e}_x+\delta_i\boldsymbol{e}_i\quad(i=1,2,3) \tag{5.4.2}$$

其中，$C_iE_0\gg\delta_i$。$\boldsymbol{\delta}_i$ 表示非 $\boldsymbol{e}_x$ 方向的极化分量，有 $\boldsymbol{\delta}_i\perp\boldsymbol{e}_x$；若天线单元在阵列墙上以相同的姿态正对原点排列，则又可有 $\boldsymbol{\delta}_i//\boldsymbol{e}_i$，$\boldsymbol{\delta}_i=\delta_i\boldsymbol{e}_i$。由平面波的传播特性，$\boldsymbol{E}_i$ 不应该在传播方向 $\boldsymbol{e}_i$ 上存在分量。上式中的 $\boldsymbol{\delta}_i$ 是用于抵消 $C_iE_0\boldsymbol{e}_x$ 在传播方向 $\boldsymbol{e}_i$ 上的分量。如图 5.4.3 所示。

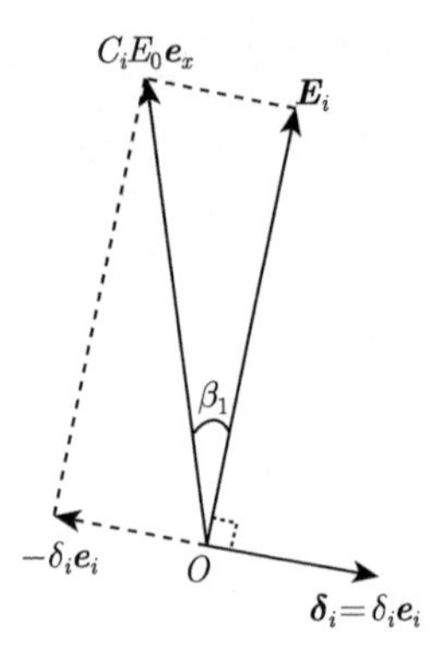

图 5.4.3　极化方向

合成电场可表示为

$$\boldsymbol{E}_{\mathrm{t}}=\sum_{i=1}^{3}\boldsymbol{E}_i=\sum_{i=1}^{3}(C_iE_0\boldsymbol{e}_x+\boldsymbol{\delta}_i)=E_0\boldsymbol{e}_x+\sum_{i=1}^{3}\boldsymbol{\delta}_i \tag{5.4.3}$$

合成磁场可表示为

$$\begin{aligned}\boldsymbol{H}_{\mathrm{t}}=\sum_{i=1}^{3}\boldsymbol{H}_i&=\left\{C_1H_0\boldsymbol{e}_1\times\boldsymbol{e}_x+C_2H_0\boldsymbol{e}_2\times\boldsymbol{e}_x+C_3H_0\boldsymbol{e}_3\times\boldsymbol{e}_x+\frac{1}{\eta_0}\boldsymbol{e}_1\times\frac{\boldsymbol{\delta}_1}{\delta_1}\right.\\&\left.\quad+\frac{1}{\eta_0}\boldsymbol{e}_2\times\frac{\boldsymbol{\delta}_2}{\delta_2}+\frac{1}{\eta_0}\boldsymbol{e}_3\times\frac{\boldsymbol{\delta}_3}{\delta_3}\right\}\\&=C_1H_0\boldsymbol{e}_1\times\boldsymbol{e}_x+C_2H_0\boldsymbol{e}_2\times\boldsymbol{e}_x+C_3H_0\boldsymbol{e}_3\times\boldsymbol{e}_x\end{aligned} \tag{5.4.4}$$

其中，$\eta_0H_0=E_0$。再将 (5.4.3) 式和 (5.4.4) 式代入 (5.4.1) 式得

$$\begin{aligned}\boldsymbol{S}=\sum_{i=1}^{3}\boldsymbol{E}_i\times\sum_{i=1}^{3}\boldsymbol{H}_i&=E_0H_0\left(C_1\boldsymbol{e}_1+C_2\boldsymbol{e}_2+C_3\boldsymbol{e}_3\right)\\&\quad+E_0H_0\left(-C_1\boldsymbol{e}_x\cdot\boldsymbol{e}_1\boldsymbol{e}_x-C_2\boldsymbol{e}_x\cdot\boldsymbol{e}_2\boldsymbol{e}_x-C_3\boldsymbol{e}_x\cdot\boldsymbol{e}_3\boldsymbol{e}_x\right)\\&\quad+\sum_{i=1}^{3}\boldsymbol{\delta}_i\times\left(C_1H_0\boldsymbol{e}_1\times\boldsymbol{e}_x+C_2H_0\boldsymbol{e}_2\times\boldsymbol{e}_x+C_3H_0\boldsymbol{e}_3\times\boldsymbol{e}_x\right)\end{aligned} \tag{5.4.5}$$

其中，第三项可以写为

$$\begin{aligned}&\sum_{i=1}^{3}\boldsymbol{\delta}_i\times\left(C_1H_0\boldsymbol{e}_1\times\boldsymbol{e}_x+C_2H_0\boldsymbol{e}_2\times\boldsymbol{e}_x+C_3H_0\boldsymbol{e}_3\times\boldsymbol{e}_x\right)\\&=\sum_{i=1}^{3}\left[\boldsymbol{\delta}_i\times\left(C_iH_0\boldsymbol{e}_i\times\boldsymbol{e}_x\right)\right]+\boldsymbol{\delta}_1\times\left(C_2H_0\boldsymbol{e}_2\times\boldsymbol{e}_x+C_3H_0\boldsymbol{e}_3\times\boldsymbol{e}_x\right)\end{aligned} \tag{5.4.6}$$

$$+\boldsymbol{\delta}_2\times(C_3H_0\boldsymbol{e}_3\times\boldsymbol{e}_x+C_1H_0\boldsymbol{e}_1\times\boldsymbol{e}_x)+\boldsymbol{\delta}_3\times(C_1H_0\boldsymbol{e}_1\times\boldsymbol{e}_x+C_2H_0\boldsymbol{e}_2\times\boldsymbol{e}_x)$$

将 $\boldsymbol{\delta}_i=\delta_i\boldsymbol{e}_i$ 代入，得

$$\begin{aligned}
&\sum_{i=1}^{3}\boldsymbol{\delta}_i\times(C_1H_0\boldsymbol{e}_1\times\boldsymbol{e}_x+C_2H_0\boldsymbol{e}_2\times\boldsymbol{e}_x+C_3H_0\boldsymbol{e}_3\times\boldsymbol{e}_x)\\
=&\sum_{i=1}^{3}\left[\delta_iC_iH_0\left(\boldsymbol{e}_i\cdot\boldsymbol{e}_x\boldsymbol{e}_i-\boldsymbol{e}_x\right)\right]\\
&+\left[\delta_1C_2H_0\left(\boldsymbol{e}_1\cdot\boldsymbol{e}_x\boldsymbol{e}_2-\boldsymbol{e}_1\cdot\boldsymbol{e}_2\boldsymbol{e}_x\right)+\delta_1C_3H_0\left(\boldsymbol{e}_1\cdot\boldsymbol{e}_x\boldsymbol{e}_3-\boldsymbol{e}_1\cdot\boldsymbol{e}_3\boldsymbol{e}_x\right)\right]\\
&+\left[\delta_2C_3H_0\left(\boldsymbol{e}_2\cdot\boldsymbol{e}_x\boldsymbol{e}_3-\boldsymbol{e}_2\cdot\boldsymbol{e}_3\boldsymbol{e}_x\right)+\delta_2C_1H_0\left(\boldsymbol{e}_2\cdot\boldsymbol{e}_x\boldsymbol{e}_1-\boldsymbol{e}_2\cdot\boldsymbol{e}_1\boldsymbol{e}_x\right)\right]\\
&+\left[\delta_3C_1H_0\left(\boldsymbol{e}_3\cdot\boldsymbol{e}_x\boldsymbol{e}_1-\boldsymbol{e}_3\cdot\boldsymbol{e}_1\boldsymbol{e}_x\right)+\delta_3C_2H_0\left(\boldsymbol{e}_3\cdot\boldsymbol{e}_x\boldsymbol{e}_2-\boldsymbol{e}_3\cdot\boldsymbol{e}_2\boldsymbol{e}_x\right)\right]
\end{aligned}\tag{5.4.7}$$

注意到各单元 $\boldsymbol{e}_i$ 之间以及 $\boldsymbol{e}_i$ 与 $\boldsymbol{e}_z$ 之间的夹角很小，小于等于三元组的张角，而三元组张角约为数十毫弧度及以下。令三元组张角为 w 弧度，则

$$\boldsymbol{e}_1\cdot\boldsymbol{e}_2=\boldsymbol{e}_2\cdot\boldsymbol{e}_3=\boldsymbol{e}_3\cdot\boldsymbol{e}_1=\cos w\approx1-\frac{1}{2}w^2\tag{5.4.8}$$

$\boldsymbol{e}_i$ 与 $\boldsymbol{e}_x$ 的夹角设为 $\left(\frac{\pi}{2}+\beta_i\right)$ 弧度，则

$$\beta_1\approx\frac{\sqrt{3}}{3}w\tag{5.4.9}$$

$$\beta_2=\beta_3\approx-\frac{\sqrt{3}}{6}w\tag{5.4.10}$$

$$\delta_i=C_iE_0\sin\beta_i\approx C_iE_0\beta_i\tag{5.4.11}$$

$$\boldsymbol{e}_i\cdot\boldsymbol{e}_x=-\sin\beta_i\approx-\beta_i\quad(i=1,2,3)\tag{5.4.12}$$

将 (5.4.7), (5.4.8), (5.4.11) 和 (5.4.12) 式代入 (5.4.5) 式，并将 w^2 项作为高阶小量略去，得

$$\begin{aligned}
\boldsymbol{S}=&E_0H_0\left(C_1\boldsymbol{e}_1+C_2\boldsymbol{e}_2+C_3\boldsymbol{e}_3\right)+E_0H_0\left(C_1\beta_1\boldsymbol{e}_x+C_2\beta_2\boldsymbol{e}_x+C_3\beta_3\boldsymbol{e}_x\right)\\
&+\sum_{i=1}^{3}\left[C_i^2E_0H_0\beta_i\left(-\beta_i\boldsymbol{e}_i-\boldsymbol{e}_x\right)\right]\\
&+\left[C_1C_2E_0H_0\beta_1\left(-\beta_1\boldsymbol{e}_2-\cos w\boldsymbol{e}_x\right)+C_1C_3E_0H_0\beta_1\left(-\beta_1\boldsymbol{e}_3-\cos w\boldsymbol{e}_x\right)\right]\\
&+\left[C_2C_3E_0H_0\beta_2\left(-\beta_2\boldsymbol{e}_3-\cos w\boldsymbol{e}_x\right)+C_2C_1E_0H_0\beta_2\left(-\beta_2\boldsymbol{e}_1-\cos w\boldsymbol{e}_x\right)\right]
\end{aligned}$$

$$
\begin{aligned}
&+\left[C_3C_1E_0H_0\beta_3\left(-\beta_3\boldsymbol{e}_1-\cos w\boldsymbol{e}_x\right)+C_3C_2E_0H_0\beta_3\left(-\beta_3\boldsymbol{e}_2-\cos w\boldsymbol{e}_x\right)\right]\\
\approx\ & E_0H_0\left(C_1\boldsymbol{e}_1+C_2\boldsymbol{e}_2+C_3\boldsymbol{e}_3\right)+E_0H_0\left(C_1\beta_1\boldsymbol{e}_x+C_2\beta_2\boldsymbol{e}_x+C_3\beta_3\boldsymbol{e}_x\right)\\
&+\left\{\sum_{i=1}^{3}\left(-C_i^2E_0H_0\beta_i\boldsymbol{e}_x\right)+\left[\left(-C_1C_2E_0H_0\beta_1\boldsymbol{e}_x\right)+\left(-C_1C_3E_0H_0\beta_1\boldsymbol{e}_x\right)\right]\right.\\
&+\left[\left(-C_2C_3E_0H_0\beta_2\boldsymbol{e}_x\right)+\left(-C_2C_1E_0H_0\beta_2\boldsymbol{e}_x\right)\right]\\
&\left.+\left[\left(-C_3C_1E_0H_0\beta_3\boldsymbol{e}_x\right)+\left(-C_3C_2E_0H_0\beta_3\boldsymbol{e}_x\right)\right]\right\}\\
=\ & E_0H_0\left(C_1\boldsymbol{e}_1+C_2\boldsymbol{e}_2+C_3\boldsymbol{e}_3\right)
\end{aligned}
\tag{5.4.13}
$$

因此，合成场的能流方向为三元组各视线方向的线性组合，此即为幅度重心公式。上述推导中使用了 $C_1+C_2+C_3=1$。

当散射中心角位置在三元组张角范围之内时，馈电幅度误差造成的仿真误差最小。因此，在仿真中，首先依据某散射中心角位置方向，选择合适的三元组。依据该散射中心的位置矢量：$\boldsymbol{R}_{\mathrm{SC}}=R_x\boldsymbol{e}_x+R_x\boldsymbol{e}_y+R_z\boldsymbol{e}_z$，由 $\hat{\boldsymbol{R}}_{\mathrm{SC}}=\hat{\boldsymbol{S}}$，以及散射的能流密度大小，可以求得 C_1，C_2，C_3，E_0H_0。据此设置三元组馈电系数，则通过三元组辐射形成的合成场的能流方向即为该散射中心的位置方向。

对于体目标，依据多个散射中心的位置和幅度，分别计算其对应的三元组以及各单元的馈电系数，按照目标与雷达的相对运动关系，判断散射中心的出现时序，将散射中心对应的相同辐射单元的馈电系数线性叠加，即可得到目标整体散射场仿真所需的辐射单元的馈电系数。

三元组幅度重心公式简单直观、使用方便，然而其仅是一个近似公式。因为在重心公式的推导过程中，作了接收天线处于空间一点的假设。实际上的接收天线不可能是一个点，而是有一定尺寸的口径。这样，在前述的推导过程中，在微波暗室中天线口径面上各处的电磁能流方向实际上是不同的。既然如此，则天线响应给出的电磁能流方向就可能偏离重心公式的结果，此为近场效应，将会产生半实物射频仿真的近场误差，需要进行近场修正 [12]。

在进行避免了近场误差的半实物射频仿真时，需要使用修正表。在进行修正表的制作时，需要由近场误差来反馈修正馈电系数，该过程通常有两种方法实现。一种是采用梯度法，通过计算系统响应函数的梯度来进行反馈迭代。该方法需要已知系统响应函数，并且梯度计算往往比较复杂。因此，有学者提出了第二种方法，一种不依赖于雷达系统响应函数的迭代算法，使用差分重心公式来代替非线性函数的梯度运算，快速获得三元组的最优馈电参数 [13]。

5.4.2　三元组辐射合成场的等效性描述

微波暗室下多辐射单元合成场与目标真实散射场的等效性，可分为三个层次：第一为传感器接收口径面电磁场层次，第二为传感器接收天线馈线的电压响应层次，第三为导引头信号处理输出结果层次。电磁场层次为等效性的最高层次。电磁场层次的严格等效，显然可以保证在任何制式下传感器天线馈线的电压响应，以及传感器导引信号处理结果的等效。传感器天线馈线的电压响应层次，需要考虑具体的传感器天馈系统，目前也可以满足射频仿真技术的应用要求。

在传感器口径面电磁场层次上，重点对比分析微波暗室下多辐射单元合成场与目标真实散射场在导引头口径面处的分布特征的差异。三元组在空间中的传感器接收口径面上场的分布是可以定量描述的，将之与空间中无穷远处某散射源 (目标) 在传感器接收口径面上场的分布进行比较，可以建立半实物射频仿真的场等效性的定量评估。

如图 5.4.4 所示，设传感器口径面位于 X-Y 平面内，边长为 L，坐标原点位于口径面中心。第 i 个辐射单元位于 $\boldsymbol{U}_i$ 点。三元组的三个辐射单元的空间位置方向分别为 (Θ_1,Φ_1)，(Θ_2,Φ_2)，(Θ_3,Φ_3)，其中 Θ_1 较小，趋于零。三元组分布平面采用角度坐标系 (ψ_x,ψ_y) 表示，$\psi_x=\arcsin(X_n/R),\psi_y=\arcsin(Y_n/R)$；$(X_n,Y_n,Z_n)$ 为某一散射源的位置坐标；位置矢量方向表示为 (θ_n,ϕ_n)。

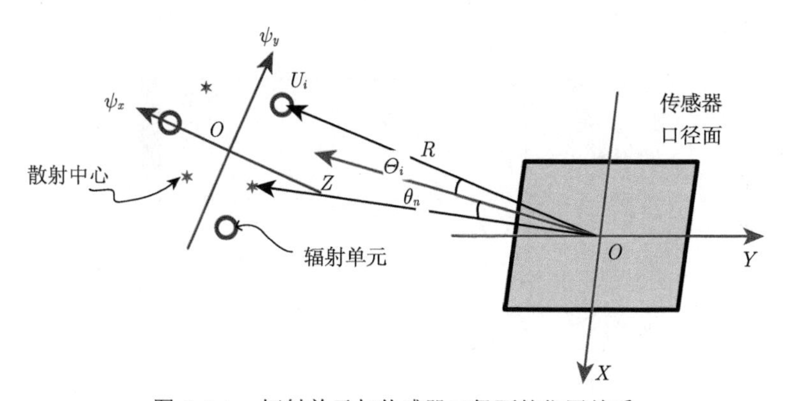

图 5.4.4　辐射单元与传感器口径面的位置关系

辐射单元到传感器口径面的辐射电场可表示为

$$E_i=C_i\exp(-\mathrm{j}k\boldsymbol{U}_i\cdot\boldsymbol{\rho})\,p(t),\quad i=1,2,3 \tag{5.4.14}$$

其中，$\boldsymbol{U}_i=\sin\Theta_i\cos\Phi_i\hat{\boldsymbol{x}}+\sin\Theta_i\sin\Phi_i\hat{\boldsymbol{y}}$；$\boldsymbol{\rho}$ 为口径面的任意点的位置坐标，$\boldsymbol{\rho}=X\hat{\boldsymbol{x}}+Y\hat{\boldsymbol{y}}$；$p(t)$ 为仿真场景传感器的发射脉冲波形。

空间某一参考散射源到传感器口径面的散射电场可表示为

$$E_{\mathrm{s}} = A\exp\left(-\mathrm{j}k\boldsymbol{r}\cdot\boldsymbol{\rho}\right)p'\left(t\right) \tag{5.4.15}$$

其中，A 为散射源复幅度；$\boldsymbol{r}$ 为散射源位置坐标，$\boldsymbol{r} = \sin\theta\cos\phi\hat{\boldsymbol{x}} + \sin\theta\sin\phi\hat{\boldsymbol{y}}$；$p'(t)$ 为传感器发射的真实脉冲波形。

上述辐射场 (5.4.14) 和散射场 (5.4.15) 采用了平面波的近似表达，也可采用球面波形式。

场等效性度量可表示为

$$\bar{Q}\left(\psi_x,\psi_y\right) = \frac{Q\left(\psi_x,\psi_y\right)}{\max\left(Q\left(\psi_x,\psi_y\right)\right)} \tag{5.4.16}$$

其中，

$$Q\left(\psi_x,\psi_y\right) = \left|\int\left(\sum_{i=1}^{3}E_i\right)^{*}E_{\mathrm{s}}\left(X,Y\right)\mathrm{d}X\mathrm{d}Y\right| \tag{5.4.17}$$

场等效性的度量 $\bar{Q}\left(\psi_x,\psi_y\right)$，取值在 0~1。0 表示等效性最差，1 表示等效性最好。由幅度重心公式可知，当三元组幅度相同时，合成场的能流密度方向应为三元组中心的角位置，此时场等效性度量应为最大值，如图 5.4.5 所示。

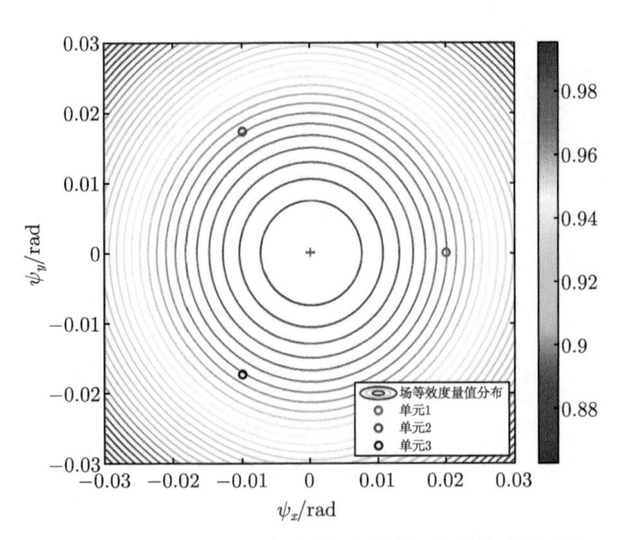

图 5.4.5　C_1，C_2 和 C_3 为等幅时的场等效性度量分布

5.4.3 基于散射中心参数的三元组辐射合成场仿真

本小节介绍几种散射中心幅度和位置分布情况，通过场等效性度量分布，展示三元组辐射合成场的仿真效果。三元组馈电系数通过重心公式计算，并未进行近场修正。

1. 仅有一个散射中心 (散射中心位于三元组张角范围以内)

当三元组空间内只有一个散射中心时，由该散射中心幅度和位置计算得出 C_1，C_2 和 C_3，由三元组辐射叠加后的合成场的场等效性度量分布如图 5.4.6 所示，等效性最大值指示为散射中心的位置方向，两者之间的微小误差由近场误差导致。

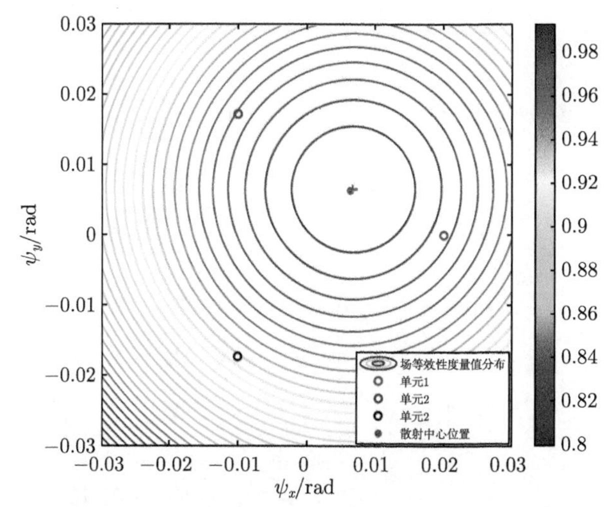

图 5.4.6 只有一个散射中心时三元组辐射合成场等效性度量分布 (散射中心位于三元组张角范围以内)

2. 仅有一个散射中心 (散射中心位于三元组张角范围以外)

当散射中心方位超出三元组张角范围时，由该散射中心幅度和位置计算得出 C_1，C_2 和 C_3，由三元组辐射叠加后的合成场的场等效性度量分布如图 5.4.7 所示，等效性最大值与散射中心的位置方向存在误差，该误差由近场误差导致。

3. 多个散射中心幅度相同、位置绕三元组中心对称分布

当散射中心幅度相同、位置绕中心对称分布时，三元组馈电参数幅度相同，场等效性度量应为最大值也应在三元组中心方向，如图 5.4.8 所示。

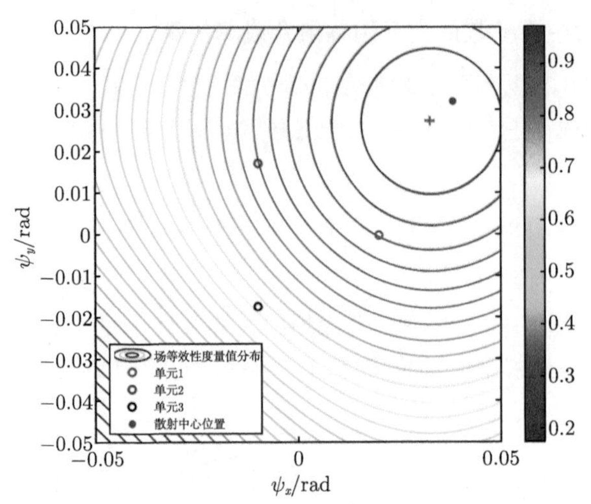

图 5.4.7　只有一个散射中心时三元组辐射合成场等效性度量分布 (散射中心位于三元组张角范围以外)

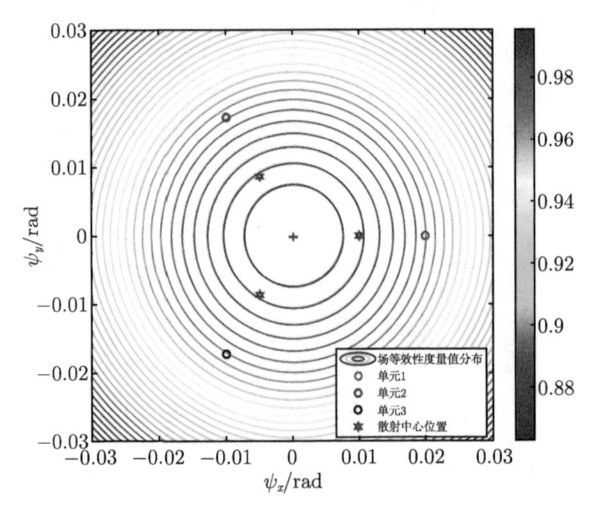

图 5.4.8　当多个散射中心幅度相同、对称分布时三元组辐射合成场等效性度量分布

4. 多个散射中心复幅度存在相位差

当散射中心复幅度存在相位差时，即使位置分布对称，由于角闪烁效应，此时场等效性度量最大值将偏离两散射中心分区的方向。设三散射中心复幅度，以及三元组馈电参数分别为：$A_1 = 1$，$A_2 = -0.7071 + 0.7071\text{i}$，$A_3 = 0.1564 - 0.9877\text{i}$；$C_1 = 5.9744 \times 10^{-4} - 4.8598 \times 10^{-5}\text{i}, C_2 = -2.8960 \times 10^{-4} + 3.1883 \times 10^{-4}\text{i}$，$C_3 = 1.5911 \times 10^{-4} - 5.6182 \times 10^{-4}\text{i}$。场等效性度量分布如图 5.4.9 所示。由图可见，场等效性度量最大值偏离三个散射中心位置方向，超出三元组空间张角范围。

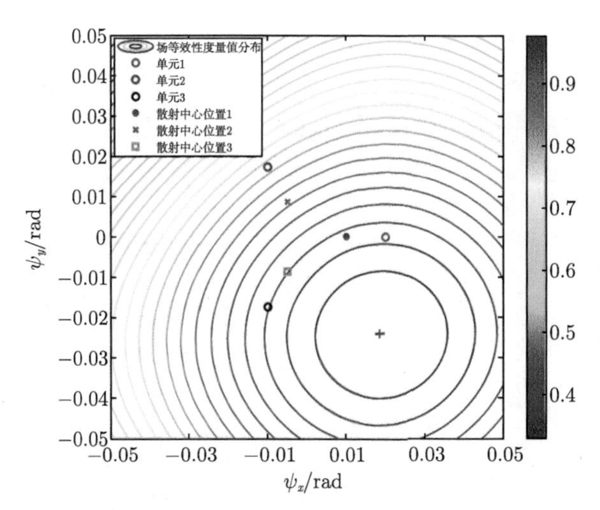

图 5.4.9 当多个散射中心复幅度不相同时三元组辐射合成场等效性度量分布

5. 弹头目标某姿态下多散射中心

弹头目标 (见图 5.2.4 目标 1)，当雷达视角角度为 20° 时 (目标本地坐标系中)，由图 5.2.5 可知，散射波的主要贡献为 LSC1 和 LSC4。设目标与雷达的距离为 0.5km，目标本地坐标系几何中心为三元组中心。由该散射中心幅度和位置计算得出 C_1，C_2 和 C_3，由三元组辐射叠加后的合成场的场等效性度量分布如图 5.4.10 所示。此时，等效性度量最大值方向为 LSC1 和 LSC4 合成后方向。

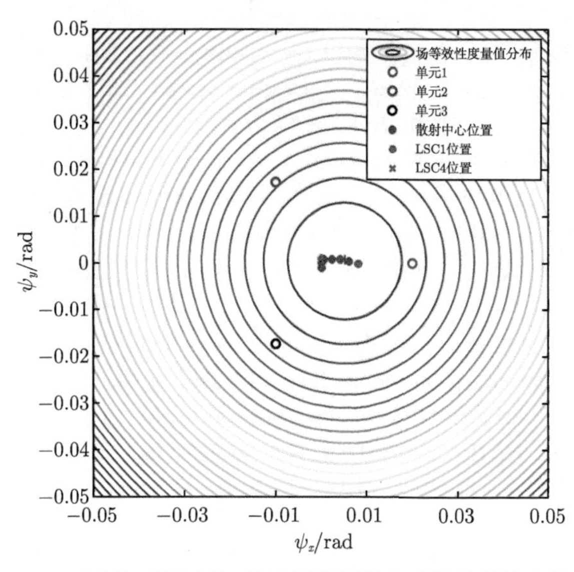

图 5.4.10 LSC1 和 LSC4 的三元组辐射合成场等效性度量分布

当雷达视角角度为 70° 时，由图 5.2.5 可知，散射波的主要贡献为 DSC3。由该散射中心幅度和位置计算得出 C_1，C_2 和 C_3，由三元组辐射叠加后的合成场的场等效性度量分布如图 5.4.11 所示。此时，等效性度量最大值为 DSC3 的位置方向。

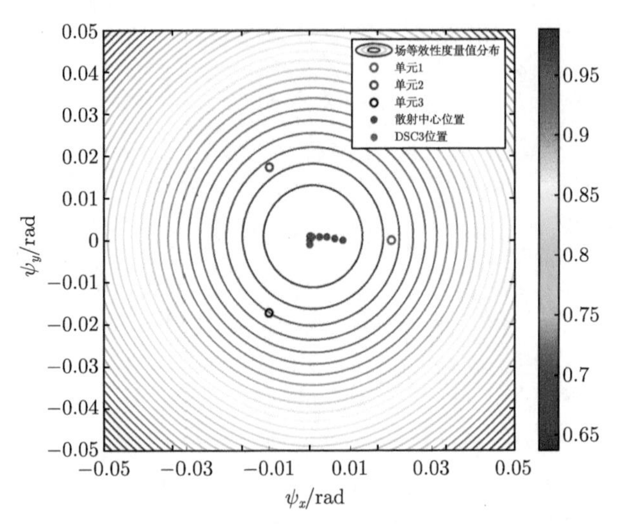

图 5.4.11 DSC3 的三元组辐射合成场等效性度量分布

参 考 文 献

[1] Guo K Y, Qu Q Y, Sheng X Q. Geometry reconstruction based on attributes of scattering centers by using time-frequency representations [J]. IEEE Transactions on Antennas and Propagation, 2016, 64(2): 708-720.

[2] ChenY X, Guo K Y, Xiao G L, et al. Scattering center modeling for low-detectable targets [J]. Journal of Systems Engineering and Electronics, 2022, (3): 511-521.

[3] 周剑雄. 光学区雷达目标三维散射中心重构理论与技术 [D]. 长沙：国防科技大学，2006.

[4] 魏国华, 吴嗣亮, 王菊, 等. 脱靶量测量技术综述 [J]. 系统工程与电子技术, 2004, 26(6): 768-772.

[5] Ma Z Q, Sun S Y, Cheng Y Z. Measurement technology research on target and projectiles' miss distance based on digital image processing[C]. International Conference on Manufacturing Science and Technology, Singapore, 2011, 1618: 383-339.

[6] MA S F, Mao E K, Hou S J. Method of missile miss-distance parameters based on Dopplerlet transform[C]. International Conference on Signal Processing, Beijing, 2006: 2788-2791.

[7] 魏国华, 吴嗣亮. 用小波变换去除多普勒频率估计野值点的方法 [J]. 北京理工大学学报, 2003, 23(5): 629-632.

[8] Guo K Y , Qu Q Y , Feng A X , et al. Miss distance estimation based on scattering center model using time-frequency analysis[J]. IEEE Antennas and Wireless Propagation Letters, 2016, 15: 1012-1015.

[9] Wu J, Guo K Y, Wu B Y, et al. Estimation of vector miss distance for complex objects based on scattering center model [J]. Science China-Information Sciences, 2021, 64(4): 149301.

[10] Sherman S M , Barton D K. Monopulse Principles and Techniques[M]. Norwood: Artech House, 2011.

[11] Guo K Y, Niu T Y, Sheng X Q. Location reconstructions of attributed SCs by monopulse radar [J]. IET Radar Sonar & Navigation, 2018, 12(9): 1005-1011.

[12] 唐波, 盛新庆, 金从军. 基于多元组提高射频仿真角度精度的方法 [J]. 系统工程与电子技术, 2016, (38): 2440.

[13] 唐波, 盛新庆. 基于差分重心公式的射频仿真近场修正算法 [J]. 电子学报, 2018, 46(6): 1336-1342.